デジタル化による社会変化と
新しいテクノロジーの活用

2024

情報サービス産業白書

一般社団法人 情報サービス産業協会・編

デジタル化の急速な進展を背景に、生成AIをはじめ、ブロックチェーン、Web3.0、メタバースなど、さまざまなICTに関わる新しいテクノロジーが出現しています。情報サービス企業においては、これらのテクノロジーを新たなサービス提供や社内での活用などにおいて積極的に実装を進めていくことが望まれます。しかし、将来の見通しが難しい「不確実性の時代」においては、自社の経営資源をいかに活用し、自社の競争力強化につなげていくかについて課題もあります。もちろん、情報サービス企業にとっては、テクノロジーを自社で有して社内外で活用するだけではなく、テクノロジーに強みを持つ他社と協力することにより、顧客に新たな価値を提供する、顧客が新しいテクノロジーを活用するのを支援するなど、テクノロジーの活用方法には、それぞれの情報サービス企業の規模や地域、ビジネス形態に応じて、さまざまなケースがあると考えられます。

　「情報サービス産業白書2024」では、テーマを「デジタル化による社会変化と新しいテクノロジーの活用」と定め、第1部ではまず、情報サービス企業およびユーザー企業へのアンケートとヒアリングを行い、デジタル化の進展が社会に与える変化と、社会における捉え方を明らかにしました。次に、情報サービス企業およびユーザー企業における生成AIをはじめとする新たなテクノロジー活用の現状や課題、ユーザー企業の期待と情報サービス企業の提供実態とのギャップを明らかにしました。さらに、新たなテクノロジーを社会実装する際の情報サービス企業の事業機会や果たすべき役割・機能、提供価値を、ユーザー企業の課題や外部事業者に対する期待を踏まえて明らかにしました。最後に、新たなテクノロジーを活用するために、情報サービス企業が有すべき強みや体制、人材や投資といった経営資源の活用方針や状況など、活用のためのポイントについて明らかにし、これらの強みを有した情報サービス企業が形作る将来の情報サービス産業の姿を展望しています。

　続く第2部では、全ての業界人が知っておくべきデジタル関連技術や市場などの最新動向を整理しています。

　本白書が情報サービス産業のみならずユーザー企業の経営者から現場担当者まで、さらには政策立案担当者や研究者など、デジタル化推進に取り組む全ての方々のお役に立つものと確信しています。

　今年も、情報サービス産業白書は業界が直面する課題について分析・提言する「一人一冊」の必読書として刊行の運びとなりました。業界関係者や情報サービス産業に関心を持つ多くの方々に有意義にご活用いただくよう期待しております。

　最後に、本白書の刊行に当たり、調査にご協力いただきました企業各位、白書編纂部会の委員ならびにご執筆いただきました皆さまの多大なご尽力に対し、心より深く感謝の意を表します。

一般社団法人　情報サービス産業協会

企画委員会白書編纂部会

部会長　**村野　正泰**

「情報サービス産業白書2024」

(2024年3月)

企画委員会　白書編纂部会

部会長	村野 正泰	(株) 三菱総合研究所 公共イノベーション部門　モビリティ・通信事業本部長
委員	古賀 茂樹	東芝デジタルソリューションズ (株)　ICTソリューション事業部 ITA技師長
	小西 伸之	キヤノンITソリューションズ (株) ビジネスイノベーション推進センター ビジネスサイエンス部　部長
	嶋田 基史	SCSK (株)　事業革新推進グループ 技術戦略本部 副本部長 (兼) 技術戦略部長
	菅原 高道	伊藤忠テクノソリューションズ (株) IT戦略グループ 情報システム室 ITシステム企画部　IT統括課　課長
	高瀬 祐志	(株)DXコンサルティング　代表取締役社長
	田中 雅人	(株)NTTデータグループ コーポレート統括本部　事業戦略室　企画調査部 シニア・スペシャリスト
	松井 暢之	TIS (株)　デジタル社会サービス企画ユニット デジタル社会サービス企画部　シニアテクニカルエキスパート
	森川 直昭	鈴与シンワート (株)　品質管理部長
	安富 貴久	(株) 構造計画研究所　情報工学部 (部門技術担当)
	山田 健史	(株) 中電シーティーアイ　技術本部　総括リージョン 技術総括部　専門部長
オブザーバ	河野 浩二	(独) 情報処理推進機構　総務企画部　特命担当部長 調査分析室　室長
	田口 潤	(株) インプレス　IT Leaders　編集主幹
	杉田 悟	(株) インプレス　研究統括部　市場調査部
事務局	田畑 浩秋	(一社) 情報サービス産業協会　嘱託 (事業推進本部付)

執筆者一覧

【第1部】 安部 謙太朗　(株)三菱総合研究所
公共イノベーション部門　モビリティ・通信事業本部
ICTインフラ戦略グループ　研究員

江連 三香　(株)三菱総合研究所
公共イノベーション部門　先進技術・セキュリティ事業本部
サイバーセキュリティ戦略グループリーダー

宮本 由季　(株)三菱総合研究所
公共イノベーション部門　モビリティ・通信事業本部
デジタルメディア・データ戦略グループ　研究員

【第2部】 飯田 正仁　(株)三菱総合研究所　デジタルイノベーション部門
生成AIラボ　研究員

井上 克至　(株)NTTデータグループ　技術革新統括本部　システム技術本部
サイバーセキュリティ技術部　情報セキュリティ推進室
シニア・スペシャリスト

木谷 浩　キヤノンITソリューションズ(株)
サイバーセキュリティ技術開発本部技術部技術支援課

河野 浩二　(企画委員会白書編纂部会名簿参照)

澤井 かおり　(一社)情報サービス産業協会　管理本部課長 (兼) 事業推進本部課長

角田 千晴　(独)情報処理推進機構　デジタル人材センター　企画部　副部長

坪井 正広　(株)野村総合研究所　品質監理本部　情報セキュリティ部
グループマネージャー

中村 真一　NECソリューションイノベータ(株)　デジタル基盤事業部
プロフェッショナル

中村 典孝　NECソリューションイノベータ(株)　デジタル基盤事業部
プロフェッショナル

福島 悠朔　(株)三菱総合研究所　デジタルイノベーション部門
ビジネス&データ・アナリティクス本部　全社DX推進グループ
(兼) AIイノベーショングループ　研究員

執筆者一覧

北條 真史 　(株) NTTデータグループ　技術革新統括本部　技術開発本部
　　　　　　　シニア・エキスパート

松井 暢之 　(企画委員会白書編纂部会名簿参照)

松田 信之 　(一社) 情報サービス産業協会　参事

溝尾 元洋 　(一社) 情報サービス産業協会　事業推進本部調査役
　　　　　　　(兼) 管理本部調査役

村井 武 　　伊藤忠テクノソリューションズ (株)　IT戦略グループ
　　　　　　　情報セキュリティ推進部　部長

矢儀 真也 　(株) 両備システムズ　インフラ・プラットフォームカンパニー
　　　　　　　セキュリティ事業部

山口 陽平 　みずほリサーチ＆テクノロジーズ (株)
　　　　　　　デジタルコンサルティング部　課長

(各五十音順)

本白書における
情報サービス産業の位置付け

The positioning of the information service industry

ITが多くの産業と密接に関連するようになるにつれ、情報サービス産業を明確に定義することは困難になってきており、多様な解釈が可能となっている。そのため、ここでは認識の不一致による誤解を避けるため、本白書で記述されている情報サービス産業の範囲を示す。

総務省統計局[1]による日本標準産業分類を参照すると、本白書で記述されている情報サービス産業は「ソフトウェア業（小分類：391）」「情報処理・提供サービス業（小分類：392）」ならびに「インターネット附随サービス業（小分類：401）」に該当する（図表）。

[1] https://stat.go.jp/

▌図表　日本標準産業分類と本白書における情報サービス産業の範囲

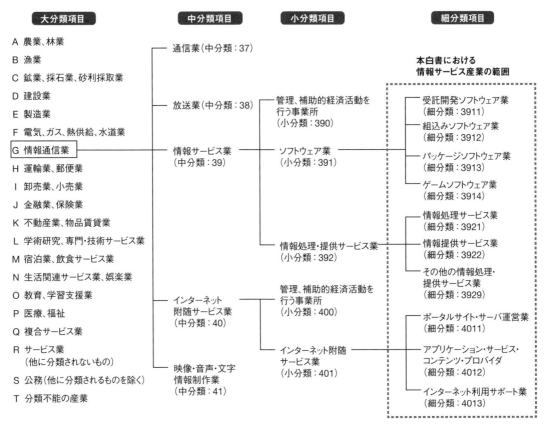

注）本白書における情報サービス産業の範囲に該当しない分類は細分化を省略した。

日本標準産業分類において、「ソフトウェア業」「情報処理・提供サービス業」「インターネット附随サービス業」に含まれる事業を以下に掲げる。

ソフトウェア業（小分類：391）

受託開発ソフトウェア業（細分類：3911）

顧客の委託により、電子計算機のプログラムの作成およびその作成に関して調査・分析・助言などを行う事業所をいう。この中には、受託開発ソフトウェア業、プログラム作成業、情報システム開発業、ソフトウェア作成コンサルタント業が含まれる。

組込みソフトウェア業（細分類：3912）

情報通信機械器具、輸送用機械器具、家庭用電気製品などに組み込まれ、機器の機能を実現するためのソフトウェアを作成する事業所をいう。

パッケージソフトウェア業（細分類：3913）

電子計算機のパッケージプログラムの作成およびその作成に関して調査・分析・助言などを行う事業所をいう。

ゲームソフトウェア業（細分類：3914）

家庭用テレビゲーム機、携帯用電子ゲーム機、パーソナルコンピュータなどで用いるゲームソフトウェア（ゲームソフトウェアの一部を構成するプログラムを含む）の作成およびその作成に関して調査・分析・助言などを行う事業所をいう。

情報処理・提供サービス業（小分類：392）

情報処理サービス業（細分類：3921）

電子計算機などを用いて、委託された計算サービス（顧客が自ら運転する場合を含む）、データエントリーサービスなどを行う事業所をいう。この中には、受託計算サービス業・計算センター・タイムシェアリングサービス業・マシンタイムサービス業・データエントリー業・パンチサービス業が含まれる。

情報提供サービス業（細分類：3922）

各種のデータを収集・加工・蓄積し、情報として提供する事業所をいう。この中には、データベースサービス業（不動産情報、交通運輸情報、気象情報、科学技術情報などの提供サービス業）が含まれる。

その他の情報処理・提供サービス業（細分類：3929）

市場調査・世論調査など、他に分類されない情報処理・提供サービスを行う事業所をいう。

インターネット附随サービス業（小分類：401）

ポータルサイト・サーバ運営業（細分類：4011）

主としてインターネットを通じて、情報の提供や、サーバなどの機能を利用させるサービスを提供する事業所であって、他に分類されないものをいう。広告の提供を目的とするものや、サーバ等の機能を主として他の事業の目的のために利用させるものは、本分類に

は含まれない。この中には、ウェブ情報検索サービス業、インターネット・ショッピング・サイト運営業、インターネット・オークション・サイト運営業が含まれる。

アプリケーション・サービス・コンテンツ・プロバイダ（細分類：4012）

　主としてインターネットを通じて、音楽、映像等を配信する事業を行う事業所であって、他に分類されないものをいう。この中には、ASP（アプリケーション・サービス・プロバイダ）、ウェブ・コンテンツ提供業（電気通信役務利用放送に該当しないもの）が含まれる。

インターネット利用サポート業（細分類：4013）

　主としてインターネットを通じて、インターネットを利用する上で必要なサポートサービスを提供する事業所をいう。この中には、電子認証業、情報ネットワーク・セキュリティ・サービス業が含まれる。

第1部
デジタル化による社会変化と新しいテクノロジーの活用

第2部
情報サービス産業の概況

データ編

01

White Paper
on Information Technology
Service Industry 2024

第1部

デジタル化による社会変化と
新しいテクノロジーの活用

　デジタル化の進展を背景に、生成AIをはじめ、さまざまなICTに関わる新しいテクノロジーが出現している。

　第1部では、情報サービス企業およびユーザー企業における生成AIを始めとする新たなテクノロジー活用の現状や課題、ユーザー企業の期待などを明らかにするため、情報サービス企業およびユーザー企業の双方に対して実施したアンケート調査・ヒアリング調査結果を紹介し、新たなテクノロジーを社会実装する際の情報サービス企業の事業機会や果たすべき役割・機能、提供価値を明らかにするとともに、将来の情報サービス産業の姿を展望する。

第1章
テーマの背景と問題意識

1 今後のデジタル社会における情報サービス産業

　我が国では、地球環境や政治・経済状況の変化を背景に、安心・安全でサステナブルな社会の実現が期待されている。サイバーとフィジカルの融合も進み、デジタル化が前提となった昨今、この風潮は全ての企業に対して大きな影響がある。テクノロジーの共通化・オープン化や新たなテクノロジーの出現、事業のグローバル化等が進み、プラットフォーマーに代表されるデジタルを活用した企業が台頭するなど、市場構造や事業環境が変わる中、ユーザー企業も情報サービス企業も環境変化への対応が求められる。このようなデジタル化を背景に、AI、ブロックチェーン、Web3.0、メタバース等、さまざまなICTに関わる新たなテクノロジーが出現している。

　生成AIは、2022年11月に「ChatGPT」が登場して以来、あらゆる産業において非連続な構造変化を生じさせるような破壊的なイノベーションとして関心を集めている。ここでの構造変化とは、さまざまな産業で活用され生産性向上や付加価値創出といった正の側面が期待されると同時に、企業のリスクや社会的懸念といった負の側面も指摘されている（詳細は第2部第2章参照）。また、情報サービ

ス産業においても、開発業務の効率化や顧客向けサービスへの組み込みなどが期待されている。

　近年では、生成AI以外の新たなテクノロジーについても活用が期待されている（詳細は第1部第2章参照）。メタバースのようなアプリケーションに活用されるもの、ブロックチェーンのようなインフラ・基盤の役割を果たすもの、ノーコード・ローコード開発などの開発手法といった新たなテクノロジーが存在する。このような新たなテクノロジーは、社会により希求されている。

　サイバー空間とフィジカル空間の高度な融合が実現されたデジタル社会（Society 5.0）においては、ユーザー企業、情報サービス企業を問わず、各企業が迅速に新しい価値や顧客体験を提供することが一層求められる。

　新たなテクノロジーは、そのようなデジタル社会の実現に必要な基盤となることが期待される。さらに、新たなテクノロジーはユーザー企業と情報サービス企業が迅速に新しい価値や顧客体験を提供するために必要な要素として位置付けられ、情報サービス企業の提供価値を強制的に変化させる要因となり得るという仮説が考えられる。

　情報サービス産業白書2022年版によると、情報サービス企業は新技術への対応能力とい

う点でユーザー企業からパートナーとして信頼を得ている。

そのため、新たなテクノロジーに関しては、ユーザー企業と情報サービス企業にとっての位置付けや情報サービス企業の役割を調査することで、今後のデジタル社会の実現に向けて情報サービス企業に求められる資産（能力）の試金石になると思われる。特に、ユーザー企業の産業構造や、情報サービス産業の下請け構造における立ち位置によっても情報サービス企業に求められる資産（能力）は異なるのではないか。

また、総務省と経済産業省は、2024年4月に「AI事業者ガイドライン（第1.0版）」を公表し、AIシステムのサプライチェーンに着目してAIの事業活動を担う主体を「AI開発者」「AI提供者」「AI利用者」の3つに大別した。情報サービス企業はいずれの主体にも該当する可能性を持つが、特に多くはAI提供者の立場として、AI開発者が開発するAIシステムに付加価値を加えてAIシステム・サービスをAI利用者に提供する役割を期待されると考えられる。

同時に、従来のようなデジタル化に関する市場においては、新たなテクノロジーにより、当該市場そのものが縮小する、あるいは、顧客がGAFAM等のデジタルプラットフォーマーへの発注や内製化に移行する、といった変化が考えられる。

このように、本年度白書では新たなテクノロジーの登場により情報サービス産業に求められる資産（能力）に変化はあるのか、変化があるとすればどのように変化するのか検証することを目的として調査を行った（**図表1-1-1-1**）。

2 本年度白書の位置付け

経済産業省「DXレポート2.1」では①ユーザー企業と情報サービス企業の「低位安定」な関係が指摘された。同時に、②これからのデジタル産業において「ベンダー企業が取り組んできたIT技術やシステム開発の能力」は継続的に必要であり、「最新技術に精通し続けることで、こうした資産（能力）を手放すことなく［デジタル産業の企業へと］変革を進め

▌図表1-1-1-1　デジタル社会の実現に向けた「デジタル化」と「新たなテクノロジー」の関係性

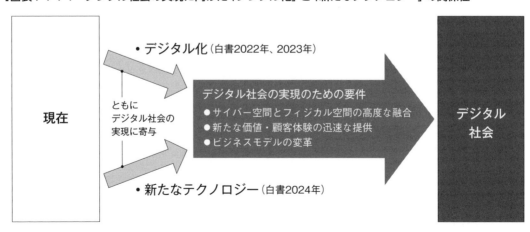

ていくことが重要」（［］の部分は文意を補足するために加えた）との方向性が示された。

情報サービス産業白書2022年版、2023年版では、①の指摘に着目し、ユーザー企業と情報サービス企業の関係性は単純に低位安定とは言い切れないものの、両者の間にはギャップがあることを明らかにした。

情報サービス産業白書2024年版では、②の方向性に着目し、新たなテクノロジーの活用におけるユーザー企業と情報サービス企業の関係性の変化と、情報サービス企業に必要とされる資産（能力）を明らかにする（**図表1-1-2-1**）。

3　本年度白書の構成

本年度白書の構成は2部構成とし、第1部では後述するようにデジタル社会の実現に向けて情報サービス産業に求められる資産（能力）の変化を検証する。

■**図表1-1-2-1　本年度の白書の位置付け**

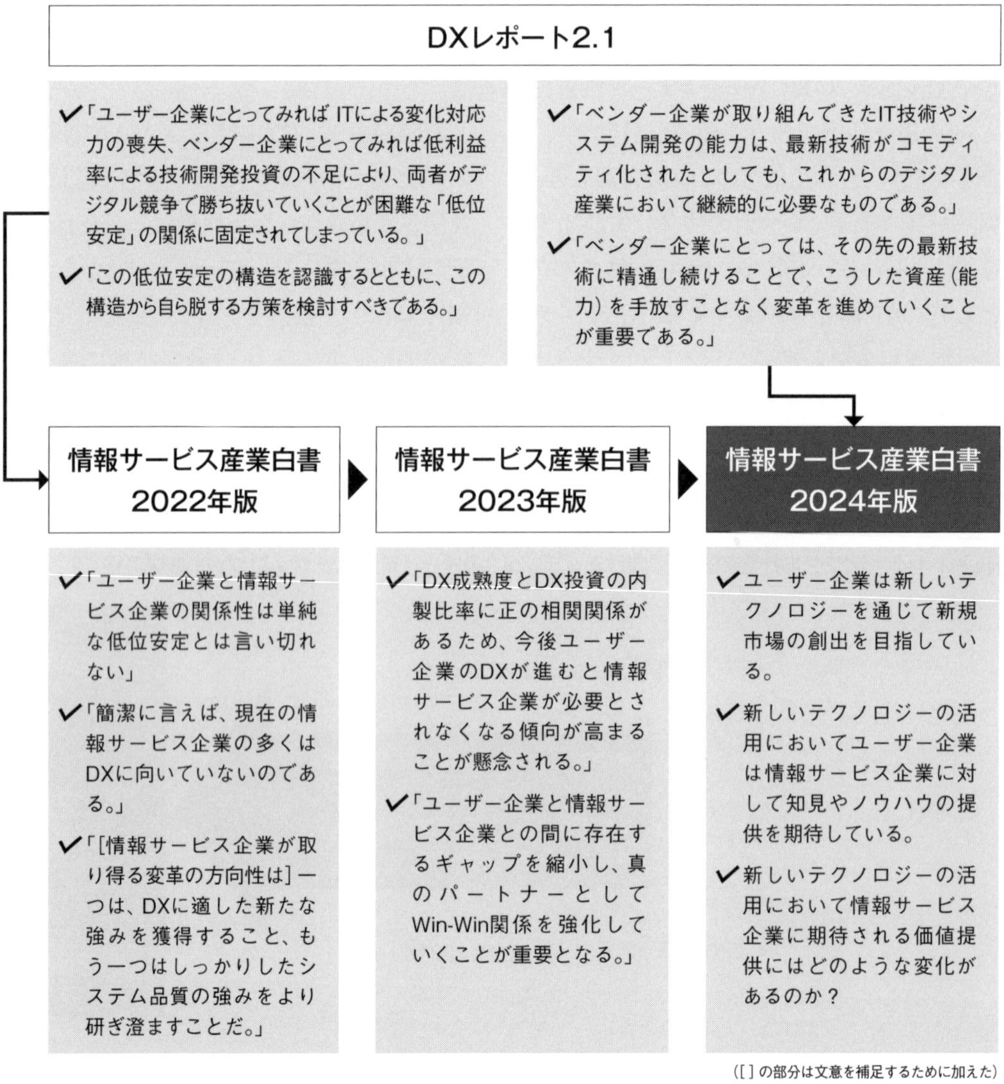

（［］の部分は文意を補足するために加えた）

第2章では、新たなテクノロジーの活用における現状・課題をユーザー企業および情報サービス企業へのアンケートから整理し、両者のギャップを明らかにする。

　第3章では、ユーザー企業および情報サービス企業へのアンケートおよびヒアリングに基づき、ユーザー企業の期待に応じるために情報サービス産業が果たすべき役割を明らかにする。

　最後に、第4章では、第3章に基づき、情報サービス産業が有すべき強みや体制、今後の経営資源の活用方針などを明らかにし、これらの強みを有した企業が形作る将来の情報サービス産業の姿を描く。

　第2部では、最新技術動向と統計データを含むが、特に本年度は注目されている生成AIに関して、その動向やJISAの取り組みを紹介する。

第**2**章

ユーザー企業と情報サービス産業の動向

1 対象とするテクノロジー

　本年度の白書では、以下の13種類の技術および開発手法を、昨今の情報サービス産業にとって重要な「新たなテクノロジー」として位置付け、「アプリケーション系」「インフラ・基盤系」「開発手法・メソドロジー」の3つに分類した（**図表1-2-1-1**）。

　生成AIに関しては、2023年度特に産業界全体で注目されたテクノロジーであり、その台頭に伴う環境変化に適応するため各社が対応を急いでいる。そのため、生成AIは特筆すべきテクノロジーであると考え、重点的に調査を行った。

2 デジタル化による社会変化に対する認識と新たなテクノロジーの活用動向

　以下、本章ではユーザー企業ならびに情報サービス企業の双方の側面から、産業界のデジタル化による社会変化に対する認識やその捉え方、生成AIをはじめとする新たなテクノロジーの活用状況に関して行った調査の結果データを示す。

▌調査実施概要

1）調査の観点

　ユーザー企業ならびに情報サービス産業における、デジタル化が社会に与えた影響の捉

▌図表1-2-1-1　新たなテクノロジーの一覧

アプリケーション系	生成AI
	機械学習（生成AIを除く）
	メタバース
	VR／MR／AR
インフラ・基盤系	Web3.0
	ブロックチェーン
	量子コンピューター
	ゼロトラストセキュリティー
	コンテナ技術
開発手法・メソドロジー	クラウドネイティブ型アーキテクチャ
	DevOps/DevSecOps
	アジャイル開発/反復型開発
	ノーコード・ローコード開発

え方、新たなテクノロジーの活用状況や導入に当たり企業が直面している課題を把握する。

2) 調査方法

調査は、ユーザー企業および情報サービス企業に対しそれぞれ**図表1-2-2-1**の通り行った。

▌調査結果

以下では、主な設問について、ユーザー企業と情報サービス企業の回答を比較しながら、集計結果を引用して説明する。

1) ユーザー企業の回答者の属性

ユーザー企業向けアンケート調査の回答者の属性は**図表1-2-2-2**の通りであった。

新たなテクノロジーの導入・運用に関し、意思決定や実行に関わる立場は、デジタル化に関する意思決定や実行に関わる立場にほぼ一致する。従前、デジタル化の戦略立案や技術導入について意思決定を行ってきた組織において、新たなテクノロジーの導入・運用（およびその検討）も行われていることがうかがえる（**図表1-2-2-3**）。

2) 情報サービス産業における事業状況

情報サービス産業では、ユーザー企業から

▌図表1-2-2-1　アンケート調査の概要

項目	ユーザー企業	情報サービス企業
調査対象	• 国内企業に勤務し、企業のデジタル化の導入・運用に関して意思決定する立場の人 または • 新たなテクノロジー（生成AI等）の導入に関して意思決定する立場の人、または実行に関わり、責任を持つ立場の人	一般社団法人情報サービス産業協会（JISA）会員
調査時期	2023年12月	2023年11〜12月
調査方法	WEB調査	JISA会員企業へのメール送付によるWEB調査および郵送による回収
有効回答数	1,081サンプル	146サンプル

▌図表1-2-2-2　ユーザー企業における新たなテクノロジー（生成AI等）の導入・運用に関わる立場（単一回答、従業員数別）

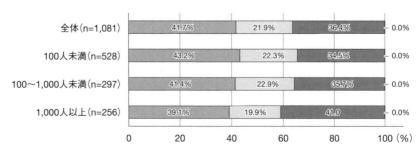

■ 会社の新しいデジタルテクノロジの導入や運用に関する戦略立案、企画について意思決定する立場
□ 会社の新しいデジタルテクノロジの導入や運用の実行に関わり、責任を持つ立場
■ 会社の新しいデジタルテクノロジの導入や運用に関する戦略立案、企画、実行に関わる立場
■ 会社の新しいデジタルテクノロジの導入や運用に関する戦略立案、企画、実行に関与していない

開発案件を受注し、それを複数の協力会社と共同で進める事業形態が一般的である。全体の3分の2（受託開発（中間下請け）：24.1%、受託開発（最終下請け）：10.3%）が情報サービス企業から開発業務を受託している。従業員数の多い企業ほど、中間下請けや最終下請けの割合は小さく、元請けの占める割合が大きい。独自のサービスを開発し提供・運用している自社サービス開発が事業を占める割合の高い企業が9.0%、親会社などグループ企業向けのシステム開発・運用業務を担う情報子会社が14.5%となっている（**図表1-2-2-4**）。

各社の主要顧客の業種は情報サービス業が圧倒的に多く、84.2%を占める。情報サービス企業の多くは、最も割合の高い開発形態を問わず、同業界から受託していることが分かる。次いで金融・保険業、通信業が2割強となっている（**図表1-2-2-5**）。

また、売り上げベースでの主要顧客の規模は、9割以上が従業員数300人以上の企業である（**図表1-2-2-6**）。自社の従業員数が多いほど顧客の規模も大きくなる傾向があるが、

▎**図表1-2-2-3　ユーザー企業回答者のデジタル化、新たなテクノロジーの導入・運用に関する社内の立場（それぞれ単一回答）**

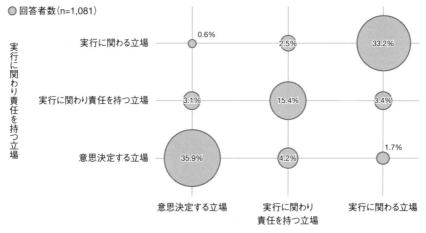

▎**図表1-2-2-4　情報サービス企業における最も割合の高い開発形態（単一回答、従業員数別）**

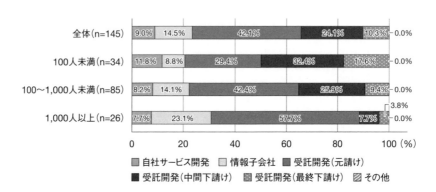

従業員数が100人未満の情報サービス企業でもその半数で、大企業（従業員数1,000人以上）が主要顧客である。

　現在の売り上げで最も割合の大きい事業領域は既存システムの保守・運用で、おおよそ半数を占める（**図表1-2-2-7**）。他方、既存システムの保守・運用について、現状の売り上げが今後10年安定しているとの認識は15.6%（現状売り上げがあると回答した企業のうち30.1%）であり、36.2%（同69.8%）が今後数

▍**図表1-2-2-5　情報サービス企業における主要顧客の業種（複数回答、回答率）**

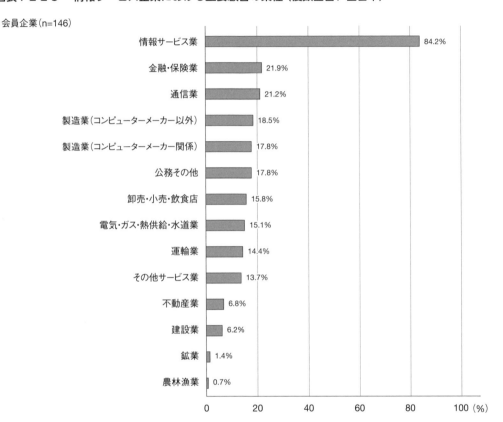

会員企業（n=146）

業種	%
情報サービス業	84.2%
金融・保険業	21.9%
通信業	21.2%
製造業（コンピューターメーカー以外）	18.5%
製造業（コンピューターメーカー関係）	17.8%
公務その他	17.8%
卸売・小売・飲食店	15.8%
電気・ガス・熱供給・水道業	15.1%
運輸業	14.4%
その他サービス業	13.7%
不動産業	6.8%
建設業	6.2%
鉱業	1.4%
農林漁業	0.7%

▍**図表1-2-2-6　情報サービス企業における主要顧客規模（単一回答、従業員数別）**

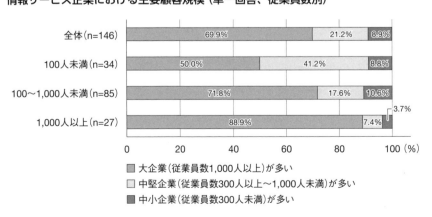

	大企業	中堅企業	中小企業
全体（n=146）	69.9%	21.2%	8.9%
100人未満（n=34）	50.0%	41.2%	8.8%
100～1,000人未満（n=85）	71.8%	17.6%	10.6%
1,000人以上（n=27）	88.9%	7.4%	3.7%

■ 大企業（従業員数1,000人以上）が多い
□ 中堅企業（従業員数300人以上～1,000人未満）が多い
■ 中小企業（従業員数300人未満）が多い

年～5年程度で売り上げが減少するリスクを感じている。新規システムの受託開発はほぼ全ての企業で現状売り上げがあるが、73.3%（現状売り上げがあると回答した企業のうち74.8%）が今後数年～5年程度で売上が減少するリスクを感じている。システムコンサルティング、DX推進のコンサルティング、顧客との事業共創（JV、レベニューシェア等）は現状売り上げがない企業が5割前後であった。従業員数別では、1,000人以上の企業はいずれの事業領域でも10年程度またはそれ以上安定した売上を保てると考えている割合が規模の小さい企業に比べて大きい。しかし、新規システムの受託開発の領域に関しては1,000人以上の企業でも全体の平均と同程度の44.4%が5年以上経過すると売り上げが減少するリスクを感じている。

3) デジタル化が与えた影響

ユーザー企業、情報サービス企業それぞれに、市場・顧客の状況、社会的・国際的状況、自社の状況各10項目に対し、「デジタル化の進展」が影響を与えたと思われるものを質問した（**図表1-2-2-8**）。

情報サービス企業では、働き方改革の進展や採用市場における競争の高まり、IT人材の需給、人材に求められているスキルセットの変化といった、社会的変化や自社の変化の中でも人材領域に関わる影響が上位に並んだ。ユーザー企業では新規市場の創出に影響を与えたとする企業が最も多く、44.3%であった。情報サービス企業の回答では「新規市場の創出」は11位と相対的には影響が大きくないように思われるものの、46.5%が新規市場の創出に影響を与えたと回答しており、ユーザー企業と相違はない。

また、デジタル化の進展による影響があった項目のうち、最も大きな影響を与えたものは、情報サービス企業では「新たなテクノロジーの台頭」が14.1%で最も多く、次いで「顧客のICT・デジタル分野への投資規模の変化」が12.7%であった。ユーザー企業では最も大きな影響を与えた項目も「新規市場の創出」であった。

情報サービス企業に対しては、これらのデジタル化による社会変化を受けた自社の経営の方向性として何を重視するかを質問した（**図表1-2-2-9**）。人材確保・育成、リスキリングの強化が90.1%と最多であった。新たなテクノロジーの活用には人材の強化が不可欠であり、情報サービス企業は自社の人的資源に対する投資を重要課題と考えていることが分かる。次いで既存事業分野におけるシェア拡大、労働環境の改革を目指すとの回答が同率で多かったが、その中でも最も重視する経営の方向性としては既存事業分野におけるシェア拡大が22.5%と多く、人材分野の施策に注力すると同時に、高付加価値サービスへのシフト等を含む既存事業分野の強化も重視されている。情報サービス企業はデジタル化の進展やその次の波である新たなテクノロジーの台頭といったビジネス環境の変化に積極的に対応するため、人的資源を強化しながら既存事業の高付加価値化や顧客のデジタル化支援の強化を図っていく方向性にあることがうかがえる。

一方で、ユーザー企業の「デジタル化が影響を与えた」と考える項目の最大値は44.3%、最小値は11.0%、情報サービス企業の「デジタル化が影響を与えた」と考える項目の最大値は75.4%、最小値は9.2%で、ユーザー企業の回答は比較的ばらつきが小さい結果となっ

図表1-2-2-7　情報サービス産業における今後の見通し (項目ごとに単一回答)

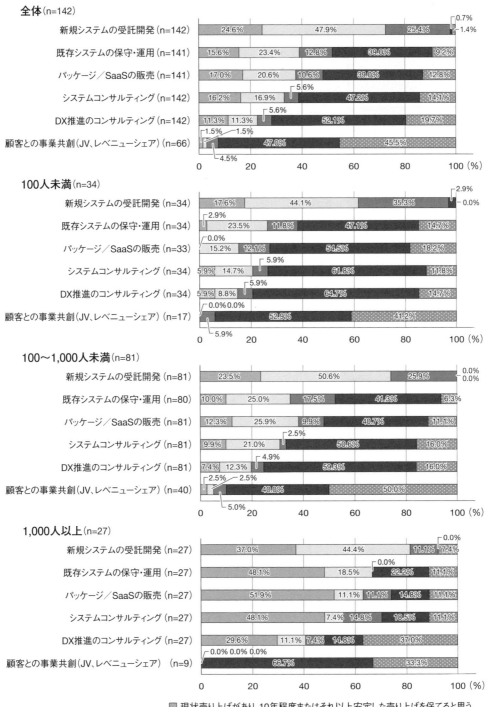

全体(n=142)

項目		
新規システムの受託開発 (n=142)	24.6% / 47.9% / 25.4% / 0.7% / 1.4%	
既存システムの保守・運用 (n=141)	15.6% / 23.4% / 12.8% / 39.0% / 9.2%	
パッケージ／SaaSの販売 (n=141)	17.0% / 20.6% / 10.6% / 39.0% / 12.8%	
システムコンサルティング (n=142)	16.2% / 16.9% / 5.6% / 47.2% / 14.1%	
DX推進のコンサルティング (n=142)	11.3% / 11.3% / 5.6% / 52.1% / 19.7%	
顧客との事業共創(JV、レベニューシェア) (n=66)	1.5% / 1.5% / 4.5% / 47.0% / 45.5%	

100人未満(n=34)

項目		
新規システムの受託開発 (n=34)	17.6% / 44.1% / 35.3% / 2.9% / 0.0%	
既存システムの保守・運用 (n=34)	2.9% / 23.5% / 11.8% / 47.1% / 14.7%	
パッケージ／SaaSの販売 (n=33)	0.0% / 15.2% / 12.1% / 54.5% / 18.2%	
システムコンサルティング (n=34)	5.9% / 14.7% / 5.9% / 61.8% / 11.8%	
DX推進のコンサルティング (n=34)	5.9% / 8.8% / 5.9% / 64.7% / 14.7%	
顧客との事業共創(JV、レベニューシェア) (n=17)	0.0% / 0.0% / 5.9% / 52.9% / 41.2%	

100～1,000人未満(n=81)

項目		
新規システムの受託開発 (n=81)	23.5% / 50.6% / 25.9% / 0.0% / 0.0%	
既存システムの保守・運用 (n=80)	10.0% / 25.0% / 17.5% / 41.3% / 6.3%	
パッケージ／SaaSの販売 (n=81)	12.3% / 25.9% / 9.9% / 40.7% / 11.1%	
システムコンサルティング (n=81)	9.9% / 21.0% / 2.5% / 50.6% / 16.0%	
DX推進のコンサルティング (n=81)	7.4% / 12.3% / 4.9% / 59.3% / 16.0%	
顧客との事業共創(JV、レベニューシェア) (n=40)	2.5% / 2.5% / 5.0% / 40.0% / 50.0%	

1,000人以上(n=27)

項目		
新規システムの受託開発 (n=27)	37.0% / 44.4% / 11.1% / 7.4% / 0.0%	
既存システムの保守・運用 (n=27)	48.1% / 18.5% / 0.0% / 22.2% / 11.1%	
パッケージ／SaaSの販売 (n=27)	51.9% / 11.1% / 11.1% / 14.8% / 11.1%	
システムコンサルティング (n=27)	48.1% / 7.4% / 14.8% / 18.5% / 11.1%	
DX推進のコンサルティング (n=27)	29.6% / 11.1% / 7.4% / 14.8% / 37.0%	
顧客との事業共創(JV、レベニューシェア) (n=9)	0.0% / 0.0% / 0.0% / 66.7% / 33.3%	

■ 現状売り上げがあり、10年程度またはそれ以上安定した売り上げを保てると思う
□ 現状売り上げがあり、5年程度売り上げを保てると思うが、以降は減少するリスクを感じる
■ 現状売り上げがあり、直近数年以内で減少するリスクを感じる
■ 現状売り上げがない
▨ わからない

■図表1-2-2-8　情報サービス企業（左）およびユーザー企業（右）のデジタル化が与えた影響に対する認識
（影響を与えたもの：複数回答、最も影響を与えたもの：影響を与えたものの中から単一回答）

※情報サービス企業の「最も強い影響を与えたもの」で項目を並び替え。

情報サービス企業（n=142）　　　　　　　　　　　　　　　　　　　　ユーザー企業（n=1,081）

項目	情報サービス企業 強い影響	情報サービス企業 最も強い影響	ユーザー企業 強い影響	ユーザー企業 最も強い影響
新たなテクノロジーの台頭	69.7%	14.1%	32.7%	8.1%
顧客のICT・デジタル分野への投資規模の変化	58.5%	12.7%	29.6%	4.7%
人材に求められるスキルセットの変化	71.1%	10.6%	26.7%	3.0%
採用市場における競争の高まり、IT人材の需給	73.9%	7.7%	18.9%	0.6%
サービスに必要なITの変化	67.6%	7.0%	27.6%	4.9%
社会的な労働環境の変化（リモートワークの一般化など）	66.9%	7.0%	23.4%	3.0%
市場全体・顧客の労働力不足への対応強化	58.5%	7.0%	34.1%	10.1%
自社が提供する商品、サービスの種類や範囲の変更	45.1%	7.0%	21.6%	1.8%
働き方改革の進展	75.4%	3.5%	24.7%	4.2%
労働者の価値観の変化	50.7%	2.8%	20.3%	1.2%
新規市場の創出	46.5%	2.8%	44.3%	17.9%
既存市場の拡大	33.8%	2.8%	25.9%	4.9%
他社との競争の高まり	31.0%	2.8%	27.3%	3.5%
自社の業務遂行方法の変革	52.1%	2.1%	23.8%	5.3%
リスク管理の強化	44.4%	1.4%	24.7%	1.9%
自社の組織改革	38.0%	1.4%	18.4%	1.3%
自社が購入する商品、サービス価格水準の変動	22.5%	1.4%	14.8%	1.0%
政府・行政との連携強化	18.3%	1.4%	13.4%	0.7%
コンプライアンス（法令順守）強化	40.8%	0.7%	23.7%	2.3%
人材のダイバーシティーの強化	33.1%	0.7%	12.6%	1.9%
サプライチェーンの変化	30.3%	0.7%	28.0%	4.8%
SDGs/ESG等サステナビリティーの推進	27.5%	0.7%	21.4%	1.4%
テクノロジーの国際的規範整備や標準化の進行	25.4%	0.7%	11.9%	0.6%
企業間の合併・提携・連携の活発化	16.2%	0.7%	16.1%	1.0%
自社が提供する商品、サービス価格水準の変動	33.1%	0.0%	20.4%	3.5%
自社の営業方針の変更	28.2%	0.0%	16.2%	1.2%
国際的な規制、コンプライアンス対応	23.9%	0.0%	15.3%	0.6%
市場および競合環境のグローバル化	21.8%	0.0%	22.9%	3.4%
国際的な安全保障政策の必要性、リスクの高まり	12.7%	0.0%	11.0%	0.6%
海外市場規模の変動	9.2%	0.0%	11.4%	0.7%

■ 強い影響を与えたもの
■ 最も強い影響を与えたもの

■図表1-2-2-9　情報サービス企業のデジタル化による社会変化に応じた目指すべき経営の方向性
（目指す経営の方向性：複数回答、最も重視する経営の方向性：目指す経営の方向性の中から単一回答）

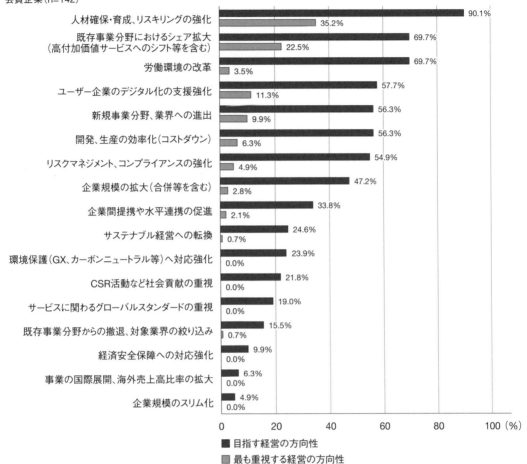

会員企業（n=142）

- 人材確保・育成、リスキリングの強化　90.1%／35.2%
- 既存事業分野におけるシェア拡大（高付加価値サービスへのシフト等を含む）　69.7%／22.5%
- 労働環境の改革　69.7%／3.5%
- ユーザー企業のデジタル化の支援強化　57.7%／11.3%
- 新規事業分野、業界への進出　56.3%／9.9%
- 開発、生産の効率化（コストダウン）　56.3%／6.3%
- リスクマネジメント、コンプライアンスの強化　54.9%／4.9%
- 企業規模の拡大（合併等を含む）　47.2%／2.8%
- 企業間提携や水平連携の促進　33.8%／2.1%
- サステナブル経営への転換　24.6%／0.7%
- 環境保護（GX、カーボンニュートラル等）へ対応強化　23.9%／0.0%
- CSR活動など社会貢献の重視　21.8%／0.0%
- サービスに関わるグローバルスタンダードの重視　19.0%／0.0%
- 既存事業分野からの撤退、対象業界の絞り込み　15.5%／0.7%
- 経済安全保障への対応強化　9.9%／0.0%
- 事業の国際展開、海外売上高比率の拡大　6.3%／0.0%
- 企業規模のスリム化　4.9%／0.0%

■目指す経営の方向性
■最も重視する経営の方向性

第1部

第2章　ユーザー企業と情報サービス産業の動向

た。ユーザー企業は、新規市場の創出に限らず、市場・顧客、社会的・国際的状況、自社の状況のいずれにも広くデジタル化が影響を与えたと捉えており、それらによる変化に対応するため新たな取り組みを講じる必要性もより一層強く認識されている可能性がある。

　また、情報サービス企業の課題認識は、企業規模を問わず、人材の不足を挙げる企業が9割を超える（**図表1-2-2-10**）。同様の設問について「人材の不足」を選択した企業は

情報サービス産業白書2022年版では81.5%（n=119）、2023年 版 で は92.5%（n=147）であったことを踏まえると、直近の3年でも徐々に人材不足の深刻化が進んでいる様子がうかがえる。

4）新たなテクノロジーに対する企業の反応
　続いて、ユーザー企業および情報サービス企業に、新たなテクノロジー13種の回答者個人の認知度や利用経験を質問した（**図表1-2-**

▌図表1-2-2-10　情報サービス企業における直近3年間の課題認識（複数回答）

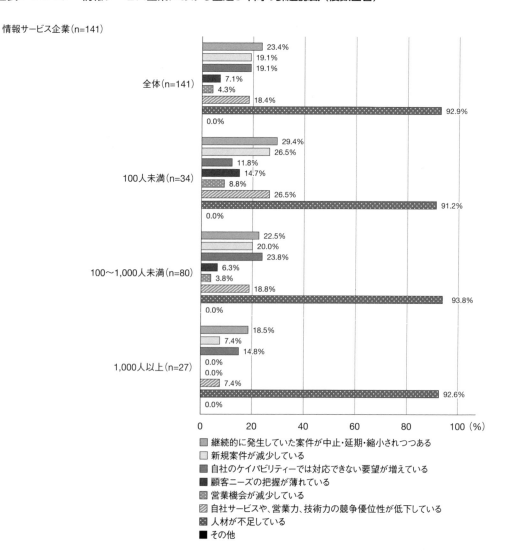

情報サービス企業(n=141)

全体(n=141)	100人未満(n=34)	100〜1,000人未満(n=80)	1,000人以上(n=27)
23.4%	29.4%	22.5%	18.5%
19.1%	26.5%	20.0%	7.4%
19.1%	11.8%	23.8%	14.8%
7.1%	14.7%	6.3%	0.0%
4.3%	8.8%	3.8%	0.0%
18.4%	26.5%	18.8%	7.4%
92.9%	91.2%	93.8%	92.6%
0.0%	0.0%	0.0%	0.0%

- ▨ 継続的に発生していた案件が中止・延期・縮小されつつある
- ▢ 新規案件が減少している
- ▨ 自社のケイパビリティーでは対応できない要望が増えている
- ■ 顧客ニーズの把握が薄れている
- ▨ 営業機会が減少している
- ▧ 自社サービスや、営業力、技術力の競争優位性が低下している
- ▨ 人材が不足している
- ■ その他

■図表1-2-2-11　情報サービス企業（上）およびユーザー企業（下）の回答者の新たなテクノロジーの認知度
（項目ごとに単一回答）

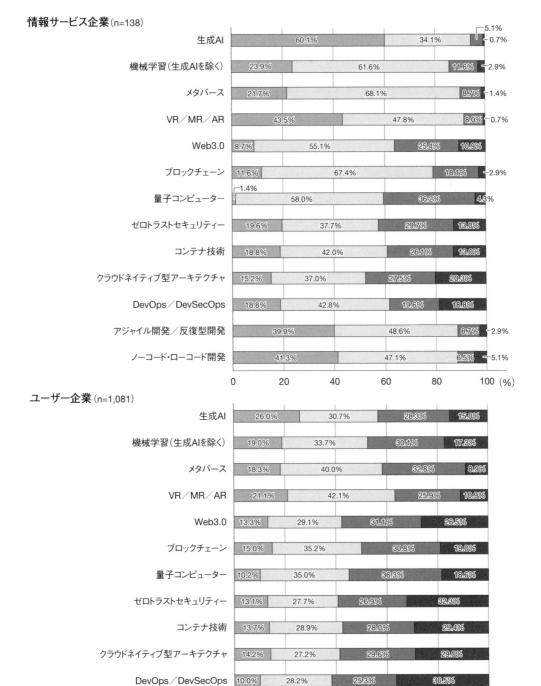

情報サービス企業（n=138）

	利用したことがある	どういったものか知っている（が利用したことはない）	言葉だけ聞いたことがある	全く知らない
生成AI	60.1%	34.1%	5.1%	0.7%
機械学習（生成AIを除く）	23.9%	61.6%	11.6%	2.9%
メタバース	21.7%	68.1%	8.7%	1.4%
VR／MR／AR	43.5%	47.8%	8.0%	0.7%
Web3.0	8.7%	55.1%	25.4%	10.9%
ブロックチェーン	11.6%	67.4%	18.1%	2.9%
量子コンピューター	1.4%	58.0%	36.2%	4.3%
ゼロトラストセキュリティー	19.6%	37.7%	29.7%	13.0%
コンテナ技術	18.8%	42.0%	26.1%	13.0%
クラウドネイティブ型アーキテクチャ	15.2%	37.0%	27.5%	20.3%
DevOps／DevSecOps	18.8%	42.8%	19.6%	18.8%
アジャイル開発／反復型開発	39.9%	48.6%	8.7%	2.9%
ノーコード・ローコード開発	41.3%	47.1%	6.5%	5.1%

ユーザー企業（n=1,081）

	利用したことがある	どういったものか知っている（が利用したことはない）	言葉だけ聞いたことがある	全く知らない
生成AI	26.0%	30.7%	28.3%	15.0%
機械学習（生成AIを除く）	19.0%	33.7%	30.1%	17.3%
メタバース	18.3%	40.0%	32.8%	8.9%
VR／MR／AR	21.1%	42.1%	25.9%	10.9%
Web3.0	13.3%	29.1%	31.1%	26.5%
ブロックチェーン	15.0%	35.2%	30.8%	19.0%
量子コンピューター	10.2%	35.0%	36.3%	18.6%
ゼロトラストセキュリティー	13.1%	27.7%	26.9%	32.3%
コンテナ技術	13.7%	28.9%	28.0%	29.4%
クラウドネイティブ型アーキテクチャ	14.2%	27.2%	29.6%	29.0%
DevOps／DevSecOps	10.0%	28.2%	25.3%	36.5%
アジャイル開発／反復型開発	13.4%	27.9%	25.9%	32.7%
ノーコード・ローコード開発	13.4%	27.6%	25.4%	33.6%

■ 利用したことがある　□ どういったものか知っている（が利用したことはない）
■ 言葉だけ聞いたことがある　■ 全く知らない

2-11）。生成AIは新たなテクノロジーの中では利用経験のある人が最も多かった。ユーザー企業では26.0%、情報サービス企業では60.1%の人が生成AIを利用したことがあった。

ユーザー企業では生成AI以外の技術で、利用経験者の割合が25%を超えるものがなかった。特に、一般的に情報サービス産業に比べて個人が接する機会は少ないと考えられるインフラ・基盤系、開発手法・メソドロジに当てはまる技術は、その技術が具体的にどのようなものか知っている人が半数ないし半数を下回った。

他方、情報サービス企業では、量子コンピューター、ブロックチェーン、Web3.0の回答者における認知度は高いが、利用経験者は少ない。また、回答者自身の業務内容にも依存するが、情報サービス企業においてもゼロトラストセキュリティー、クラウドネイティブ型アーキテクチャ、DevOps／DevSecOpsについて、4割前後の人は具体的にどのようなものか認識されていないことも分かった。

次に、新たなテクノロジーの社内業務および自社サービス（顧客向けサービス）への適用状況について、活用やその検討が全社的もしくは部署ごとであるかも含め、現状を調査した（**図表1-2-2-12**）。ユーザー企業では生成AIと機械学習が既に活用が開始されている技術の上位2種であり、生成AIは顧客向けサービスにも31.8%の企業で適用されている。

情報サービス企業では技術間の活用傾向のばらつきが大きい。開発手法であるアジャイル開発／反復型開発、ノーコード・ローコード開発の活用率が高く、いずれも社内、顧客向けともに6割近くが何らかの形で活用している。最も活用率の低い量子コンピュー

ターは社内利用で3.6%、顧客向けサービスで2.1%（全社的に活用している＋部署によっては活用している企業の割合）と極めて少なく、今後の活用を検討している企業も2割以下となっている。同様に、Web3.0やブロックチェーンの活用・検討が進行している割合は低い。一方、生成AIは現時点で技術を活用しているか、今後の活用を検討している企業を合わせると、社内利用、顧客向けサービスともに7割を超える。

ユーザー企業では活用・検討の傾向は技術間で大きな違いがなく、生成AI、機械学習を除けば、いずれの技術も活用率は2割前後であり、活用を検討したことはない企業も3割弱である。ユーザー企業の業種ごとの活用傾向（**図表1-2-2-13**）は、金融・保険業および通信業等で他の業種に比べ生成AIの活用率・検討率が高くなっている。また、電気・ガス・熱供給・水道業では、現時点での活用はできていないものの、今後の適用を検討している割合が社内業務、顧客向けサービスのいずれも5割となっており、今後業界内での活用が大きく進む可能性を秘めている。

各テクノロジーの登場が自社のビジネスにとってチャンス、脅威、あるいは影響のないものか情報サービス企業自身の認識を尋ねた結果を、最も割合の高い開発形態ごとに示した（**図表1-2-2-14**）。生成AIに関しては、全体の6割が「自社の事業にとってチャンス」と捉えているが、中間下請け、最終下請け型の業務が多いと「脅威」と捉える企業が3割以上と、やや多かった。（なお、最終下請けが中心の企業は15社と、n数（回答の絶対数）が少ないことに注意が必要である）

社内外のネットワークを信用しないことを前提としたセキュリティー設計思想であるゼ

■図表1-2-2-12　情報サービス企業（下）およびユーザー企業（次ページ）における新たなテクノロジーの活用状況（上：社内業務への適用、下：顧客向けサービスへの適用）（項目ごとに単一回答）

情報サービス企業(n=138)

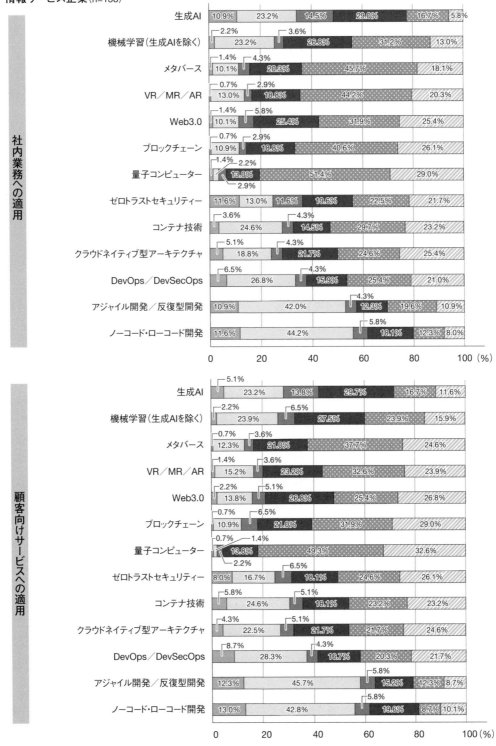

社内業務への適用

	全社的に活用している	部署によっては活用している	全社で今後の活用を検討している	部署によっては今後の活用を検討している	活用を検討したことはない	活用状況を認知していない
生成AI	10.9%	23.2%	14.5%	29.0%	16.7%	5.8%
機械学習（生成AIを除く）	2.2%	23.2%	3.6%	26.8%	31.2%	13.0%
メタバース	1.4%	10.1%	4.3%	20.3%	45.7%	18.1%
VR／MR／AR	0.7%	13.0%	2.9%	18.8%	44.2%	20.3%
Web3.0	1.4%	10.1%	5.8%	25.4%	31.9%	25.4%
ブロックチェーン	0.7%	10.9%	2.9%	18.8%	40.6%	26.1%
量子コンピューター	1.4%	2.2%	2.9%	13.0%	51.4%	29.0%
ゼロトラストセキュリティー	11.6%	13.0%	11.6%	19.6%	22.5%	21.7%
コンテナ技術	3.6%	24.6%	4.3%	14.5%	29.7%	23.2%
クラウドネイティブ型アーキテクチャ	5.1%	18.8%	4.3%	21.7%	24.6%	25.4%
DevOps／DevSecOps	6.5%	26.8%	4.3%	15.9%	25.4%	21.0%
アジャイル開発／反復型開発	10.9%	42.0%	4.3%	12.3%	19.6%	10.9%
ノーコード・ローコード開発	11.6%	44.2%	5.8%	18.1%	12.3%	8.0%

顧客向けサービスへの適用

	全社的に活用している	部署によっては活用している	全社で今後の活用を検討している	部署によっては今後の活用を検討している	活用を検討したことはない	活用状況を認知していない
生成AI	5.1%	23.2%	13.8%	29.7%	16.7%	11.6%
機械学習（生成AIを除く）	2.2%	23.9%	6.5%	27.5%	23.9%	15.9%
メタバース	0.7%	12.3%	3.6%	21.0%	37.7%	24.6%
VR／MR／AR	1.4%	15.2%	3.6%	23.2%	32.6%	23.9%
Web3.0	2.2%	13.8%	5.1%	26.8%	25.4%	26.8%
ブロックチェーン	10.9%		6.5%	21.0%	31.9%	29.0%
量子コンピューター	0.7%	2.2%	1.4%	13.8%	49.3%	32.6%
ゼロトラストセキュリティー	8.0%	16.7%	6.5%	18.1%	24.6%	26.1%
コンテナ技術	5.8%	24.6%	5.1%	18.1%	23.2%	23.2%
クラウドネイティブ型アーキテクチャ	4.3%	22.5%	5.1%	21.7%	21.7%	24.6%
DevOps／DevSecOps	8.7%	28.3%	4.3%	16.7%	20.3%	21.7%
アジャイル開発／反復型開発	12.3%	45.7%	5.8%	15.2%	12.3%	8.7%
ノーコード・ローコード開発	13.0%	42.8%	5.8%	19.6%	8.7%	10.1%

■ 全社的に活用している　□ 部署によっては活用している
■ 全社で今後の活用を検討している　■ 部署によっては今後の活用を検討している
▨ 活用を検討したことはない　▨ 活用状況を認知していない

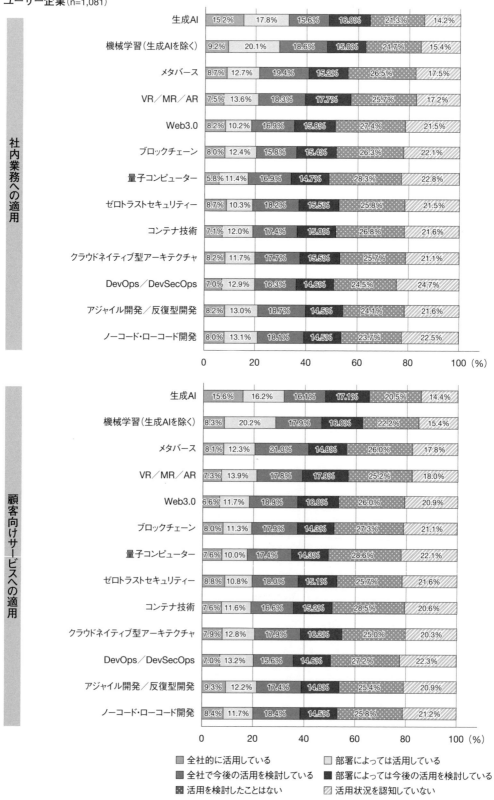

ユーザー企業（n=1,081）

社内業務への適用

	全社的に活用している	部署によっては活用している	全社で今後の活用を検討している	部署によっては今後の活用を検討している	活用を検討したことはない	活用状況を認知していない
生成AI	15.2%	17.8%	15.6%	16.0%	21.3%	14.2%
機械学習（生成AIを除く）	9.2%	20.1%	18.6%	15.0%	21.7%	15.4%
メタバース	8.7%	12.7%	19.4%	15.2%	26.5%	17.5%
VR／MR／AR	7.5%	13.6%	18.3%	17.7%	25.7%	17.2%
Web3.0	8.2%	10.2%	16.9%	15.8%	27.4%	21.5%
ブロックチェーン	8.0%	12.4%	15.8%	15.4%	26.3%	22.1%
量子コンピューター	5.8%	11.4%	16.9%	14.7%	28.3%	22.8%
ゼロトラストセキュリティー	8.7%	10.3%	18.2%	15.5%	25.8%	21.5%
コンテナ技術	7.1%	12.0%	17.4%	15.0%	26.8%	21.6%
クラウドネイティブ型アーキテクチャ	8.2%	11.7%	17.7%	15.5%	25.7%	21.1%
DevOps／DevSecOps	7.0%	12.9%	16.3%	14.6%	24.5%	24.7%
アジャイル開発／反復型開発	8.2%	13.0%	18.7%	14.5%	24.1%	21.6%
ノーコード・ローコード開発	8.0%	13.1%	18.1%	14.5%	23.7%	22.5%

顧客向けサービスへの適用

	全社的に活用している	部署によっては活用している	全社で今後の活用を検討している	部署によっては今後の活用を検討している	活用を検討したことはない	活用状況を認知していない
生成AI	15.6%	16.2%	16.1%	17.1%	20.5%	14.4%
機械学習（生成AIを除く）	8.3%	20.2%	17.9%	16.0%	22.2%	15.4%
メタバース	8.1%	12.3%	21.0%	14.8%	26.0%	17.8%
VR／MR／AR	7.3%	13.9%	17.8%	17.9%	25.2%	18.0%
Web3.0	6.6%	11.7%	18.9%	16.0%	26.0%	20.9%
ブロックチェーン	8.0%	11.3%	17.9%	14.3%	27.3%	21.1%
量子コンピューター	7.6%	10.0%	17.4%	14.3%	28.6%	22.1%
ゼロトラストセキュリティー	8.8%	10.8%	18.0%	15.1%	25.7%	21.6%
コンテナ技術	7.6%	11.6%	16.6%	15.2%	28.5%	20.6%
クラウドネイティブ型アーキテクチャ	7.9%	12.8%	17.9%	16.2%	25.0%	20.3%
DevOps／DevSecOps	7.0%	13.2%	15.6%	14.6%	27.2%	22.3%
アジャイル開発／反復型開発	9.3%	12.2%	17.4%	14.8%	25.4%	20.9%
ノーコード・ローコード開発	8.4%	11.7%	18.4%	14.5%	25.8%	21.2%

凡例：
- 全社的に活用している
- 部署によっては活用している
- 全社で今後の活用を検討している
- 部署によっては今後の活用を検討している
- 活用を検討したことはない
- 活用状況を認知していない

図表1-2-2-13　ユーザー企業における生成AIの活用状況（上：社内業務への適用、下：顧客向けサービスへの適用）（業種ごと）（項目ごとに単一回答）

【生成AI×社内業務】

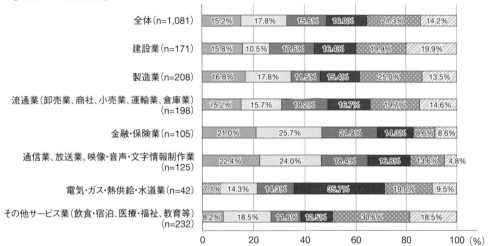

【生成AI×顧客向けサービス】

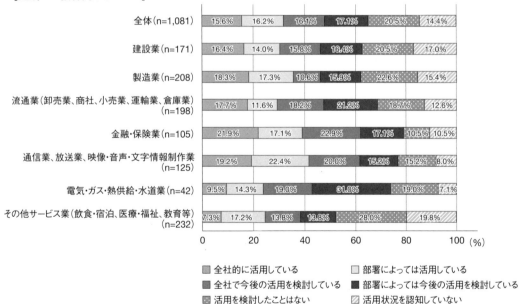

■ 全社的に活用している　　　　　　　　　　□ 部署によっては活用している
■ 全社で今後の活用を検討している　　　　　■ 部署によっては今後の活用を検討している
▨ 活用を検討したことはない　　　　　　　　▨ 活用状況を認知していない

▌図表1-2-2-14　新しいテクノロジーの登場が貴社に与える影響力について、どのように認識していますか（項目ごとに単一回答）

生成AI

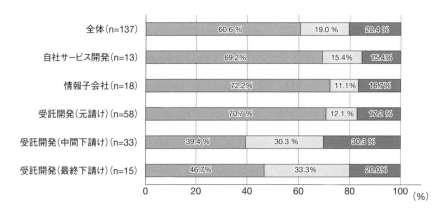

ゼロトラストセキュリティー

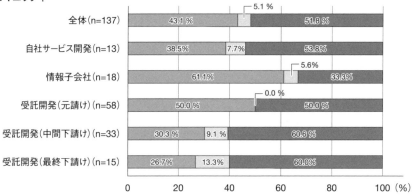

ノーコード・ローコード開発

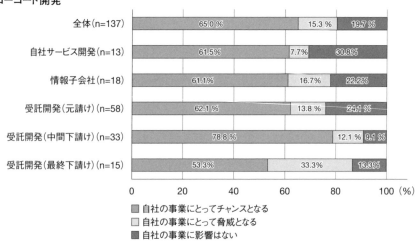

■ 自社の事業にとってチャンスとなる
□ 自社の事業にとって脅威となる
■ 自社の事業に影響はない

ロトラストセキュリティーは、ネットワークのあらゆる構成要素に認証、承認の仕組みを構築する。元請けによる受託開発を中心とする企業は、半数がゼロトラストセキュリティーの登場を「チャンス」と捉えているのに対し、中間下請け、最終下請けになるほど、「チャンス」と回答する割合は低くなった。元請け企業は、ゼロトラストセキュリティーの導入により顧客からの信頼が強まることも考えられる。一方、中間下請け、最終下請け企業はセキュリティー対応の複雑化やコスト増加といった負荷が生じるため、チャンスとは捉えにくく、かつ、エンドユーザーとなる企業のニーズを直接聞く機会も限られるためセキュリティー対策強化のメリットを感じづらく、「自社の事業に影響はない」と考える割合が高くなった可能性がある。

ノーコード・ローコード開発に関しては、中間下請けが中心の企業において、「自社の事業にとってチャンス」との回答の割合が平均の65.0%を上回り、78.8%となった。一方、最終下請けの企業では「自社の事業にとって脅威」との割合が平均の倍を超える33.3%となった。ノーコード・ローコード開発は、従前の開発手法に比べプログラミングの知識を必要とせず、適用により開発の効率化が期待できる。元請けや中間下請け型の業務を行う企業は、ノーコード・ローコード開発を活用することで開発期間やコストを削減できるだけでなく、システム開発の業務要件の変更に対しても柔軟に対応できるようになり、顧客の多様なニーズに効率的に応えられるようになる可能性がある。他方、最終下請け型の企業は、委託元でノーコード・ローコード開発の活用が進むことにより自社の従来のような開発受託が減少し、収益が減少したり、より

高度な開発を求められるようになったりするかもしれない。新たなテクノロジーの活用拡大により、より上流で開発業務に関わる情報サービス企業は新たなビジネスチャンスの可能性を見いだせる一方で、下流の企業はコストや収益への影響など、自社への脅威を強く意識していると考えられる。

次に、生成AIを除く新たなテクノロジー12種に関し、自社にとって代表的または最も重視する技術を尋ねた結果を示す（**図表1-2-2-15**）。情報サービス企業では開発手法・メソドロジーの4種が67.8%を占めており、ノーコード・ローコード開発だけでも28.9%の企業が最も重視する技術として挙げている。また、22.3%のDevOps／DevSecOpsは、登場から一定程度の期間が経過し、比較的「新たな」テクノロジーではなくなったとも考えられるが、徐々に情報サービス企業に浸透し重要な手法として位置付けられるようになっていると考えられる。開発手法・メソドロジー系以外では、機械学習を重視する企業が14.9%であった。VR／MR／AR、量子コンピューター、Web3.0などの先端技術はまだ普及段階にないと考えられるが、情報サービス企業にとっては現場の生産性向上に直結する技術への期待が大きいともいえる。また、情報サービス企業における開発形態ごとに見ると、上流で受託開発を行う元請け企業、中間下請け企業の方が、最終下請けが中心の企業に比べて回答が分散しており、わずかではあるが開発手法・メソドロジー以外のテクノロジーに注目している企業も見られる（**図表1-2-2-16**）。

ユーザー企業ではアプリケーション系を重視する企業が57.6%を占めている。特に、重視する企業が最も多いのは生成AIを除く機械

■図表1-2-2-15 情報サービス企業（上）およびユーザー企業（下）における重視するテクノロジー（単一回答）

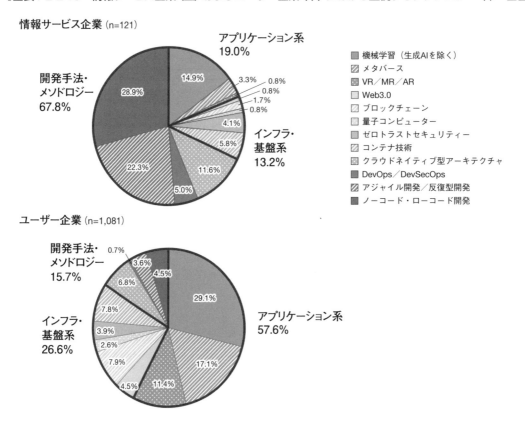

情報サービス企業（n=121）

アプリケーション系 19.0%

開発手法・メソドロジー 67.8%

14.9%　3.3%　0.8%
0.8%
1.7%
0.8%
28.9%
4.1%
5.8%
インフラ・基盤系 13.2%
11.6%
22.3%
5.0%

機械学習（生成AIを除く）
メタバース
VR／MR／AR
Web3.0
ブロックチェーン
量子コンピューター
ゼロトラストセキュリティー
コンテナ技術
クラウドネイティブ型アーキテクチャ
DevOps／DevSecOps
アジャイル開発／反復型開発
ノーコード・ローコード開発

ユーザー企業（n=1,081）

開発手法・メソドロジー 15.7%
0.7%
3.6%
4.5%
29.1%
6.8%
7.8%
インフラ・基盤系 26.6%
3.9%
2.6%
アプリケーション系 57.6%
7.9%
17.1%
4.5%
11.4%

■図表1-2-2-16 情報サービス企業における最も重視するテクノロジー（最も割合の高い開発形態ごと）（項目ごとに単一回答）

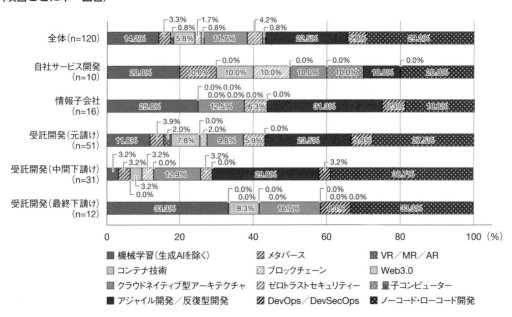

全体(n=120)　14.2%　5.8%　11.7%　22.5%　5.0%　29.2%
3.3%　1.7%　4.2%
0.8%　0.8%　0.8%

自社サービス開発(n=10)　20.0%　10.0%　10.0%　10.0%　10.0%　10.0%　10.0%　20.0%
0.0%　0.0%　0.0%　0.0%

情報子会社(n=16)　25.0%　12.5%　6.3%　31.3%　6.3%　18.8%
0.0% 0.0%
0.0% 0.0% 0.0%　0.0%

受託開発(元請け)(n=51)　11.8%　7.8%　9.8%　5.9%　23.5%　5.9%　27.5%
3.9%　0.0%
2.0%　2.0%　0.0%

受託開発(中間下請け)(n=31)　12.9%　29.0%　38.7%
3.2%　3.2%　3.2%　3.2%
3.2%　0.0%　0.0%
3.2%

受託開発(最終下請け)(n=12)　33.3%　8.3%　16.7%　8.3%　33.3%
3.2%　0.0%　0.0%　0.0%　0.0%
0.0%　0.0%　0.0%　0.0%

0　20　40　60　80　100（%）

■ 機械学習(生成AIを除く)　▨ メタバース　▩ VR／MR／AR
□ コンテナ技術　▨ ブロックチェーン　▧ Web3.0
■ クラウドネイティブ型アーキテクチャ　▨ ゼロトラストセキュリティー　▩ 量子コンピューター
■ アジャイル開発／反復型開発　▨ DevOps／DevSecOps　▨ ノーコード・ローコード開発

学習であり29.1%が選択した。開発手法・メソドロジを選択した企業の割合は相対的に低くなっているが、「ノーコード・ローコード開発」を重視するテクノロジーとして挙げる企業も49社（4.5%）あった。そのうち19社では全社的もしくは部署単位での活用を既に開始している。その他の技術を選択している企業も含め、25.9%がノーコード・ローコード開発を活用している。また、調査時点では社内業務、顧客向けサービスのいずれにも適用できていないものの今後の活用を検討している企業は32.0%であった。自社の商材に直接的な貢献をもたらすアプリケーション系のテクノロジーへの期待が大きい一方で、自社のビジネスニーズに合わせてアプリケーションを

構築するためにノーコード・ローコード開発を活用したいとの意向がユーザー企業の中に芽生えているのかもしれない。

ユーザー企業の業界ごとの分析でも、いずれの業界においても最も重視されている技術は機械学習であった（**図表1-2-2-17、図表1-2-2-18**）。2位はメタバースが多く並ぶが、建設業界ではVR／MR／ARが第2位となっており、20.5%が重視している。仮想空間での設計のレビューやAR技術による施工管理など業務と相性がよく、既に活路が見いだされてきている。また、金融・保険業、通信業、放送業、映像・音声・文字情報制作業、電気・ガス・熱供給・水道業では第3位にブロックチェーンが来る。これらの業界も、さまざま

■図表1-2-2-17　ユーザー企業の重視するテクノロジー（生成AIを除く、業種ごと）（項目ごとに単一回答）

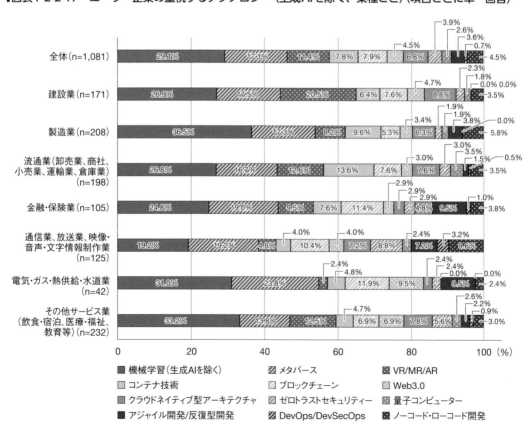

な機密データを保持・管理する業務の特性とセキュリティー、信頼性を向上させるブロックチェーンとの相性が良く、注目されていると考えられる。

5) 新たなテクノロジーを活用する目的

　生成AIを社内業務もしくは顧客向けサービスに既に適用している企業における、生成AIの活用目的を**図表1-2-2-19**に示した。情報サービス企業は、81.6%が業務効率化、コスト削減を目的として生成ＡＩを活用している。一方、ユーザー企業においては業務効率化、コスト削減を目的とした活用の割合はそれほど高くなく、28.9%にとどまる。ユーザー企業では新製品・サービス、新規事業創出や既存製品・サービスの高付加価値化を目的として活用している企業が多い。ユーザー企業は従業員数による活用目的の傾向の違いはそれほど大きくないが、情報サービス企業においては、1,000人以上の企業ほど新規製品・サービス、新規事業の創出、既存製品・サービスの高付加価値化を目的として生成AIを活用する企業の割合が大きい。

　情報サービス企業における生成AI活用の具体的なユースケースは、情報サービス産業に特有の開発・分析業務への適用事例も見られる一方、文書作成や情報収集、社内向け問合せチャットなど一般的な用途への適用も少なくない。

　情報サービス企業では、生成AI以外のテクノロジーでも業務効率化、コスト削減が57.1%とテクノロジーを活用する最大の目的となっている（**図表1-2-2-20**）。

　その一方で、新たなテクノロジーの導入によるビジネスチャンスの創出に対する期待もある。テクノロジーのカテゴリ別の活用目的（**図表1-2-2-21**）では、インフラ・基盤系のテクノロジーでは新製品・サービス、新規事業の創出を目的として活用している企業が80.0%、アプリケーション系では71.4%と使い分けられていることが分かる。また、生成AIとそれ以外のテクノロジーの比較では、生成AIで「企業文化や働き方改革のため」の割合が高い。

　ユーザー企業の場合、生成AIを除く新たなテクノロジーの業務効率化、コスト削減を

▌図表1-2-2-18　会員企業における生成AI活用の具体的なユースケース

【文書作成】
- 社内一般業務
- メール等の文章の作成の支援
- 文章の要約・翻訳、添削
- 長い文書の要点をまとめるため抽象型要約手法として使用
- レポート生成のため軸を設定した要約やキーワード作成、画像生成手法を活用

【情報収集・リサーチ業務】
- 社内一般業務での情報収集
- 新規ニーズの創出

【対話型・FAQ】
- 対話型社内FAQ
- 社内版ChatGPTの提供
- 顧客サポートデスク

【開発・分析業務】
- Excelのマクロ生成、添削
- 社内システム構築
- プログラム作成の支援
- システム開発の成果物の自動生成やレビュー
- データ分析
- ・開発・運用業務における効率化、品質向上

▎図表1-2-2-19　生成AIを活用している企業におけるその目的（上：情報サービス企業、下：ユーザー企業）（複数回答、従業員数別）

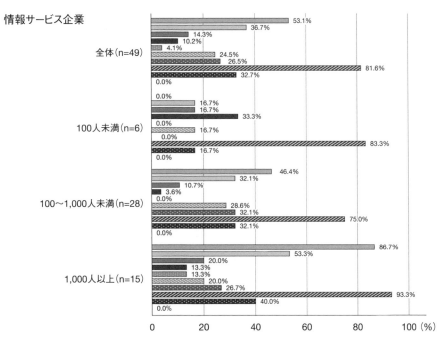

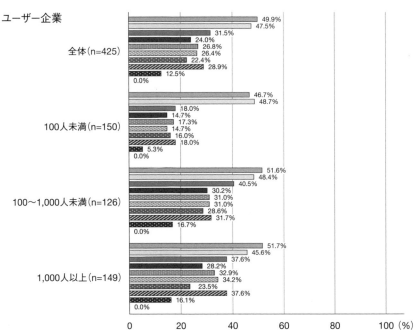

凡例：
- 新製品・サービス、新規ビジネスの創出のため
- 既存製品・サービスの高付加価値化のため
- 既存製品・サービスの販路拡大、マーケティング強化のため
- 製品の安定供給、サービスの稼働継続のため
- 製品・サービスのセキュリティー対策、情報保護のため
- ビジネスモデル改革のため
- 顧客満足度、カスタマーエクスペリエンス向上のため
- 業務効率化、コスト削減のため
- 企業文化や働き方改革のため
- その他

25

■図表1-2-2-20 新たなテクノロジー（生成AIを除く）を活用する目的（上：情報サービス企業、下：ユーザー企業）（複数回答、従業員数別）

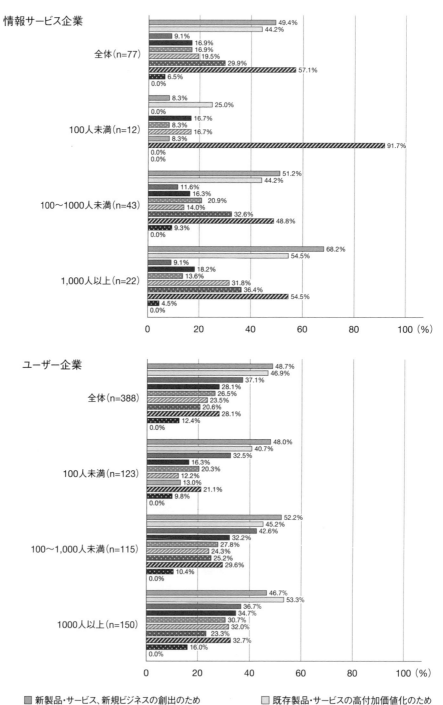

新製品・サービス、新規ビジネスの創出のため
既存製品・サービスの高付加価値化のため
既存製品・サービスの販路拡大、マーケティング強化のため
製品の安定供給、サービスの稼働継続のため
製品・サービスのセキュリティー対策、情報保護のため
ビジネスモデル改革のため
顧客満足度、カスタマーエクスペリエンス向上のため
業務効率化、コスト削減のため
企業文化や働き方改革のため
その他

▌図表1-2-2-21　新たなテクノロジーを活用する目的（上：情報サービス企業、下：ユーザー企業）（複数回答、技術カテゴリ別）

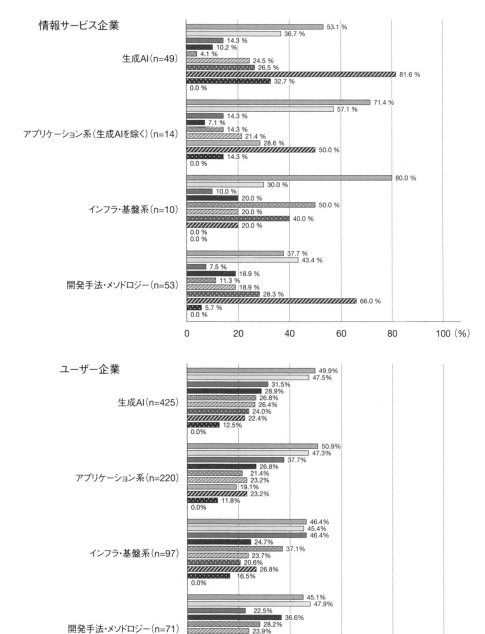

■ 新製品・サービス、新規ビジネスの創出のため	□ 既存製品・サービスの高付加価値化のため
■ 既存製品・サービスの販路拡大、マーケティング強化のため	■ 製品の安定供給、サービスの稼働継続のため
■ 製品・サービスのセキュリティー対策、情報保護のため	▨ ビジネスモデル改革のため
▨ 顧客満足度、カスタマーエクスペリエンス向上のため	▨ 業務効率化、コスト削減のため
▧ 企業文化や働き方改革のため	■ その他

目的とする企業は多数派とはいえず、3割程度にとどまった。新製品・サービス、新規事業の創出や既存製品・サービスの高付加価値化を目的とする企業が4〜5割と、他の選択肢に比べ高いものの、情報サービス企業との比較では低く、ユーザー企業におけるテクノロジー活用は特定の目的に限ったものではないと考えられる。テクノロジーのカテゴリによる活用目的の違いも大きくはないが、開発手法・メソドロジーに関しては、製品の安定供給、サービスの稼働継続が36.6%となり、これは情報サービス企業を含め他では見られない傾向である。また、業務効率化、コスト削減を目的とした活用も45.1%と他のカテゴリよりは高いことが特徴である。この「コスト削減」はユーザー企業内部でかかる工数の削減によるものか、それらのテクノロジーを活用し従来情報サービス企業に発注してきた分の外注費を減らすことを指すものか、明らかではない。だが、クラウドネイティブ型アーキテクチャやアジャイル開発／反復型開発など、従前は情報サービス企業のコスト削減に貢献してきたと考えられるテクノロジーが、現在はユーザー企業においてもその役割を果たす場面が出てきているようである。また、ユーザー企業のデジタル化の目的は業務効率化、コスト削減のためとの回答も多い（**図表1-2-2-22**）。デジタル化と新たなテクノロジーの導入はそれぞれに期待される効果が異なっていると考えられる。

▌図表1-2-2-22　ユーザー企業のデジタル化の目的（複数回答）

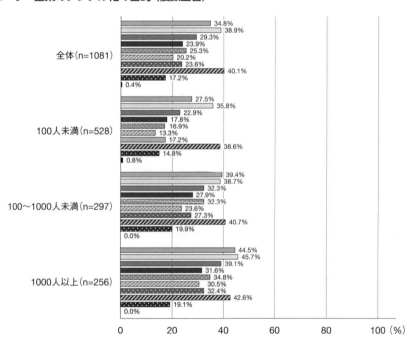

全体(n=1081)
- 34.8%
- 38.9%
- 29.3%
- 23.9%
- 25.3%
- 20.2%
- 23.6%
- 40.1%
- 17.2%
- 0.4%

100人未満(n=528)
- 27.5%
- 35.8%
- 22.9%
- 17.8%
- 16.9%
- 13.3%
- 17.2%
- 38.6%
- 14.8%
- 0.8%

100〜1000人未満(n=297)
- 39.4%
- 38.7%
- 32.3%
- 27.9%
- 32.3%
- 23.6%
- 27.3%
- 40.7%
- 19.9%
- 0.0%

1000人以上(n=256)
- 44.5%
- 45.7%
- 39.1%
- 31.6%
- 34.8%
- 30.5%
- 32.4%
- 42.6%
- 19.1%
- 0.0%

凡例：
- ■ 新製品・サービス、新規ビジネスの創出のため
- □ 既存製品・サービスの高付加価値化のため
- ■ 既存製品・サービスの販路拡大、マーケティング強化のため
- ■ 製品の安定供給、サービスの稼働継続のため
- ▨ 製品・サービスのセキュリティー対策、情報保護のため
- ▨ ビジネスモデル改革のため
- ▨ 顧客満足度、カスタマーエクスペリエンス向上のため
- ▨ 業務効率化、コスト削減のため
- ▣ 企業文化や働き方改革のため
- ■ その他

新たなテクノロジーを導入・運用するための社内体制にも、情報サービス企業とユーザー企業の違いが表れている（**図表1-2-2-23、図表1-2-2-24**）。まず、ユーザー企業は生成AI、新たなテクノロジーの活用ともに情報システム部門・情報子会社が活用の推進に関与しているケースが過半数を占める。事業部門の新事業担当が関わっているケースも3割強であり、生成AIも登場して間もないながら、既に事業に適用していくための体制が構築されていることが伺える。一方、情報サービス企業は、生成AIの場合、経営企画部門が52.2%、それ以外の新たなテクノロジーでは事業部門の既存事業担当が58.7%で関与している。**図表1-2-2-25**の生成AIの活用に社内で情報システム部門・情報子会社が関与し

ている場合は、外部組織は関わっていない割合がそうでない場合より若干高い（情報システム部門が関与している場合は7.0%、関与していない場合は2.1%）が、大きな違いとはいえないだろう。それ以上に、情報システム部門が関与していない場合はITベンダーと連携を取っている割合が大きくなっている。新たなテクノロジーを活用する企業の社外連携先の特徴については、次の章で考察する。

本章では、情報サービス企業とユーザー企業のそれぞれがデジタル化による社会変化や新たなテクノロジーの登場をどのように捉えているのかを調査し、そのギャップを明らかにした。ユーザー企業にとってデジタル化による社会変化は新規市場を創り出す機会につながったが、同時にサービスに必要なITが

▌図表1-2-2-23　生成AI活用の社内推進部門 （上：情報サービス企業、下：ユーザー企業） （複数回答）

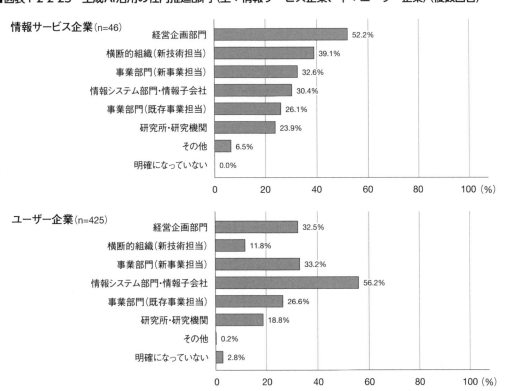

情報サービス企業（n=46）

経営企画部門	52.2%
横断的組織（新技術担当）	39.1%
事業部門（新事業担当）	32.6%
情報システム部門・情報子会社	30.4%
事業部門（既存事業担当）	26.1%
研究所・研究機関	23.9%
その他	6.5%
明確になっていない	0.0%

ユーザー企業（n=425）

経営企画部門	32.5%
横断的組織（新技術担当）	11.8%
事業部門（新事業担当）	33.2%
情報システム部門・情報子会社	56.2%
事業部門（既存事業担当）	26.6%
研究所・研究機関	18.8%
その他	0.2%
明確になっていない	2.8%

▊図表1-2-2-24　新たなテクノロジー（生成AIを除く）の活用の社内推進部門（上：情報サービス企業、下：ユーザー企業）（複数回答）

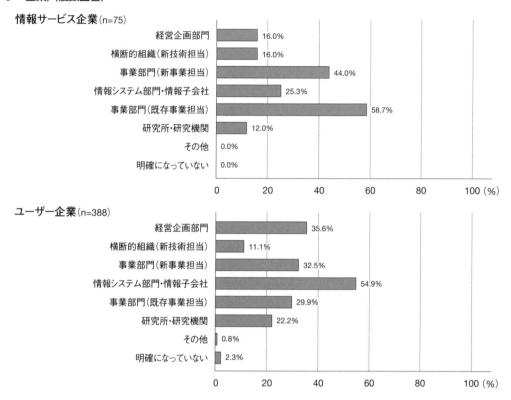

情報サービス企業(n=75)

部門	割合
経営企画部門	16.0%
横断的組織（新技術担当）	16.0%
事業部門（新事業担当）	44.0%
情報システム部門・情報子会社	25.3%
事業部門（既存事業担当）	58.7%
研究所・研究機関	12.0%
その他	0.0%
明確になっていない	0.0%

ユーザー企業(n=388)

部門	割合
経営企画部門	35.6%
横断的組織（新技術担当）	11.1%
事業部門（新事業担当）	32.5%
情報システム部門・情報子会社	54.9%
事業部門（既存事業担当）	29.9%
研究所・研究機関	22.2%
その他	0.8%
明確になっていない	2.3%

▊図表1-2-2-25　生成AI活用中のユーザー企業における社外連携先（社内推進部門の違い）（複数回答）

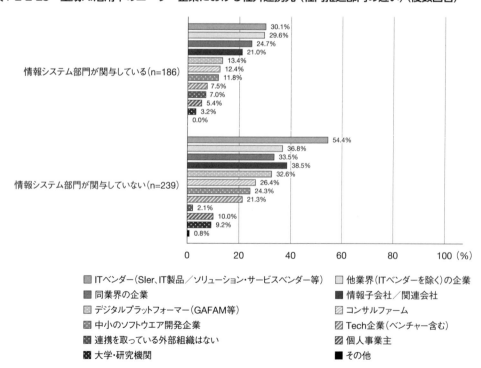

情報システム部門が関与している(n=186)
- 30.1%
- 29.6%
- 24.7%
- 21.0%
- 13.4%
- 12.4%
- 11.8%
- 7.5%
- 7.0%
- 5.4%
- 3.2%
- 0.0%

情報システム部門が関与していない(n=239)
- 54.4%
- 36.8%
- 33.5%
- 38.5%
- 32.6%
- 26.4%
- 24.3%
- 21.3%
- 2.1%
- 10.0%
- 9.2%
- 0.8%

凡例:
- ITベンダー（SIer、IT製品／ソリューション・サービスベンダー等）
- 他業界（ITベンダーを除く）の企業
- 同業界の企業
- 情報子会社／関連会社
- デジタルプラットフォーマー（GAFAM等）
- コンサルファーム
- 中小のソフトウエア開発企業
- Tech企業（ベンチャー含む）
- 連携を取っている外部組織はない
- 個人事業主
- 大学・研究機関
- その他

変化したことや新たなテクノロジーの登場にも対応する必要が生じた。生成AIの活用は、情報サービス産業では業務効率化、コスト削減を目的とする企業が多い結果となったが、ユーザー企業では新製品・サービスの創出や高付加価値化が上位に挙がった。情報サービス企業、ユーザー企業に共通する特徴として、生成AIを除く新たなテクノロジーはカテゴリごとに活用目的が異なっていることが確認されたが、情報サービス企業とユーザー企業との間では、前者が開発手法・メソドロジーを中心に業務効率化、コスト削減を目的とした活用・導入を行っているのに対し、ユーザー企業は新たなテクノロジー各種を通じて業務効率化、コスト削減を目的とする活用が少ない。一方、業務の効率化やコストの削減はユーザー企業にも無関係のことではない。その達成は新たなテクノロジーではなく従来から取り組まれてきたデジタル化に委ねられている。

さらに、情報サービス産業内でも企業規模や下請け構造におけるポジションの違いから新たなテクノロジーに対する反応が異なることが明らかになった。よりユーザー企業に近くシステム開発を担う元請け、中間下請けの情報サービス企業は、新たなテクノロジーを活用することで顧客の多様なニーズに応えられるようになり、自社としても必要不可欠な業務効率化への効果の波及を期待していると考えられるが、さらにそれらの下請けを担う企業はその動きを脅威視しているようである。

情報サービス企業としては、ユーザー企業の変化とそれに伴う自社の変革ニーズへの対応、また、多様な目的に応じてテクノロジーを使い分けようとする動きを認識し、デジタル化社会に適応していかなければならない。

第**3**章

新たなテクノロジーと情報サービス企業が果たすべき重要な役割

1 外部事業者への期待の変化

第2章で見てきたように、一部のユーザー企業は生成AIをはじめとする新たなテクノロジーの活用を進めている。同時に、新たなテクノロジーを活用する際には外部事業者との連携が求められる可能性がある。本章では、ユーザー企業に対するアンケート調査の結果から、デジタル化や新たなテクノロジーの活用における社外連携先や社外連携による解決を期待する課題などに基づき、ユーザー企業から外部事業者への期待や、特に情報サービス企業が果たすべき重要な役割を示す。

図表1-3-1-1には、「デジタル化する際の社外連携先」と「生成AIを活用する際の社外連携先」を示した。また、「デジタル化する際の社外連携先」は、「全回答者における割合」と「生成AIを社内業務または顧客向けサービスにおいて利用する回答者における割合」をそれぞれ示した。「連携を取っている外部組織はない」と回答した割合はデジタル化(全回答者)で8.4%、デジタル化(生成AIを活用している回答者のみ)で1.6%、生成AIで4.2%であり、90%以上のユーザー企業がデジタル化や生成AIの活用において外部組織と連携していることが分かった。このことから、ユーザー企業はデジタル化や生成AIの活用におい

て社外との連携を行う傾向にあると考えられる。

一方で、「連携を取っている外部組織はない」と回答した割合は、「デジタル化する際の社外連携先(全回答者)」が多く、「デジタル化(生成AIを活用している回答者のみ)」は少なかった。このことから、デジタル化と生成AI活用のどちらについてもユーザー企業は外部組織と連携する傾向にあり、全体で見るとデジタル化よりも生成AIの活用の方が外部組織との連携を志向する割合が大きいことが分かった。一方で、生成AIを活用するユーザー企業に限れば、デジタル化よりも生成AIの活用の方が、「連携を取っている外部組織はない」と回答する割合が大きく、すなわち外部組織との連携を志向する割合が小さい。この傾向は、生成AIにおいて社外連携の需要が減少していると解釈することも可能だが、以下に示すユーザー企業の事例を踏まえると、現在では外部組織との連携を行っていない事業者であっても、試行を終え正式な運用に移行する際には外部組織との連携を求める可能性が考えられる。

〈ユーザー企業の事例(ヒアリングより)〉
• 生成AIのようにベストプラクティスが明らかではないテクノロジーの導入は、PoCや

トライアル的な導入が必要となり、内製の方がハードルは低くなる場合もある。例えば、生成AIに関しても、コストが導入の判断材料の一つとして挙げられるが、外部事業者に委託するとコストが非常に高くなる。そのため、まずは内製でコストを抑えながら試行し、世間の状況に合わせて柔軟に対応を変えられるようにした。他方、システムとして正式に運用する場合には安全性・安定性は重要視されており、その面では今後もベンダーと協力しながら手堅く対応していくことになる。生成AIに関し、セキュリティー面で何に気を付けるべきか十分に把握した上で提案までできる企業にサポートしてほしい。

なお、社外連携先として選択されたものとしては、デジタル化と生成AIのどちらにおいても「ITベンダー（SIer、IT製品／ソリューション・サービスベンダー等）」が首位であり、

▍図表1-3-1-1　「デジタル化する際の社外連携先」と「生成AIを活用する際の社外連携先」（複数回答）

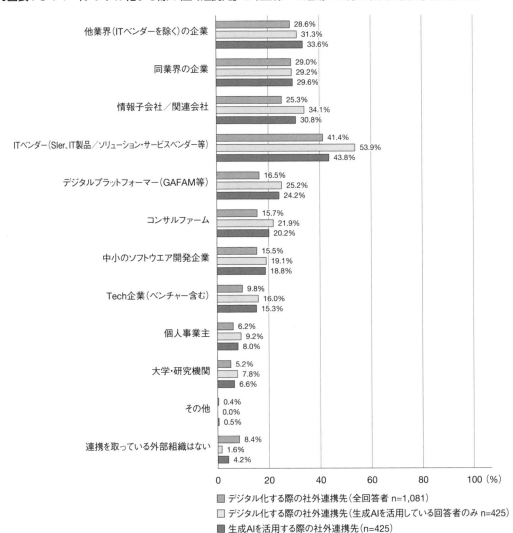

他業界（ITベンダーを除く）の企業　28.6% / 31.3% / 33.6%
同業界の企業　29.0% / 29.2% / 29.6%
情報子会社／関連会社　25.3% / 34.1% / 30.8%
ITベンダー（SIer、IT製品／ソリューション・サービスベンダー等）　41.4% / 53.9% / 43.8%
デジタルプラットフォーマー（GAFAM等）　16.5% / 25.2% / 24.2%
コンサルファーム　15.7% / 21.9% / 20.2%
中小のソフトウエア開発企業　15.5% / 19.1% / 18.8%
Tech企業（ベンチャー含む）　9.8% / 16.0% / 15.3%
個人事業主　6.2% / 9.2% / 8.0%
大学・研究機関　5.2% / 7.8% / 6.6%
その他　0.4% / 0.0% / 0.5%
連携を取っている外部組織はない　8.4% / 1.6% / 4.2%

■ デジタル化する際の社外連携先（全回答者 n=1,081）
■ デジタル化する際の社外連携先（生成AIを活用している回答者のみ n=425）
■ 生成AIを活用する際の社外連携先（n=425）

特に生成AIを活用している回答者ではデジタル化において選択する割合が大きかった。

図表1-3-1-2には、ユーザー企業に対するアンケート調査において、デジタル化における社外連携先を聴取した結果をユーザー企業の従業員数別に示した。「連携を取っている外部組織はない」を選んだ割合が「100～1,000人未満」より「100人未満」の方が約6ポイント大きかった。また、多くの社外連携先において「100人未満」より「100～1,000人未満」「1,000人以上」の方が大きいため、規模の大きなユーザー企業の方が社外と連携する傾向にあると考えられる。ただし、「中小のソフトウエア開発企業」においては「100人未満」が「1,000人以上」と0.5ポイントしか差がなかった。

社外連携先の中では、どの従業員数の場合でも「ITベンダー」の回答が最も多く、特に「100～1,000人未満」と「1,000人以上」では他の業種よりも20％以上大きかった。「1,000人以上」が「100人未満」よりも10ポイント以上大きかった業種は「ITベンダー」「情報子会社／関連会社」「デジタルプラットフォーマー（GAFAM等）」「コンサルファーム」「Tech企業（ベンチャー含む）」だった。

図表1-3-1-3に、図表1-3-1-2で示したデジタル化におけるユーザー企業の社外連携先として各回答者が選択した個数を示す。従業員数によらず「1個」が最頻だが、「100人未満」と比較して「100～1,000人未満」と「1,000人以上」では右（選択個数が多い方向）に裾野が広かった。選択個数の平均は、「100人未満」で1.49、「100～1,000人未満」で2.20、「1,000人以上」で2.56であり、従業員数が大きいユーザー企業ほど、デジタル化における社外連携先が多かった。

▌図表1-3-1-2　デジタル化におけるユーザー企業の社外連携先（複数回答）

※「1,000人以上」の降順にソートしている（「その他」「連携を取っている外部組織はない」を除く）

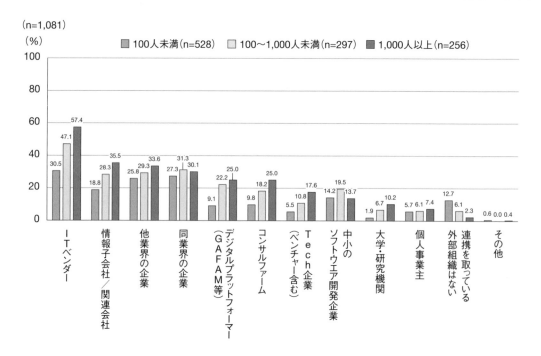

(n=1,081)

(%)

■ 100人未満(n=528)　□ 100～1,000人未満(n=297)　■ 1,000人以上(n=256)

本節を通じて、デジタル化と生成AI活用のどちらについてもユーザー企業は外部組織と連携する傾向にあることが分かった。また、現在では外部組織との連携を行っていない事業者であっても、試行を終え正式な運用に移行する際には外部組織との連携を求める可能性がある。

2 新たなテクノロジーの活用において求められる情報サービス企業の役割

生成AIをはじめとする新たなテクノロジーの活用における社外連携先や、活用を検討する際に相談する社外連携先について、ユーザー企業に対するアンケート調査の結果を参照しながら説明する。

1) 生成AIを活用しているユーザー企業

まず、生成AIを活用しているユーザー企業（「社内業務への適用」または「自社サービス（顧客向けサービス）への適用」で、生成AIについて「全社的に活用している」または「部署によっては活用している」）による外部事業者との相談や連携について整理する。

図表1-3-2-1には、生成AIを活用しているユーザー企業に対するアンケート調査において、生成AIの活用における社外連携先を聴取した結果をユーザー企業の従業員数別に示した。デジタル化と同様、社外連携先のなかでは、「100〜1,000人未満」と「1,000人以上」では「ITベンダー」の回答が最も多く、特に他の社外連携先よりも10ポイント以上大きかった。一方で「100人未満」では「ITベンダー」よりも「同業界の企業」「他業界の企業」「情報子会社／関連会社」が2〜5ポイント大きかった。

実際に、以下のユーザー企業のように社内業務への生成AIの導入においてデジタルプラットフォーマーの支援を受けた事例が存在する。

〈ユーザー企業の事例（ヒアリングより）〉
- 生成AIの社内業務への導入においてデジタルプラットフォーマーの支援を受けた。

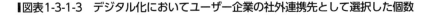

▌図表1-3-1-3　デジタル化においてユーザー企業の社外連携先として選択した個数

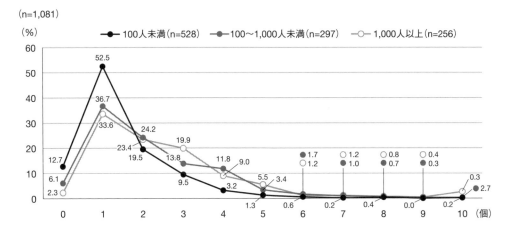

（n=1,081）

（%）

—●— 100人未満(n=528)　—●— 100〜1,000人未満(n=297)　—○— 1,000人以上(n=256)

具体的には、コストを抑えられるシステムの構成、セキュリティーに関わる仕組みの検討、最新情報の入手についてサポートを受けている。

　図表1-3-2-2に、図表1-3-2-1で示した生成AIの活用におけるユーザー企業の社外連携先として各回答者が選択した個数を示す。図表1-3-1-3に示したデジタル化の場合と同様、従業員数によらず「1個」が最頻だが、「100人未満」と比較して「100〜1,000人未満」と「1,000人以上」では右（選択個数が多い方向）に裾野が広かった。選択個数の平均は、「100人未満」で1.73、「100〜1,000人未満」で

▌図表1-3-2-1　生成AIの活用におけるユーザー企業の社外連携先（複数回答）

※「1,000人以上」の降順にソートしている。

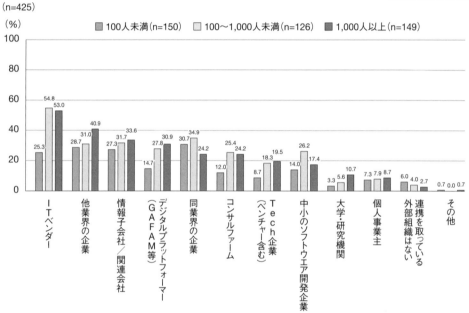

▌図表1-3-2-2　生成AIの活用においてユーザー企業が社外連携先として選択した個数

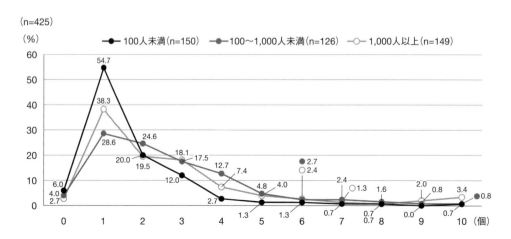

2.63、「1,000人以上」で2.64であり、従業員数が大きいユーザー企業ほど、生成AIの活用における社外連携先が多かった。

続いて、生成AIの活用における社外連携先として「ITベンダー」を選択した回答者に対してITベンダーが果たしている役割を確認したところ、**図表1-3-2-3**に示す結果となった。「1,000人以上」では「活用戦略の検討・コンサルティング」が首位となった一方で、「100人未満」と「100〜1,000人未満」では「技術や活用事例に関する知識・ノウハウの提供」が首位となった。2位も従業員規模に応じて異なり、「1,000人以上」では「技術や活用事例に関する知識・ノウハウの提供」が、「100〜1,000人未満」では「他社が開発した製品・サービスの受託販売（販売代理店）」が位置した。このため、いずれの従業員規模でも技術

や活用事例に関するノウハウ・知識を求めている傾向にある。

〈JISA会員企業の事例（ヒアリングより）〉
• 有効なユースケースや社内で生成AIの活用方法を検討するための有効なアプローチについて顧客から相談を受ける。

図表1-3-2-4には生成AIを活用するユーザー企業が社外連携による解決を期待する課題の回答結果を示している。どの従業員数の場合でも「導入・利用の判断に必要な情報の不足」が首位だった。「1,000人以上」においては、「セキュリティー面の不安」と「著作権やプライバシー等の制度に関する知識の不足」が2位、4位となり、コンプライアンスリスクがボトルネックとなる傾向にある。また、

▌**図表1-3-2-3　生成AIの活用においてITベンダーと連携するユーザー企業に対してITベンダーが果たしている役割（複数回答）**

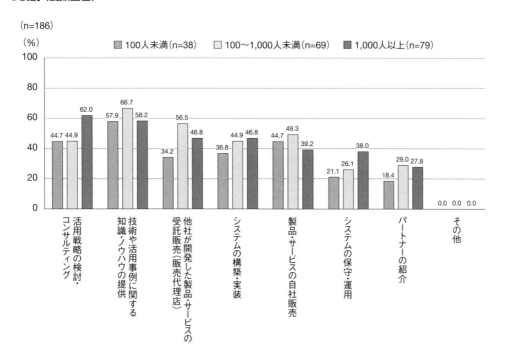

■図表1-3-2-4 生成AIの活用においてユーザー企業が社外連携による解決を期待する課題（複数回答）

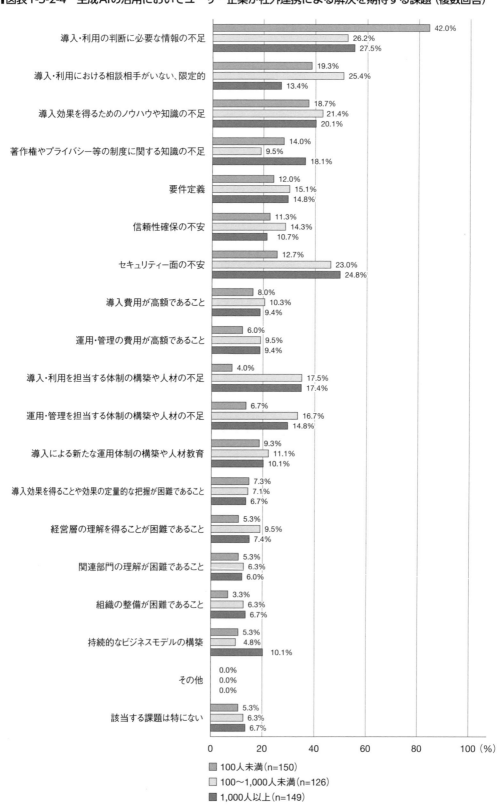

	100人未満(n=150)	100〜1,000人未満(n=126)	1,000人以上(n=149)
導入・利用の判断に必要な情報の不足	42.0%	26.2%	27.5%
導入・利用における相談相手がいない、限定的	19.3%	25.4%	13.4%
導入効果を得るためのノウハウや知識の不足	18.7%	21.4%	20.1%
著作権やプライバシー等の制度に関する知識の不足	14.0%	9.5%	18.1%
要件定義	12.0%	15.1%	14.8%
信頼性確保の不安	11.3%	14.3%	10.7%
セキュリティー面の不安	12.7%	23.0%	24.8%
導入費用が高額であること	8.0%	10.3%	9.4%
運用・管理の費用が高額であること	6.0%	9.5%	9.4%
導入・利用を担当する体制の構築や人材の不足	4.0%	17.5%	17.4%
運用・管理を担当する体制の構築や人材の不足	6.7%	16.7%	14.8%
導入による新たな運用体制の構築や人材教育	9.3%	11.1%	10.1%
導入効果を得ることや効果の定量的な把握が困難であること	7.3%	7.1%	6.7%
経営層の理解を得ることが困難であること	5.3%	9.5%	7.4%
関連部門の理解が困難であること	5.3%	6.3%	6.0%
組織の整備が困難であること	3.3%	6.3%	6.7%
持続的なビジネスモデルの構築	5.3%	4.8%	10.1%
その他	0.0%	0.0%	0.0%
該当する課題は特にない	5.3%	6.3%	6.7%

「100〜1,000人未満」においては、「導入・利用における相談相手がいない・限定的」が2位であった。「100人未満」においては、「導入・利用の判断に必要な情報の不足」が他の理由と比較して20ポイント以上差をつけて多かった。また、「100人未満」は「100人以上」（「100〜1,000人未満」「1,000人以上」）と比較して、人材不足の回答が10ポイント程度少なかった。

2) 生成AIの活用を検討しているユーザー企業

　続いて、生成AIの活用を検討しているユーザー企業（「社内業務への適用」または「自社サービス（顧客向けサービス）への適用」で生成AIについて「全社で今後の活用を検討している」または「部署によっては今後の活用を検討している」と回答）による外部事業者との相談や連携について整理する。

　図表1-3-2-5に、生成AIの活用を検討するユーザー企業による社外との相談状況をユーザー企業の従業員数別に示す。「100人未満」は「100人以上」と比較して「社内のみで検討しており、今後社外と相談する予定はない」という回答の割合が2倍程度あった。一方で、「100人以上」（「100〜1,000人未満」と「1,000人以上」）は「100人未満」と比較して「相談先の目途は立っているが、まだ相談していない」と「社外と相談している」の合計も2倍程度あった。

　図表1-3-2-6には生成AIの活用を検討するユーザー企業による社外との相談状況をユーザー企業の産業別に示す。「通信業、放送業、映像・音声・文字情報制作業」は「相談先の目途は立っているが、まだ相談していない」と「社外と相談している」の合計が業種のなかで最も多く35.7%であった。また、「今後社外と相談する予定だが、相談先の目途は立っていない」が多い産業は「その他サービス業（飲食・宿泊、医療・福祉、教育等）」（62.8%）と「金融・保険業」（60.0%）であり、新規の社外連携先を求めている可能性がある。

　なお、現段階では以下に示すJISA会員企業の事例のように、割合としては多くないものの、生成AIに関する取り組みをきっかけに新規顧客の相談を受けているケースも存在する。

〈JISA会員企業の事例（ヒアリングより）〉
• 新規顧客は当社が初期段階からChatGPTを導入していたことがきっかけで相談しているようである。ただし、新規顧客は多くなく、既存顧客からの相談がほとんどである。

▎図表1-3-2-5　生成AIの活用を検討するユーザー企業による社外との相談状況（単一回答、従業員数別）

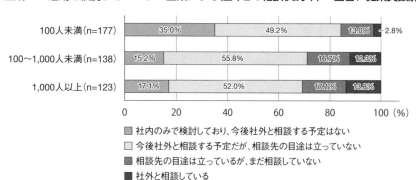

　図表1-3-2-7には生成AIの活用を検討するユーザー企業のうち、「相談先の目途は立っているが、まだ相談していない」または「社外と相談している」と回答した方に対して、社外相談先を確認した結果を示す。どの従業員数の場合でも「ITベンダー」が首位だった。

「100人以上」（「100～1,000人未満」と「1,000人以上」）は「100人未満」と比較して「デジタルプラットフォーマー（GAFAM等）」の割合が10ポイント以上大きかった。一方で、「1,000人未満」（「100人未満」と「100～1,000人未満」）は「1,000人以上」と比較して「Tech

▌図表1-3-2-6　生成AIの活用を検討するユーザー企業による社外との相談状況（単一回答、産業別）

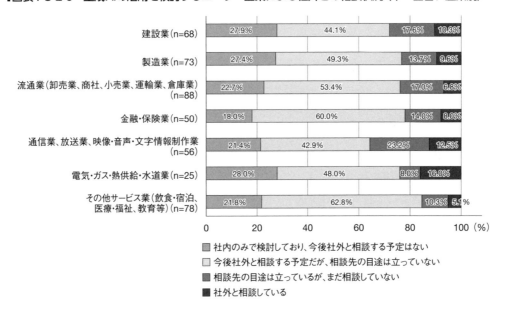

■ 社内のみで検討しており、今後社外と相談する予定はない
□ 今後社外と相談する予定だが、相談先の目途は立っていない
■ 相談先の目途は立っているが、まだ相談していない
■ 社外と相談している

▌図表1-3-2-7　生成AIの活用を検討するユーザー企業による相談先（複数回答）

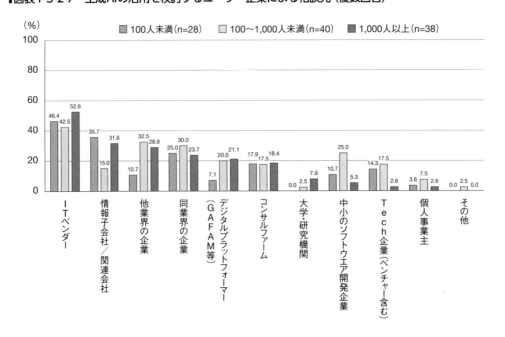

企業（ベンチャー含む）」の割合が10ポイント以上大きかった。

　以下に示すJISA会員企業の事例のように、生成AIのように新たなテクノロジーの活用においてはITベンダーだけでなく同業界の企業などとの情報共有という形で連携することが増える可能性がある。

〈JISA会員企業の事例（ヒアリングより）〉

- クラウドサービスや先端的な開発言語の活用に当たって同業界（ITベンダー）の企業や個人が参加するコミュニティーでの情報共有はスピード感があり重要である。

　図表1-3-2-8では、生成AIの活用を検討するユーザー企業にとっての課題を示す。どの従業員数の場合でも「導入・利用の判断に必要な情報の不足」と「導入効果を得るためのノウハウや知識の不足」といった情報・ノウハウや相談相手の不足が上位に位置した。

　以下に示すJISA会員企業の事例のように、生成AIの活用を検討するに当たり、有効なユースケース、ノウハウ、メリット・デメリットの提供を期待する顧客が存在する。

〈JISA会員企業の事例（ヒアリングより）〉

- 現時点では、社内活用を通じた経験や肌感覚が当社の顧客に対する大きなアドバンテージになっていると考える。顧客も今後徐々に利用が増えていくためアドバンテージはなくなっていくだろう。現時点では小規模にスタートする顧客が多い。
- SIerに対する期待は、技術を追い続け熟知していることにあるだろう。そのため、検証や情報収集は継続する。同時に、良いところだけでなく、社会実装する際のデメ

リットやITを活用する組織の必要事項といった実利用時の注意事項も提示する必要があると考える。

　どの従業員数の場合でも「導入・利用における相談相手がいない、限定的」が上位に位置した。以下に示すユーザー企業、JISA会員企業の事例のように、ユーザー企業が情報サービス企業に対して大規模システムの開発を求めるケースも存在するが、開発委託にとどまらず生成AIの導入や内製の伴走型支援・相談を求めるケースも現れている。さらに、ユーザー企業の新規ビジネス構築に対して情報サービス企業が共同投資等を通じてリスクテイクし、人材派遣型の枠を超えたビジネスの在り方を模索する取り組みも存在する。

〈ユーザー企業の事例（ヒアリングより）〉

- 生成AIなど、非IT企業でも比較的簡単にテクノロジーを活用できる方法が増えていると感じる。今後一層活用のハードルが下がり、当社のようなユーザー企業が活用の主体になるチャンスが増えると思う。ベンダー企業などの外部事業者に対しては、開発委託だけでなく導入や内製の支援を求める場面が増えるのではないか。

〈JISA会員企業の事例（ヒアリングより）〉

- 大規模に使う顧客は自走可能なため、そういった顧客からは大規模システム構築に関する相談を受けることが多い。
- 伴走型は求められているが、リスクテイク含めたところまで踏み込まなければならない。具体的には会社の設立や契約によるサービスの共同構築を想定する。そのため、人材を派遣・常駐するようなビジネスでは

▌図表1-3-2-8　生成AIの活用を検討するユーザー企業が導入に当たって抱える課題（複数回答）

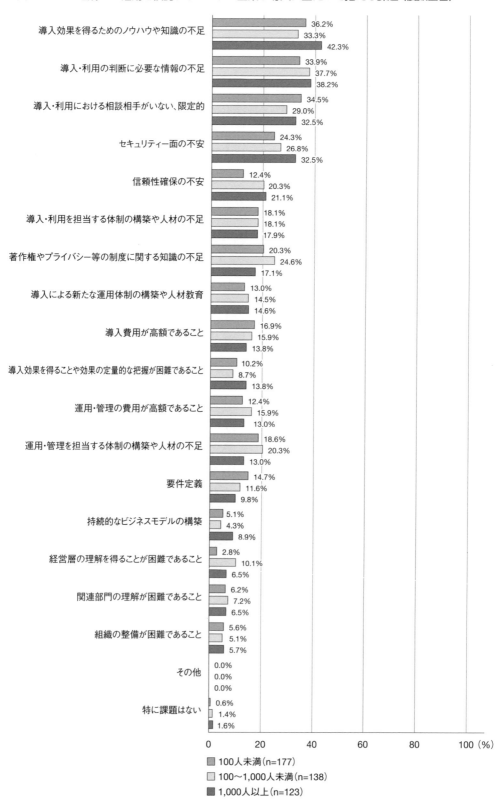

導入効果を得るためのノウハウや知識の不足　36.2% / 33.3% / 42.3%
導入・利用の判断に必要な情報の不足　33.9% / 37.7% / 38.2%
導入・利用における相談相手がいない、限定的　34.5% / 29.0% / 32.5%
セキュリティー面の不安　24.3% / 26.8% / 32.5%
信頼性確保の不安　12.4% / 20.3% / 21.1%
導入・利用を担当する体制の構築や人材の不足　18.1% / 18.1% / 17.9%
著作権やプライバシー等の制度に関する知識の不足　20.3% / 24.6% / 17.1%
導入による新たな運用体制の構築や人材教育　13.0% / 14.5% / 14.6%
導入費用が高額であること　16.9% / 15.9% / 13.8%
導入効果を得ることや効果の定量的な把握が困難であること　10.2% / 8.7% / 13.8%
運用・管理の費用が高額であること　12.4% / 15.9% / 13.0%
運用・管理を担当する体制の構築や人材の不足　18.6% / 20.3% / 13.0%
要件定義　14.7% / 11.6% / 9.8%
持続的なビジネスモデルの構築　5.1% / 4.3% / 8.9%
経営層の理解を得ることが困難であること　2.8% / 10.1% / 6.5%
関連部門の理解が困難であること　6.2% / 7.2% / 6.5%
組織の整備が困難であること　5.6% / 5.1% / 5.7%
その他　0.0% / 0.0% / 0.0%
特に課題はない　0.6% / 1.4% / 1.6%

■ 100人未満（n=177）
□ 100〜1,000人未満（n=138）
■ 1,000人以上（n=123）

なく、DXを活用して売り上げや利益に貢献できるビジネスを構築するために共同投資などをするところまでコミットしなければならない。社会課題の解決とともに、co-creation（共創）してリスクテイクしながら新しいものを生むところまで踏み込みたい。

最後に、「1,000人以上」では「セキュリティー面の不安」と「信頼性確保の不安」「100人未満」と「100〜1,000人未満」では「著作権やプライバシー等の制度に関する知識の不足」といったコンプライアンスに関連する懸念が多くみられた。

以下に示すJISA会員企業の事例のように、顧客から期待されているノウハウの中にはガバナンスのためのソリューションや知見も含まれる場合がある。

〈JISA会員企業の事例（ヒアリングより）〉
• 情報サービス産業は、生成ＡＩ活用の推進や顧客の先導で期待されていると考える。また、活用時のガバナンスについても顧客は関心を持っており、その対策のためのソリューションや知見を提供することが考えられる。
• ガバナンスのサポートにも期待が寄せられている。当社では生成AIのガイドラインを社内公開しており、このような技術以外の部分やリスク対策も顧客に求められているように思う。

3) 新たなテクノロジーの活用における情報サービス企業の役割
　最後に、第2章で定義した新たなテクノロジーを活用するユーザー企業における外部事業者との連携や情報サービス企業への期待を生成AIの場合と比較する。

　図表1-3-2-9に、アプリケーション系、インフラ・基盤系、開発手法・メソドロジーに該当する新たなテクノロジーを活用する際の社外連携先を、生成AIと比較して示す。生成AIと比較してITベンダーの割合は、「インフラ・基盤系」「開発手法・メソドロジー」で大きくなった一方で、「アプリケーション系」では小さくなった。また、「アプリケーション系」では他の新たなテクノロジーと比較して「他業界（ITベンダを除く）の企業」「同業界の企業」「中小のソフトウエア開発企業」が大きくなった。アプリケーション系、すなわち「機械学習（生成AIを除く）」「メタバース」「VR／MR／AR」においてはITベンダーに限らず、例えばベンチャー企業との連携の可能性が考えられる。

　図表1-3-2-10に、アプリケーション系、インフラ・基盤系、開発手法・メソドロジに該当する新たなテクノロジーを活用する際にITベンダーが果たす役割を、生成AIと比較して示す。

　いずれのテクノロジーにおいても「技術や活用事例に関する知識・ノウハウの提供」と「活用戦略の検討・コンサルティング」は上位に位置し、情報の提供や活用支援に対する需要が存在することが分かった。

　また、「インフラ・基盤系」と「開発手法・メソドロジ」では生成AIと比較して「システムの構築・実装」の割合が大きく、特に「開発手法・メソドロジ」では他の新たなテクノロジーと比較して「システムの保守・運用」の割合が大きかった。このことから、これらの新たなテクノロジーにおいてITベンダーは開発委託や保守・運用の形で関わっていると考えられる。

一方で、「アプリケーション系」においては「他社が開発した製品・サービスの受託販売（販売代理店）」と「製品・サービスの自社販売」の割合が大きく、SaaS（Software as a Service）への転換が進みつつある可能性がある。

本章を通じて、生成AIなどの新たなテクノロジーの活用において、ユーザー企業はデジタル化と同様に外部事業者との連携を求める傾向にあることが明らかとなった。特にユーザー企業は、情報サービス企業に対して新たなテクノロジーの「技術や活用事例に関する知識・ノウハウの提供」や「活用戦略の検討・コンサルティング」を求める傾向にあった。

一方で、生成AIやメタバースなどのアプリケーション系の新たなテクノロジーの活用

■図表1-3-2-9　ユーザー企業が新たなテクノロジーを活用する際の社外連携先（複数回答）

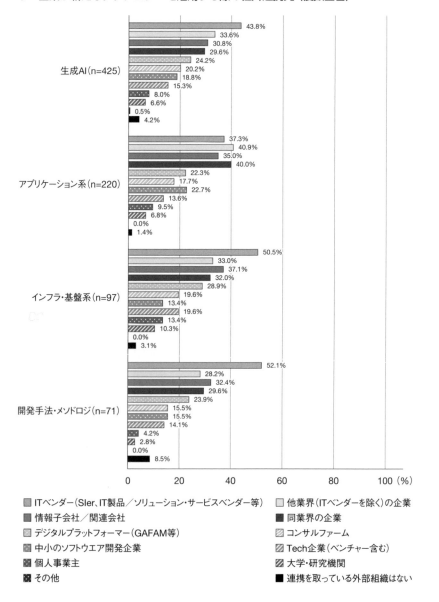

においては、他の新たなテクノロジーと比較して、情報サービス企業が果たす役割は異なる傾向にあった。具体的には、社外連携先として情報サービス企業を選択する、あるいは情報サービス企業の役割としてシステムの構築・実装を選択するユーザー企業が少なかった。これを裏付けるように、生成AIなどのユーザー企業が活用するハードルが低いテクノロジーに関しては、開発委託ではなく導入や内製の支援を期待するユーザー企業の意見があった。また、アプリケーション系では、情報サービス企業の役割として他社あるいは自社製品の販売を選択するユーザー企業が多かった。

これらのことから、特に生成AIやメタバースといったアプリケーション系の新たなテクノロジーの活用において、ユーザー企業が情報サービス企業に求める役割は変化していると考えられる。すなわち、システムの構築・実装といった開発委託ではなく、他社あるいは自社製品の販売のためのSaaSプラットフォームの提供や、技術や活用事例に関する知識・ノウハウの提供、活用戦略のコンサルティングといった伴走支援が求められている。

■図表1-3-2-10　新たなテクノロジーを活用する際にITベンダーが果たす役割（複数回答）

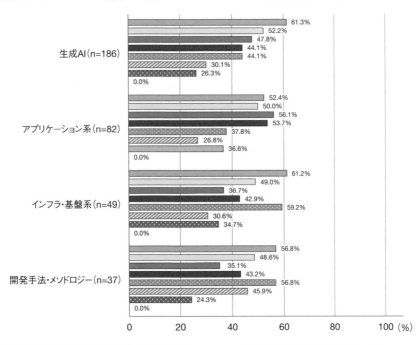

_第**4**_章

情報サービス産業の近未来像

1 新たなテクノロジーが情報サービス市場に与える影響

新たなテクノロジーの登場は、産業界に大きな影響を及ぼしている。今回のアンケート調査およびヒアリング調査の結果から、情報サービス企業の規模や事業形態によって、新たなテクノロジーによる影響やそれらへの対応が異なることが明らかになった。

具体的には、ユーザー企業において新たなテクノロジーを活用しているのは2〜3割であり、「生成AI」の活用状況・活用意向はその他のテクノロジーより高めである。情報サービス企業においては「ノーコード・ローコード開発」「アジャイル開発／反復型開発」などの開発技術の活用が進みつつあり、「生成AI」については、他のテクノロジーと比較すると活用状況・活用意向とも高めであるものの、ユーザー企業と比較すると高いとは言えない。「生成AI」の活用における課題としては、セキュリティー面の不安、知識や情報の不足が挙げられており、活用にややためらう傾向が見られる。

ユーザー企業における「生成AI」活用の課題としては、「情報、ノウハウ、知識の不足」が挙げられている。ただし、社外連携先としては「ITベンダー」が期待されており、新た

なテクノロジーの活用においては、情報サービス企業が先行して活用することで活用ノウハウを蓄積し、ユーザー企業のテクノロジー活用を推進する役割が求められているといえる。ヒアリング調査を踏まえると、新たなテクノロジーの活用領域についてリアリティーを持って理解した上で最大限活用し、セキュリティーやコンプライアンスなど守りの部分も併せて技術的な理解に基づき実装することが可能となることで情報サービス企業がユーザー企業の課題解決に貢献できると考えられる。ただし、先行ユーザー企業におけるテクノロジー活用がある程度進むと、生成AIなどについては特に市場において急速に活用が進む可能性があり、情報サービス企業にとっては新たなテクノロジーの活用・提供のタイミングを逃すと、事業面でビハインドするリスクがある。

生成AIをはじめとする新たなテクノロジーの登場は、大手かつシステム開発の元請けとなる情報サービス企業にはチャンスと捉えられている。一方、中間下請けや最終下請けの企業にとっては、新たなテクノロジーが脅威と捉えられている側面がある。例えば、ノーコード・ローコード開発のような開発手法は、システム開発の上流に位置する企業の内製化や生産性向上をもたらすため、さらなる下請

け企業の受注機会が減少していくことが考えられる。新たなテクノロジーの台頭は、情報サービス市場の構造を変えていく可能性がある。

新たなテクノロジーの浸透に伴う社会の変化に対応するために、情報サービス企業に求められる取り組みは以下の4つと考える。

第一に、新たなテクノロジーを活用するために必要な環境やテクノロジーがどこまで実現できるかを理解し、実装する力を持つことである。特に、生成AIのような新たなテクノロジーを活用する際には、セキュリティーリスクやガバナンス、コンプライアンス上の課題が存在する。ユーザー企業へのヒアリング調査においても、セキュリティーに関わる仕組みやコストを抑えたシステムの構成を外部事業者に提案してもらい、テクノロジーの活用環境を最適化しているとの事例が見られた。情報サービス企業においても、社員により新しいテクノロジーの活用を推進し、社内の情報共有コミュニティーを立ち上げ、活用のノウハウを共有する事例が見られた。テクノロジーに深く通じ、時にはプライバシーなどの法務的な観点も踏まえて、実装ノウハウを有する外部事業者への期待は高いものと考えられる。情報サービス企業が、このような期待に応える役割を果たせれば、ユーザー企業と共に新たなテクノロジーを通じた事業強化や新ビジネス創出に貢献できる可能性がある。

第二に、新たなテクノロジーに関する知識やスキルを持つ人材を確保し、継続的に育成することである。ユーザー企業は新たなテクノロジーで実現できることを知りたいと考えるが、新たなテクノロジーの導入を検討していながらも、実際に活用に踏み切れない企業

も少なくない。「先行ユーザーの活用実績が出てきたら活用したい」との考えはあり、具体的なユースケースや活用の効果に関する情報に対する期待がある。より専門的な知識、ノウハウに関して、活用事例や実績に基づき提供してくれる情報サービス企業に対する期待は大きいと考えられる。

実際、多くの情報サービス企業はそのような知識、ノウハウを提供する能力を有している。アンケートによると、ユーザー企業より情報サービス企業の方が生成AIを利用したことのある人の割合が高かった。ユーザー企業では、デジタル化や新たなテクノロジーの導入・活用推進に携わる立場の従業員が回答者であっても、生成AIを自らは利用したことがない人の方が多い。全社的な育成機会や、外部事業者による研修機会の提供はもちろん、情報サービス企業へのヒアリング調査では、従業員個人による新たなテクノロジーの活用・知識の習得に関連する活動を支援したり、社内コミュニティーへの還元を促したりすることで、ボトムアップで生成AIの活用を広げている事例もあった。情報サービス企業は、新たなテクノロジーに対する関心やそれらに関連するスキルを持つ人材の活動を支援し、それを生かす環境をつくることで、人材の育成・確保につながり得ると考えられる。

第三に、外部事業者と連携する力が求められる。新たなテクノロジーの活用においては、情報サービス企業単独では対応が困難な場合も多い。デジタルプラットフォーマー、あるいはテクノロジーやアプリケーションを有するベンチャー企業などとの協業が必要な場面が増えると考えられる。情報サービス企業には顧客のニーズを理解してきた蓄積がある場合も多く、信頼できる関係が構築されて

いる中、新たなテクノロジーを活用し、さまざまな立場でサービスを提供している外部事業者と協業すれば、顧客ニーズを的確に把握・伝達しながら、必要な知識・知見を補完し、より高い価値を提供できる協業が実現できると考えられる。

　第四に、テクノロジーの研究開発ができる体制や新たなテクノロジーを顧客サービスに反映できる組織体制の構築である。新たなテクノロジーは進化し続けるものであり、その対応のためには、継続的な取り組みが必要となる。生成AIの場合、経営企画部門や研究開発部門が活用推進の中心的存在となるケースも多いと考えられる。その一方で、テクノロジーを用いてユーザー企業に対して何が提供できるかは、現場にいる事業部門との連携が不可欠となる。ヒアリング調査においても、DXに関する事業推進のために研究開発部門と共通技術を各事業部に展開する生産技術部門が同じ組織となり、事業部と連携しながらユーザー企業のDXを推進する事例が見られた。新たなテクノロジーをユーザー企業の価値につなげるための組織体制の構築は重要であると考えられる。

　こうした取り組みを通じて、情報サービス企業は新たなテクノロジーが生み出す価値を、ユーザー企業はもちろん、自らも享受できるようになるだろう。生成AIのような情報サービス企業とユーザー企業のいずれにも大きな影響を与えるテクノロジーに注目は集まるが、本質的には、デジタルに関わる新たなテクノロジーに関して、必要なテクノロジーを選別し、自社の事業に活用するとともに、これらを競争力につなげるための投資ができることが重要である。情報サービス企業としては、これらの活動に対して、経営資源を適切に投入していく必要がある。そして、ユーザー企業におけるテクノロジー活用の良きパートナーとなることで、ユーザー企業への価値提供につなげ、デジタル社会の実現に大きく貢献する役割を目指すべきである。

2 情報サービス産業の未来

　新たなテクノロジーの普及は、情報サービス産業にとって脅威と捉えられることもあるが、新たな価値を生み出し、ユーザー企業の期待に応えられるチャンスを秘めている。デジタル化が進展する限り、情報サービスに対するニーズがなくなることはないと考える。しかし、情報サービス企業の立場では、従来型のシステム開発を提供するだけではなく、ユーザー企業が新たなテクノロジー活用により実現可能な事業を見据え、効率的な開発の実現や、顧客ニーズへの迅速な対応が求められるであろう。例えば、生成AIの活用に当たっては、活用ノウハウ提供、活用戦略立案支援、セキュリティーやガバナンスを考慮した実装、などの期待に応える役割を果たしていくことが求められると考えられる。また、アプリケーション系のテクノロジーについても、サービスとしての提供が一般的になると予測される。情報サービス企業は、自らが新たなテクノロジーを活用し、ユーザーに価値を提供し続けることが、変化する市場の中で競争力を確保するために重要となる。

　情報サービス企業が新たなテクノロジーに対応し、ユーザー企業の期待に応えていくためには、前項「新たなテクノロジーが情報サービス市場に与える影響」に述べた取り組みを行うための投資が必要となる。生成AIが特に社会に大きな変化を与えることが予測されて

いるが、従来の情報サービス企業が提供してきた価値から転換するために、人材育成、組織体制、ビジネスモデルなどを変えていく必要がある。これは生成AIに限らず、新たなテクノロジーに追従し、事業に生かし、ユーザー企業の価値につなげていくために必要な取り組みである。

　他方、求められる役割が変わるのは情報サービス企業だけではない。ユーザー企業は、システム開発を委託するのではなく、自社のデジタル化やテクノロジーの活用とそれに伴う変革を共にできるパートナー企業を選定する必要がある。新たなテクノロジーの活用においても、テクノロジーで実現したいことを明確にし、導入後のビジョンを描き、と

もに新規事業を実現できること、場合によっては事業を進める際のリスクテイクも共に行える力が備わっていてこそ、協業する情報サービス企業とも望ましい関係が構築できると考えられる。

　情報サービス企業とユーザー企業の関係は、お互いがビジネス環境の変化、ひいては社会変化に対応するための協力関係へと移行していくことが望ましい。情報サービス企業が新たなテクノロジーを積極的に活用し、ユーザー企業とそれぞれの強みを生かした役割を果たすことで、テクノロジーによる新たな価値が生み出される社会を実現できるであろう。

第2部

情報サービス産業の概況

　（一社）情報サービス産業協会（JISA）は、ビジョンステートメント「JISA2030デジタル技術で『人が輝く社会』を創る」の実現に向けて今なすべきことを「JISA Initiatives」として打ち出してさまざまな活動を展開しており、デジタル化の担い手としての重要性はますます高まっている。

　第2部では、デジタル化に関するJISA委員会等の成果や業界の有識者による技術動向の解説、協会統計などを紹介し、情報サービス産業を取り巻く環境と業界動向を概観する。

第 **1** 章
JISA調査・統計等で概観する情報サービス産業のトレンド

第1節
ITエンジニアへの技術トレンド調査（情報技術マップ）

山口 陽平

1 情報技術マップ調査の概要

　情報技術マップ調査とは技術者がSIの現場でどのような要素技術を利用しているか、どのような技術に関心を持っているかのアンケート結果を分析したものである。アンケートはSI企業からの1社1回答ではなく、JISA会員に所属する個々の技術者を対象に実施し、さまざまなSIの要素技術について「既に使っているか」という実績や「今後着手したいか」という意向などを尋ねている。調査対象の要素技術については、「メインフレーム」や「商用RDBMS」のように以前からよく使われている技術から「生成AI利用技術」などの新しい技術まで117個ある。

　本調査では、要素技術は世の中に登場してから普及し衰退していくまでの一連のライフサイクルがあるという考えに立っている。要素技術が登場して間もない時期には、いきなり商用利用されることは少なく、研究対象の

ように見られるが、利便性が見いだされるとともに世の中に浸透する。そして多くの技術者からの支持が広がるにつれて、技術書の発刊やコミュニティーでのQAの充実などが進み、誰もが安心して使えるようになる。一方で、新しい要素技術が誕生することで、取って代わられた先行技術が衰退していく現象も見られる。

　このような技術のライフサイクルは短くとも数年を要するためSIの現場からはなかなか把握しにくいが、多くの技術者のアンケート結果を分析することで俯瞰視点が得られる。それにより新技術の調査・検証や、SIビジネスを支える重点技術分野への増員、あるいは衰退しつつある要素技術からの脱却などのタイミングを適切に計れるという期待がある。情報技術マップの狙いはそこにあり、技術のライフサイクルを可視化することによりSIに関わる企業、技術者そして何よりも受益者となるユーザー企業が技術の新陳代謝を適切に

進め、ユーザー企業の先のエンドユーザーの利便性や生産性の向上に貢献することを目指している。

本項では調査を通じてさまざまなSI技術への取り組み状況や、システム開発における生成AIの利用状況について紹介する。

2 ITエンジニアにおける技術トレンド

サーバー分野のSI実績の変遷

情報技術マップ調査で見ているトレンドの一つとしてSI実績指数がある。これはその技術を知っている回答数を分母に、利用中の回答数を分子とした割合であり、1であれば全員がその技術を使った実績があることになる。

「2025年の崖」のキーワードと共に技術負債への対応を進めることの重要性が注目されているが、サーバー分野でのSI実績はどのように変化してきたのだろうか？ **図表2-1-3-1** はサーバー分野のSI実績指数の直近10年間の推移である。IaaSやPaaSなどの「クラウド基盤サービス」は2016年の調査開始から上昇基調を維持し、サーバー仮想化技術を初めて上回った。それに対してUNIX系サーバーはほぼ横ばいであったが、IAサーバーは減少トレンドにある。UNIX系サーバーはミッションクリティカルな用途が多いなどの理由でクラウド移行されない一方で、これまでIAサーバーで行われていたようなインフラ構築はクラウドへの移行が進んでいるようである。

技術負債の課題とセットで語られることの多い「メインフレーム」は2014年から2017年にかけてSI実績指数が下がり、2018年から2020年まで一度盛り返したものの、2021年以降は再び低調になっているように見える。筆者はこの現象について、メインフレームが再拡大したというよりは、2018年9月に経済産業省から出された『DXレポート ～ITシステム「2025年の崖」克服とDXの本格的な展開～』を機にメインフレームの更改型の案件が活性化したものの、そのピークは越えつつあるものと見ている。

▌図表2-1-3-1　サーバー分野のSI実績指数 (2023年度)

(n=2,158)

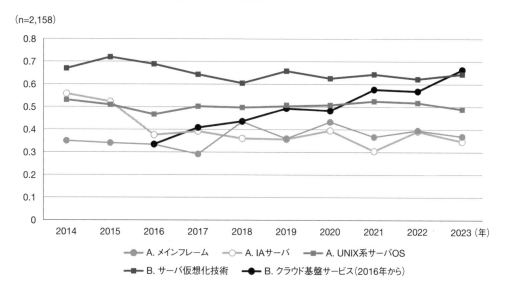

A. メインフレーム　○ A. IAサーバ　■ A. UNIX系サーバOS
■ B. サーバ仮想化技術　● B. クラウド基盤サービス(2016年から)

ITエンジニアからの着手意向が高い技術

情報技術マップ調査で見ているその他のトレンドとして着手意向指数がある。これはその技術を知っていて、まだSI実績のない人のうち着手してみたいと考えている人の割合である。図表2-1-3-2は全117の要素技術の上位15件を昇順に並べたものであり、着手意向指数は0.632から0.453となっており、およそ2人に1人かそれ以上がこれらの技術に着手してみたいと考えていることを示す。

図表2-1-3-2の「技術カテゴリ」の列は調査に際してSI要素技術を11のカテゴリに分類したもので、これは調査対象が特定のカテゴリに偏らないようバランスを取るためのものである。上位2件はいずれも生成AIに関する要素技術であり、今年度の調査から開始したものである。「生成AIを使った開発」はシステム開発の中でコーディング支援などに生成AIを用いるものであり、「生成AI利用技術」は

例えばAIチャットをユーザー業の社内QAに入れる、といったように生成AIをSIの部品・部材として用いるものである。生成AIに関してはさまざまな新技術が投入されるだけではなく、公的機関からも調査結果やガイドラインが出されるなどさまざまな面で利用環境が整ってきており、今回調査での着手意向が次年度にはどれくらいSI実績へと転換したかに注視していくべきだと考える。

技術カテゴリで見ると「データベース」が多く、3位の「機械学習」や6位の「クラウド型データウェアハウス」、7位の「データマイニング」などデータから価値を生むための分析技術に関心が高まっている。また9位から12位には「セキュリティ」の要素技術が集まっている。セキュリティー上の新たな脅威の誕生と、それに対抗するセキュリティー技術の開発といった動きは、いたちごっこが尽きることなく続いており、今後もセキュリティー

▌図表2-1-3-2 着手意向指数の上位15件（2023年度）

順位	要素技術	技術カテゴリ	着手意向指数
1	生成AIを使った開発	開発手法・プロセス	0.632
2	生成AI利用技術	データベース	0.621
3	機械学習	データベース	0.588
4	ブロックチェーン	データベース	0.502
5	デザイン思考	開発手法・プロセス	0.498
6	クラウド型データウェアハウス	データベース	0.495
7	データマイニング	データベース	0.490
8	クラウドデータ連携技術	仮想化・クラウド基盤	0.485
9	セキュリティ標準記述	セキュリティ	0.471
10	CASB／クラウド利用セキュリティ対策関連技法	セキュリティ	0.471
11	SIEM	セキュリティ	0.462
12	UBA／ユーザ行動分析	セキュリティ	0.462
13	ウェアラブル端末	クライアント・デバイス	0.460
14	データレイク	データベース	0.453
15	チャットボット	クライアント・デバイス	0.453

(注) 本調査において「機械学習」は、事例となるデータを反復的に学ばせることで特徴やパターンを見つけ出し、その見つけた特徴やパターンを新しいデータに適用することで新しいデータの分析や予測を行うことができる要素技術と定義している。一方、「生成AI利用技術」は、APIなどを利用して、提供ソリューションやサービスに生成AIサービスを付加価値として実装することができる要素技術と定義している。

系の新技術に関心が寄せられる動向は続いていくだろう。

　情報処理推進機構（IPA）は日本のソフトウェア開発の実態把握と今後の方策を検討するための基礎調査として「2023年度ソフトウェア開発に関するアンケート調査」を行い、その結果を2024年1月にオープンデータとして公開した。生成AIに関する導入状況（**図表2-1-3-3**）では、全体の24%が導入しているとの回答であった。情報技術マップ調査の着手意向指数と同様に着手意向の割合を算出すると、ベンダー企業（N=199）の中から「試行している（22%）」、「検討中（32%）」、「導入していない（18%）」を分母、「試行している」、「検討中」を分子とした0.694となる。情報技術マップの「生成AIを使った開発」の0.632や「生成AI利用技術」の0.621に近い数値となっており、総じて技術者の3人に2人は自身の開発・運用環境または顧客の使用のために生成AIを試行・検討しようと考えているといえる。

　情報技術マップ調査では認知度、すなわちその要素技術を知っているかどうかも調査している。

　図表2-1-3-4では全117の技術の中から、デジタルビジネスとの親和性が高い技術など22個を抽出したものを、アプリケーション開発に関する言語やデバイスなどに関する「アプリ/UI」、クラウド基盤や実行環境、分析環境、セキュリティーなどの「インフラ」、開発手法やフレームワークなどの「手法」の3つに大別して、認知度の違いを可視化した。認知度はその技術を知っているかどうかを尋ねた結果である。例えば認知度が40%の技術があるとき、3人集まってその誰もが知らない確率は0.6^3=21.6%となる。何らかの課題に対して会話をしている中で、「あの技術を使えばうまくいくのではないか？」という起点からアイデアが生まれることがあるが、少人数でのアイデア出しでは認知度の低い技術は特に想起されにくい点には注意が必要と言えよう。一方で検討メンバーを増やすほど誰かが知っている可能性は高まっていくが、一人当たりの発言機会が減り議論が活発化しにくいデメリットも生じてくる。近年エンジニア組織を重視する中で、CTO（Chief Technology Officer）やテックリードなどの任命が増えているといわれる。そのような人材は、大局的な視点から新しい技術の照会を受ける機会が

▊図表2-1-3-3　ソフトウェア開発に関するアンケート調査における生成AIの導入状況（2023年度）

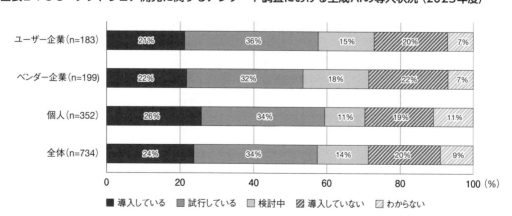

出典：情報処理推進機構「2023年度ソフトウェア開発に関するアンケート調査」

特に多いと思われるため、本調査で認知度が低い結果となった要素技術も含めて、幅広に情報収集に取り組むことが望ましい。

アプリ/UI分野に挙げた要素技術の多くは認知度の全体平均（全117技術の平均）である61.6%とほぼ同じか上回った。「Web会議システム」は87.1%と実質的にほとんどの技術者に知られる技術となっている。単にウェブ会議だけでなく、ファイル共有やチャット、プレゼンス管理などを行う「デジタルワークプレイス技術」も70.3%と多くの技術者に認知

されている。

一方でインフラ分野では認知度が平均を下回る要素技術が多い印象である。「API管理」や「iPaaS」はDXにより企業の内外でさまざまなデータをつなげる必要性が高まる中で今後の成長が期待される技術であるが、昨年に続き認知度が50%を下回る結果となっている。「GPUコンピューティング・アクセラレータハードウェア」もGPUの主要メーカーであるNVIDIAの株価高騰がニュースとなったが、認知度は50.0%にとどまった。手法分野

▌図表2-1-3-4　DX関連技術の認知度（2023年度）

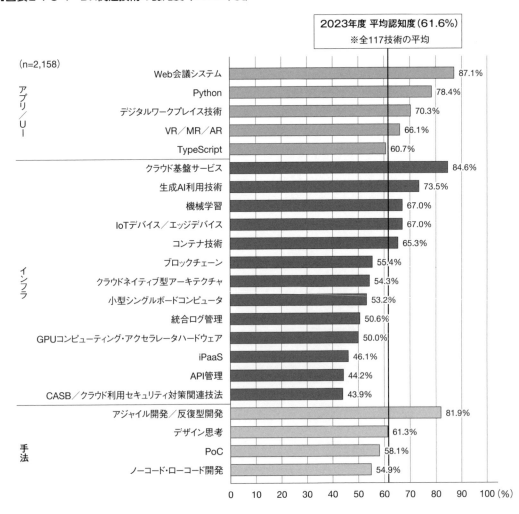

では「アジャイル開発／反復型開発」の認知度が8割超、「PoC」も6割に近く、試行錯誤の中で良いものを作り上げようとする機運は高まっていると言えるものの、やはりインフラ分野はアプリの稼働を支える点で確実性が重要視されやすい技術領域である。認知度が低い現状にあっては多くのエンジニアに知ってもらうためのアピール施策も重要であるが、その先に導入に向けたフィージビリティースタディーが続いていくことを考えれば、費用対効果やサポート体制をホワイトペーパーにまとめるなど、判断材料を充実させていくことも求められるだろう。

3 2023年のスナップショット調査

情報技術マップは、これまで述べてきたようなSI実績指数、着手意向指数、認知度を経年調査する定点観測を特徴としているが、その一年のスナップショットとなるような特設のアンケート設問も提示している。本年度は「システム開発における生成AIの利用」と、「2025年の崖への対応状況および注目の開発テーマへの移行状況」の2点について尋ねた。

システム開発における生成AIの利用

お客様が利用する環境ではなく、回答者の所属先での社内において生成AIを使っている業務について尋ねたものが**図表2-1-3-5**である。開発・運用系の業務の中でもっとも回答が多かったのは「アプリケーション開発」で、約1割に達した。次いで「ヘルプデスク」「技術文書の作成」「営業資料の作成」となっている。アプリケーション開発は生成の対象がプ

▌図表2-1-3-5　生成AIを使っている社内業務（複数回答）

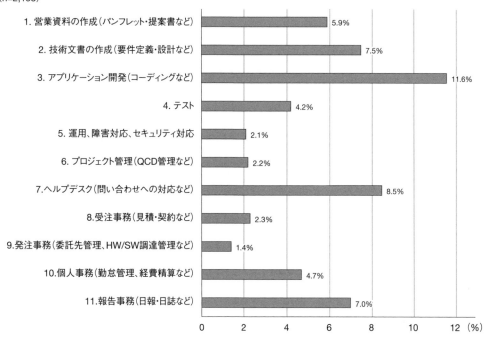

（n=2,158）

業務	%
1. 営業資料の作成（パンフレット・提案書など）	5.9%
2. 技術文書の作成（要件定義・設計など）	7.5%
3. アプリケーション開発（コーディングなど）	11.6%
4. テスト	4.2%
5. 運用、障害対応、セキュリティ対応	2.1%
6. プロジェクト管理（QCD管理など）	2.2%
7. ヘルプデスク（問い合わせへの対応など）	8.5%
8. 受注事務（見積・契約など）	2.3%
9. 発注事務（委託先管理、HW/SW調達管理など）	1.4%
10. 個人事務（勤怠管理、経費精算など）	4.7%
11. 報告事務（日報・日誌など）	7.0%

■図表2-1-3-6 PlantUMLの例

生成 AI との会話イメージ

PlantUML で以下をクラス図に表現してください。
「犬には、柴犬とプードルとブルドッグがいる」

PlantUML を使用して、犬のクラスとそのサブクラスである柴犬、プードル、ブルドッグを表現するには、以下のように記述します。

```plantuml
@startuml
class Dog {
}

class Shibalnu {
}

class Poodle {
}

class Bulldog {
}

Dog <|-- Shibalnu
Dog <|-- Poodle
Dog <|-- Bulldog
@enduml
```

このコードは PlantUML 対応のツールやオンラインサーバーでレンダリングすることによって、クラス図として視覚的に表示されます。

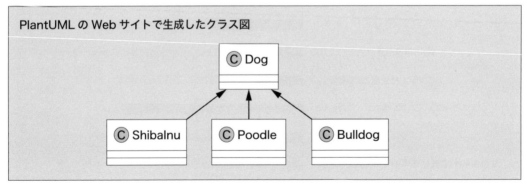

PlantUML の Web サイトで生成したクラス図

ログラムソースであり、その他は自然文の生成であると思われる。また、ヘルプデスクに関しては海外文献の翻訳や要約に使われることも想像される。

　事務系の業務では「受注事務」「発注事務」が、それぞれ約2％、約1％と利用が少ない。契約書面の作成や、複雑な帳票に値を埋めていくような作業では、現状のチャット型のインターフェースとの相性が悪く、利用が低迷している可能性がある。一方、コーディングではプログラムに期待する内容を自然文で書いたり、ソースをチャットに貼り付けて修正してもらったりという使い方があるほか、設計でもPlantUML（**図表2-1-3-6**）を用いれば、生成AIに図を描かせることもできる。イ

ンターフェースに問題がある事務系の作業でも、日報などを想定した「報告事務」のようにフォーマットの制約が小さい業務では利用が進んでおり、今後各生成AIサービスのインターフェースが改善し、今以上にさまざまな場面に利用が広がっていく可能性に期待したい。

　営業やコーディングといった業務の区切りではなく、「検索」や「ブレインストーミング」といった場面ごとに生成AIが役立つと感じるかどうかを5段階で尋ね、そのインデックス値を計算した結果が**図表2-1-3-7**である。

　上位の「検索・情報探索」「対話による壁打ち」「文案やひな形の生成」は、自分が知らなかったり思い出せなかったりする情報を引き

▌図表2-1-3-7　生成AIが役立つと感じる場面

（n=2,158）

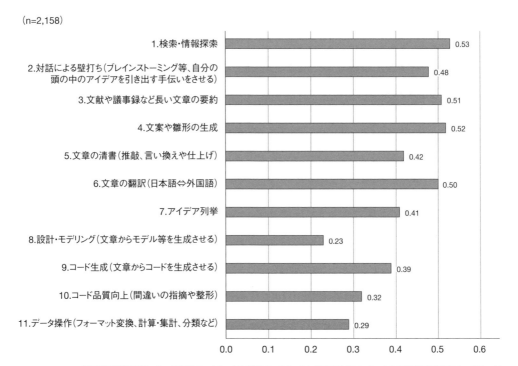

数値は回答数に対し、大いに役立つ…1.0point、役立つ…0.5point、どちらでもない…0point、あまり役に立たない…-0.5point、全然役に立たない…-1.0pointのウエートをかけ平均したインデックスを示す。

出すために、生成AIを仮想のパートナーであるかのように会話の相手とする用途である。また、「文献や議事録など長い文章の要約」「文章の翻訳」は自分の書いた文章を秘書に修正してもらうような用途であり、こちらもインデックス値が大きい。

2025年の崖への対応状況および注目の開発テーマへの移行状況

2018年9月の「崖レポート」により、2025年に向け技術負債の危機が深刻化することが提言されてから5年がたち、その期限まで残り1年を切った。単に技術負債を減らすだけではなく、モダンな開発スタイルに追随して

いくこともまた必要である。図表2-1-3-1の「サーバー分野のSI実績指数（2023年度）」でも示したように、足元では確実に、メインフレームのSI実績は減少し、クラウド基盤サービスは大きく成長している。**図表2-1-3-8**はこれら「崖への対応状況」と、「注目の開発テーマへの移行状況」に関して、技術者の取り組みの姿勢について積極的かそうでないかを尋ねたものだ。図表2-1-3-8では、選択肢に**図表2-1-3-9**のような説明を付して尋ねている。

積極的に取り組んでいるとする回答が多いのは「レガシーインフラ対策」と「クラウド対応」だった。「レガシーインフラ対策」はハー

■**図表2-1-3-8　2025年の崖への対応状況および注目の開発テーマへの移行状況**

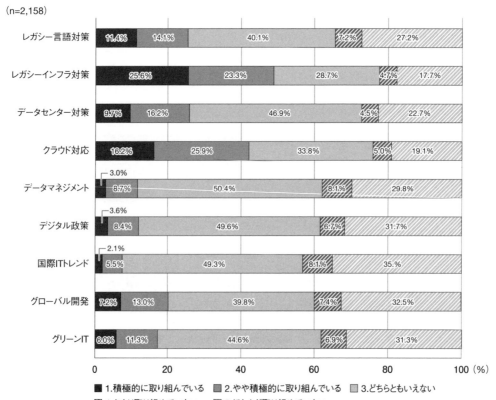

ドウェア・ソフトウェアのサポート期限切れへの対応を指す設問である。COBOLなどのプログラム資産を更新することを意味する「レガシー言語対策」は、レガシーインフラ対策に対して積極的でない結果となった。マイグレーションを扱う情報サービス事業者は、メインフレームのホスティングサービスへの移行（リプレース）や、別言語への変換（リライト）、別環境向けの再コンパイル（リホスト）などの選択肢を用意しており、予算や期間に合わせて選べる。そうした中で、現在はハードウエア・ソフトウエアのサポート期限切れ対策が優先されていると思われるが、それでは複雑化したロジックや経年の引き継ぎによる仕様のブラックボックス化といった危険性は解消されずに存続することになる。今後も引き続き計画的に取り組んでいく必要があるだろう。

また、注目する開発テーマに関しては「クラウド対応」以外のテーマはあまり積極的な取り組み状況とは言えない結果となった。開発の目的が生産性向上やコスト削減にとど

まっている間は他の経営努力によってカバーすることも可能だが、そこにとどまっている限りは、厳しい将来しか見えてこない。社会全体をスマート化していくためには、一国にとどまらずグローバルにデータを流通させることが求められる。例えば化学物質規制や食品衛生基準に適合していない商品が市場に流通できないように、今後こうした取り組みに対応していない企業がマーケットに参加できなかったり、あるいは税制などでのペナルティーを受けたりといった可能性もゼロではない。そうした観点から、「国際ITトレンド」などにもアンテナを向けていくべきだろう。

4 情報技術マップ調査からの提言

情報技術マップは20年近くの定点観測を続けており、生成AIのような新技術の登場の他、自然災害などの環境変化がきっかけとなってクラウドやスマートデバイスなどの普及が進んだと見られるような事象を捉えてきた。2024年1月1日に発生した令和6年能登半島地

■図表2-1-3-9　図表2-1-3-8のアンケート設問の説明

分類	設問	定義
2025年の崖への対応状況	レガシー言語対策	COBOLなどの古いプログラム言語からの移行
	レガシーインフラ対策	サポート期限切れのハードウエア・ソフトウエアの更改
	データセンター対策	小規模・高年次・災害耐性などに課題のあるデータセンターの設備更改や移転・乗り換え
注目の開発テーマへの移行状況	クラウド対応	クラウドに対応した社内開発ガイドラインや、開発環境整備、パートナー契約、研修などの体制の整備
	データマネジメント	ROTデータの整理やメタデータ管理、ライフサイクル管理などによるデータの管理強化※ROT（Redundant：冗長、Obsolete：陳腐、Trivial：無駄）
	デジタル政策	マイナンバーや政府相互運用性フレームワーク（GIF）などデジタル政策
	国際ITトレンド	Catena-Xや国際送金新規格（ISO20022）など国際的なITトレンドへの追随
	グローバル開発	オフショア開発やグローバル開発センターなどの国外開発拠点の整備
	グリーンIT	情報処理におけるグリーン電力の使用や、データセンター・機器類の高効率化、SCI（Software Carbon Intensity）によるソフトウエア利用時の炭素排出量の見える化

震では携帯電話網が不通となり、過去の自然災害で力を発揮したITツールが一時利用不能になった場面も見受けられたが、一方で衛星インターネットサービスや、ドローンによる被災地の3次元測量結果が短時間で公開されるなどの新しい技術成果も見られた。2011年の東日本大震災では政府や企業がtwitter（現・X）などSNSの公式アカウントを活用し始めたことにより、リアルタイムな情報収集やコミュニケーションに適したスマートフォンが普及するきっかけの一つとなったといわれる。しかし、今回の能登半島地震ではSNS上で不正確だったり最新ではなかったりする誤情報が錯綜したことや、悪意ある偽情報の流布が発生した。また、SNS事業者が表示回数などの露出量に応じた収益化プログラムを提供していることから、一部ユーザーが情報の正誤を問わず執拗に拡散を繰り返すという現象も見られた。これは、生成AIを利用した機械的な投稿や、通常のコミュニケーションの文脈を無視した意味不明な投稿内容の不気味さから、「インプレゾンビ」（インプレッションゾンビの略）と呼ばれている。こうした善悪両面の事象以外にも今はまだ目立たない微妙な変化が始まっている可能性があり、次年度以降に振り返った際、本年度がターニングポイントだったと分かる日が来るかもしれない。本調査以外にも官公庁による白書など定点観測的なレポートは多数存在する。この世の中の変化のスピードは速く振れ幅も大き

い。そうした不確実性が拡大している今だからこそ、そうしたレポートを通じて過去を振り返ることにより、未来を予想する時間が重要ではないだろうか。

また、こうした業界規模での定点観測を活用するメリットとして、自社の立ち位置を定期的かつ客観的に把握できる点も挙げたい。例えば図表2-1-3-8に挙げた2025年の崖への対応や注目の開発テーマへの移行はいずれも情報サービス事業者にとってビジネスチャンスとなり得るテーマを選んだつもりであるが、自社が率先してできていることはそのまま磨き続ければ強みとなり得るし、できていないところは補強策を考えることもできるだろう。情報技術マップではスポット調査以外にも100個を超える要素技術のトレンド変化を経年で分析したレポートを発行しており、どのような技術が盛り上がっているかなども知ることができる。レポートは情報サービス事業者として企業経営の参考情報となったり、または部署内でエンジニアの配置計画を検討したり、個々人がどのようなスキルを身に付けていくかを考える材料にもしていただくことを想定している。

最後に、本年度も会員企業各社からの多大なご協力を頂き、調査を実施できたことに御礼を申し上げる。当部会としては引き続き企業各社やエンジニアの一人一人に対し、何らかのインプットをご提供していければ幸いである。

情報サービス産業基本統計調査

澤井 かおり

「情報サービス産業基本統計調査」は、一般社団法人情報サービス産業協会（JISA）が正会員企業を対象に、情報サービス産業の企業活動と経営の現状を明らかにし、会員各社の経営計画の策定に資することを目的として1993年から実施しているものである。

1 調査概要

1）調査対象と調査方法

2023年7月現在のJISA・正会員企業468社（団体会員除く）を対象としている。対象企業に調査票を送付し、電子データによる入力／提出および郵送により回収した。

2）調査期間、回答数

調査票発送：2023年7月
回収期間　：2023年7〜12月
有効回答数：468社中305社　（有効回答率：65.2％）

3）主な調査項目

- 基本情報　本社所在地、設立年月、決算年月、資本系列、主たる営業地域、資本金、従業員数、売上高、業務別売上高、主たる業務
- 経営指標　人件費、外注費、営業利益、経常利益、材料費、経費、設備投資、研究開発投資、教育投資
- 労務状況　従業員構成、平均年齢、給与・賞与、労働時間、有給休暇、外国人・シニア・障がい者の従業員数、テレワーク実施状況、新規採用数、初任給、中途採用、退職数、新規採用における10年後定着率
- 海外法人　海外子会社保有数、海外子会社従業員数、海外子会社売上高

4）調査年度の基準

2023年版調査は「2022年4月1日から2023年3月31日までに終了した事業年度」（便宜上「2022年度」とする）の「単独決算」の数値を用いている。ただし、一部、前年度／次年度の売上高、2023年4月の新規採用についての設問がある。

2 調査結果

1）業績

売上高成長率について、1990年代から2000年代初頭にかけては年10％前後の成長を見せることも少なくなかったが、ITバブル崩壊を機に成長率は鈍化し、その後はリーマンショック後の落ち込みを除くと、おおむね3〜6％台で推移している（**図表2-1-2-1**）。2020年度は新型コロナウイルス感染症拡大の影響で▲0.45％とリーマンショック以来のマ

イナス成長となったが、2021年度は6.11%と2019年度を上回る回復を見せ、2022年度は5.72%、2023年度の予測も5.42%と伸び率はやや小さくなりつつも増加傾向を維持する見込みである。営業利益率、経常利益率はともに年による増減は認められるものの、2009年度から2022年度は緩やかな成長傾向にある。

1991年度の売上高を100とした場合の売上高成長率については、2020年度は前年度比微減となったが、2021年度は279、2022年度は

295、2023年予測は311と上昇している（**図表2-1-2-2**）。

従業員一人当たりの売上高については、2019年度（3462万円）から下がった2020年度（3149万円）から徐々に上昇し2022年度は3620万円と過去最高値となっている。

また、売上高人件費率は1992年度以来ほぼ横ばいで推移し、リーマンショック後には上昇して2012年度には34%に達したが、近年は再び20%台となっている。

▌図表2-1-2-1　JISA会員企業の売上高成長率／営業利益率／経常利益率

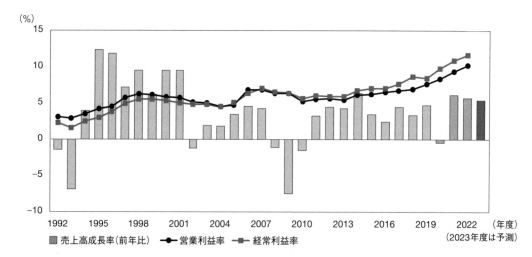

凡例：■ 売上高成長率（前年比）　—●— 営業利益率　—■— 経常利益率

（2023年度は予測）

対象年度	売上高成長率	営業利益率	経常利益率
1992	▲1.50%	3.07%	2.26%
1993	▲6.89%	2.89%	1.63%
1994	3.94%	3.48%	2.52%
1995	12.32%	4.19%	3.00%
1996	11.80%	4.53%	3.82%
1997	7.13%	5.75%	4.97%
1998	9.45%	6.28%	5.54%
1999	6.13%	6.16%	5.50%
2000	9.50%	5.81%	5.37%
2001	9.48%	5.74%	5.05%
2002	▲1.28%	5.17%	4.84%
2003	1.93%	5.00%	4.85%
2004	1.82%	4.50%	4.46%
2005	3.41%	4.70%	4.89%
2006	4.49%	6.84%	6.34%
2007	4.16%	6.80%	6.99%

対象年度	売上高成長率	営業利益率	経常利益率
2008	▲1.16%	5.95%	6.44%
2009	▲7.48%	5.84%	5.91%
2010	▲1.53%	5.22%	5.64%
2011	3.16%	5.53%	6.05%
2012	4.43%	5.64%	5.99%
2013	4.25%	5.47%	5.95%
2014	6.33%	6.10%	6.72%
2015	3.37%	6.30%	7.05%
2016	2.34%	6.59%	7.05%
2017	4.39%	6.77%	7.70%
2018	3.28%	6.98%	8.65%
2019	4.71%	7.71%	8.50%
2020	▲0.45%	8.41%	9.82%
2021	6.11%	9.37%	10.93%
2022	5.72%	10.23%	11.64%
2023	5.42%		

※2023年度の売上高成長率は予測値
資料：JISA基本統計調査（1993〜2023年版）

┃図表2-1-2-2　売上高成長率

（1991年度売上高＝100）

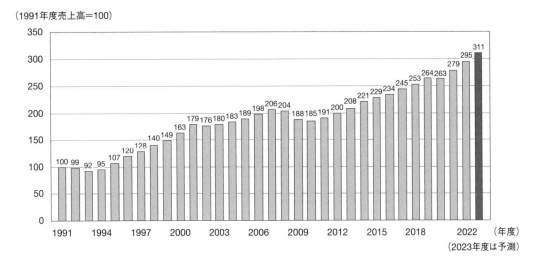

1991　1994　1997　2000　2003　2006　2009　2012　2015　2018　2022　（年度）
（2023年度は予測）

（万円）　□ 一人当たりの売上高

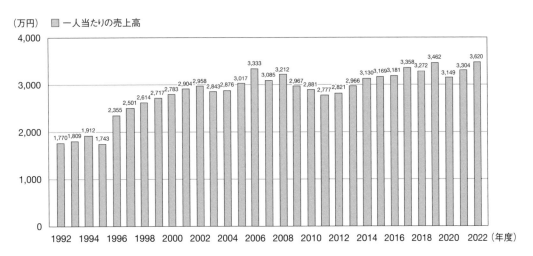

1992　1994　1996　1998　2000　2002　2004　2006　2008　2010　2012　2014　2016　2018　2020　2022（年度）

（%）　● 売上高人件費率

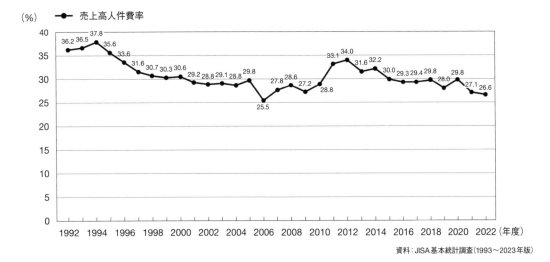

1992　1994　1996　1998　2000　2002　2004　2006　2008　2010　2012　2014　2016　2018　2020　2022（年度）

資料：JISA基本統計調査(1993〜2023年版)

第2部

第1章　JISA 調査・統計等で概観する情報サービス産業のトレンド

2) 事業構造

受託開発（SIサービス＋ソフトウエア開発の合計）の比率は、1992年度には約52%だったが次第に増加して2006年度には60%を超え、その後はおおむね6割強で安定的に推移している。ただし、その内訳を見ると、ここ数年はSIサービス比率が40%台半ばなのに対してソフトウェア開発比率は2013年度以降2割を割り込んでいる（**図表2-1-2-3**）。前述した通り売上高がコンスタントに成長している一方で人件費比率は低下してきているが、その要因としては受託開発の労働集約的な有り様の変化、売上高の成長に人件費（給与、外注費）が追随していないことなどが考えられる。

売上高外注費率は1990年代にはおおむね16～20%で推移していたがその後徐々に増加し、2000年以降は30%前後で推移している（**図表2-1-2-4**）。

3) 就業

JISA会員企業の従業員の平均年齢は1992年度から2022年度までの30年間で約12歳上昇した。（1992年度29.0歳→2022年度41.2歳）（**図表2-1-2-5**）。

新規採用数は、1990年代は従業員100人当たり6～7人台で推移していたが、徐々に低下し2010年代は2～3人台となり、ここ数年は増加傾向にある。退職者（定年を除く）は、1990年代初頭は従業員100人当たり10人台を超すこともあったが2007年以降3～4人台で収まっている。

所定外労働時間（ITエンジニア）は30年の間に増減を繰り返しているが、近年は減少傾向にあり、2020年度には219時間と調査開始以来過去最小となった（**図表2-1-2-6**）。

JISA会員企業のテレワークについて、調査項目を追加した2014年度から2016年度は、勤務制度として実施している企業の割合が10%

■図表2-1-2-3　JISA会員企業の業務別売上高比率

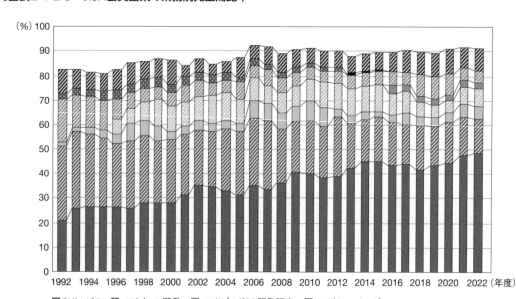

凡例：
■ SIサービス　▨ ソフトウェア開発　▧ ソフトプロダクト開発販売　▨ ITアウトソーシング
▨ 情報処理サービス（受託計算サービス）　▨ クラウドサービス　▨ ネットワークサービス　■ BPO
▨ その他の情報サービス

資料：JISA基本統計調査（1993～2023年版）

▌図表2-1-2-4　売上高外注費率

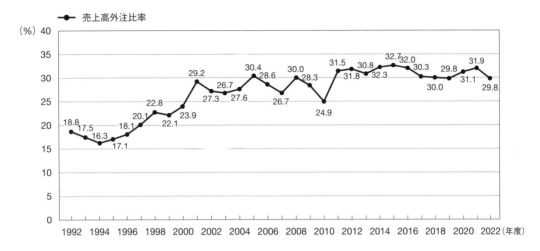

▌図表2-1-2-5　JISA会員企業の平均年齢／採用数／退職者数

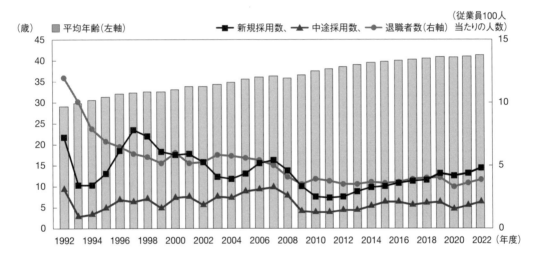

対象年度	平均年齢	新規採用数	中途採用数	退職者数	対象年度	平均年齢	新規採用数	中途採用数	退職者数
1992	29.0	7.2	3.2	12.0	2008	35.7	4.6	2.6	4.1
1993	29.9	3.4	1.0	10.1	2009	36.6	3.4	1.3	3.5
1994	30.7	3.4	1.2	7.9	2010	37.5	2.5	1.3	3.9
1995	31.4	4.3	1.6	6.9	2011	38.0	2.4	1.3	3.8
1996	32.1	6.2	2.3	6.5	2012	38.6	2.6	1.4	3.5
1997	32.3	7.8	2.2	6.0	2013	39.1	2.9	1.4	3.6
1998	32.5	7.3	2.4	5.6	2014	39.5	3.3	1.8	3.7
1999	32.6	6.1	1.7	5.2	2015	39.8	3.4	2.2	3.6
2000	33.0	5.9	2.5	6.0	2016	40.1	3.6	2.1	3.7
2001	33.8	6.0	2.6	5.2	2017	40.3	3.8	1.9	4.0
2002	33.8	5.3	1.9	5.3	2018	40.4	3.9	2.0	4.1
2003	34.3	4.1	2.6	5.9	2019	40.9	4.4	2.1	4.1
2004	34.7	4.0	2.5	5.8	2020	40.8	4.2	1.5	3.3
2005	35.5	4.4	3.0	5.6	2021	41.0	4.4	1.8	3.6
2006	36.1	5.2	3.1	5.4	2022	41.2	4.7	2.1	3.8
2007	36.2	5.4	3.3	5.0					

（採用数、退職者数は従業員100人当たりの人数、新規採用数は各翌年4月の人数）　　　資料：JISA基本統計調査（1993〜2023年版）

前後だったが、2019年度は40%、2020年度は70%、2021年度は80%を超える状況となった。2020〜2022年度のテレワーク実施企業は、試行中・試行したことがある企業も含めると90%を超える。また調査回答企業の総従業員数におけるテレワーク実施人数（試行含む）の割合は、2014〜2016年度は5%以下、2017〜2019年度は20%台、2020年度以降は

約70%台で推移している（**図表2-1-2-7**）。

4）投資

ここ10年間の売上高に占める設備投資比率を見ると、一部の年を除いておおむね6〜7%台で推移していたが、2019年度以降は4%台となり、投資意欲が近年のピークであった2014年度（9.6%）と比べ約半分以下となって

▌図表2-1-2-6 ITエンジニアの所定外労働時間

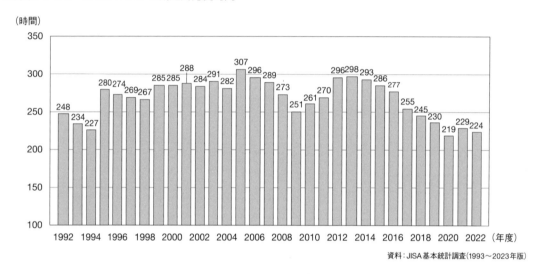

資料：JISA基本統計調査（1993〜2023年版）

▌図表2-1-2-7 JISA会員企業のテレワーク実施状況

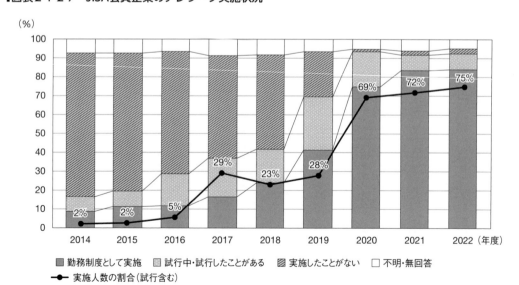

■ 勤務制度として実施　▨ 試行中・試行したことがある　▨ 実施したことがない　□ 不明・無回答
● 実施人数の割合（試行含む）

資料：JISA基本統計調査（1993〜2023年版）

いる（**図表2-1-2-8**）。同様に、情報化投資率も一部の年を除いて4～5％台で推移していたが、2019年度以降3％台となり2022年度は2.67％であった。

一方、売上高における研究開発投資比率はおおむね0.7～0.9％台、教育投資比率は0.3～0.4％台で推移している。

▌**図表2-1-2-8　JISA会員企業　設備投資／情報化投資／研究開発投資／教育投資　売上高比率**

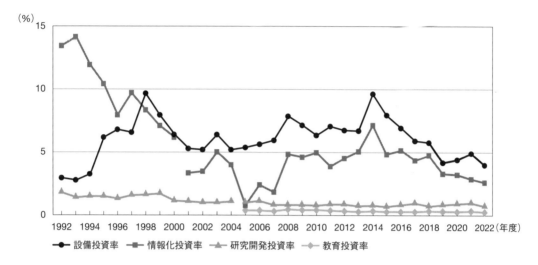

情報化投資　→2000年度対象まではコンピュータ費として調査
研究開発投資→2004年度対象までは研究開発教育投資として調査

対象年度	設備投資率	コンピュータ費率	研究開発教育投資率
1992	2.97	13.44	1.82
1993	2.76	14.13	1.42
1994	3.24	11.91	1.47
1995	6.19	10.43	1.48
1996	6.82	7.93	1.33
1997	6.59	9.74	1.58
1998	9.66	8.33	1.62
1999	7.97	7.10	1.72
2000	6.38	6.20	1.15

対象年度	設備投資率	情報化投資率	研究開発教育投資率
2001	5.30	3.36	1.10
2002	5.21	3.46	0.99
2003	6.41	5.05	1.00
2004	5.19	4.00	1.10

対象年度	設備投資率	情報化投資率	研究開発投資率	教育投資率
2005	5.37	0.79	1.02	0.38
2006	5.66	2.42	1.15	0.37
2007	5.98	1.83	0.84	0.35
2008	7.86	4.85	0.82	0.47
2009	7.14	4.61	0.81	0.41
2010	6.34	4.98	0.78	0.43
2011	7.08	3.90	0.87	0.39
2012	6.77	4.53	0.86	0.34
2013	6.72	5.06	0.76	0.30
2014	9.62	7.16	0.79	0.32
2015	7.95	4.85	0.69	0.29
2016	6.91	5.17	0.81	0.30
2017	5.92	4.38	0.96	0.29
2018	5.79	4.75	0.74	0.35
2019	4.18	3.32	0.85	0.34
2020	4.35	3.22	0.90	0.29
2021	4.86	2.87	0.97	0.33
2022	4.02	2.67	0.77	0.29

資料：JISA基本統計調査（1993年版～2023年版）

第3節

DI調査

澤井 かおり

JISAでは2008年12月から、毎四半期末時点における次の四半期の売上高の見通しおよび従業者の充足感について、会員主要企業を対象にDI調査を実施している。

本調査は、経済産業省が2008年6月まで特定サービス産業動態統計の一部として実施していたDI調査を受ける形で実施しているものである。

1 調査概要

1）調査対象と調査方法

JISA理事会社および情報サービス売上高の上位およそ150社。対象企業にメールで依頼し、ウェブサイトで回答。

2）調査期間、回答数

調査実施時期：毎年3月、6月、9月、12月
有効回答数：約60社（回答率：約40%）

3）主な調査項目

- 売上高将来見通し（前四半期と比較した当四半期について、季節的要因を除いた実勢で判断）：貴社の情報サービス業売上高全体、主要業務種類別売上高（受注ソフトウエア、ソフトウエアプロダクト、計算事務等情報処理、システム等管理運営受託、データベースサービス、各種調査、その他の情報サービス、サイト運営、コンテンツ配信、セキュリティーサービス、サーバーハウジング・サーバーホスティング）、主要相手先別売上高（製造業、電気・ガス業、情報通信業、卸売・小売業、金融・保険業、サービス業、官公庁・団体）

- 雇用判断（調査月における情報サービス業務に係る従業者数の充足感について判断）

2 調査結果

1）売上高将来見通し

調査を開始した2008年の売上高DIはリーマンショックの影響により大幅なマイナスとなっていた。その後は回復し、2011年7～9月期予測以降プラス基調が続いていたが、2020年3月には新型コロナウイルス感染症の拡大の影響によりマイナス46.2%ポイントとなり、前期からの下落幅としては2019年12月期41.4%ポイントから87.6%ポイント下落と過去最大となった。しかしその後徐々に「上昇する」の回答が増え、2020年12月以降プラス基調に戻り、2022年12月予測は54.5%ポイントと本調査開始以来最高値となり、2023年は35～45%ポイントで推移している（**図表2-1-3-1**）。

2）雇用判断

　売上高と同様、調査を開始した2008年の雇用判断DIはリーマンショックの影響によりマイナス（人員過剰）基調となっていたが、売上高よりもやや遅れて2011年にはプラスに転じ、ここ数年は過剰との回答がほとんどなく、プラス幅が過去最高を更新しており、極めて人手不足の状況が続いていた。2020年からコロナウイルス感染症拡大の影響もあり「過剰」との回答があり、2020年6月には近年では最も低い28.3%ポイントを記録したが徐々に上昇し、2022年12月は80.3%ポイントと過去最高値を更新、その後75%ポイント前後の高い値で推移している（図表2-1-3-2）。

▎図表2-1-3-1　売上高将来見通し　―過去３カ月と向こう３カ月との比較―

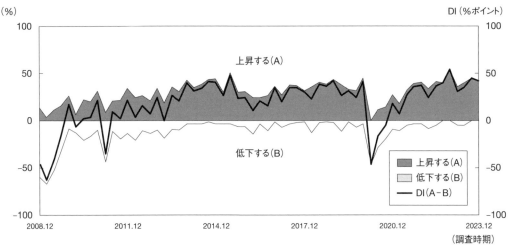

1. 便宜上、「上昇する」をプラス側、「低下する」をマイナス側に作図してある。
2. 売上高DI値は、（「上昇する（%）」－「低下する（%）」）であり、単位は%ポイントとなる。
　折れ線グラフが上に行くほど「売り上げ見通し好調」を意味する。

資料：JISA-DI調査

▎図表2-1-3-2　雇用判断　―従業者数の充足感―

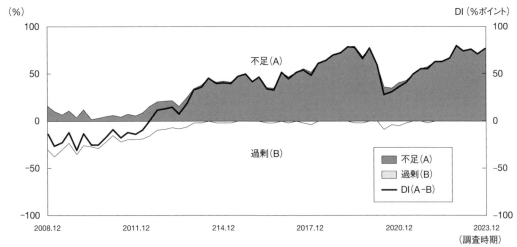

1. 便宜上、「不足」をプラス側、「過剰」をマイナス側に作図してある。
2. 雇用判断DI値は、（「不足（%）」－「過剰（%）」）であり、単位は%ポイントとなる。
　折れ線グラフが上に行くほど「人手不足」を意味する。

資料：JISA-DI調査

第2章
情報サービス産業を取り巻く環境の動向

第1節

社会にインパクトを与える生成AI

飯田 正仁　福島 悠朔

1 生成AIの概要

生成AIの定義

　生成AIについて厳密な定義はされていないが、一般的に「大規模に事前学習した深層学習モデルによって、新たなコンテンツを生成するAI」と理解されている。生成AIは人工知能（AI：Artificial Intelligence）、機械学習（ML：Machine Learning）、深層学習（DL：Deep Learning）に属する技術である。代表的な生成AIに、テキスト生成AIや画像生成AIがある（**図表2-2-1-1**）。

テキスト生成AI

　テキスト生成AIは、人間が書くような文章を生成するAIである。大きな話題となった

▌図表2-2-1-1　主な生成AIモデル・サービス（2024年3月時点）

人工知能（AI：Artificial Intelligence）
人の知性を再現するもの全般

機械学習（ML：Machine Learning）
データから分類規則や予測法を学習する技術

深層学習（DL：Deep Learning）
大規模なニューラルネットワークを用いた機械学習技術

生成AI（Generative AI）
大規模に事前学習した深層学習によって、
新たなコンテンツを生成するAI

OpenAIの「ChatGPT」は、GPT-3.5、GPT-4というテキスト生成AIモデルが組み込まれた生成AIサービスである。

Microsoftからも、生成AIサービスが展開されている。「Copilot」は、インターネット上の情報を用いながら、ブラウザー上などで検索や要約といった幅広い作業を支援する。「Copilot for Microsoft 365」は、Microsoft 365内に保存されたデータを活用しながら、Excel、Word、PowerPoint、Outlook、Teamsなどオフィスワーカーの業務アプリケーションの作業を支援する。

Googleの生成AI「Gemini（旧Bard）」は、テキストに加えて画像や音声、動画などの入力も理解して回答を生成するマルチモーダル処理に対応している。多くの形式に対応することで処理可能な領域が広がることから、今後もマルチモーダル対応可能なモデルは増えると予想される。OpenAIからもマルチモーダル対応可能な「GPT-4V」が提供されている。

▌画像生成AI

画像生成AIは、指定されたテーマや条件に基づいて画像を生成するAIである。「DALL·E」（OpenAI）、「Stable Diffusion」（Stability AI）、「Midjourney」（Midjourney）、「Adobe Firefly」（Adobe）などがある。利用環境や料金、画像生成速度や生成画像品質などに違いがある。

▌その他の生成AI

代表的とされるテキスト生成AIや画像生成AIの他にも、さまざまな生成AIがある。

技術の熟度に差はあるものの[1]、例えば動画生成AI、コード生成AI、音声合成AI、音楽生成AI、3Dモデル生成AI、などが登場している。プログラムコードを生成可能なコード生成AIは、プログラミング作業の効率を大幅に向上させると期待され、多くの企業やプログラマーに利用されている（**図表2-2-1-2**）。

▌図表2-2-1-2　主な生成AIモデル・サービス（2024年3月時点）

分類	名称	開発元
テキスト生成AI	GPT-4、ChatGPT 4	OpenAI
	Copilot、Copilot for Microsoft365	Microsoft
	Gemini 1.0、Gemini1.5	Google
	Llama 2、Llama Chat	Meta
	Claude 2.1、Claude 3	Anthropic
	ERNIE 4.0、ERNIE Bot 4.0	Baidu
画像生成AI	Stable Diffusion XL 1.0	Stability AI
	Midjourney V6	Midjourney
	DALL·E 2、DALL·E 3	OpenAI
	eDiff-I	NVIDIA
	Adobe Firefly	Adobe
動画生成AI	Make-A-Video	Meta
	Lumiere	Google Research
	Runway Gen-2	Runway
	CogVideo	清華大学
	Sora	OpenAI

分類	名称	開発元
コード生成AI	GitHub Copilot	GitHub/OpenAI
	OpenAI Codex	OpenAI
	Duet AI for developers	Google
	Code Llama	Meta
	Amazon CodeWhisperer	Amazon
	Cursor	Anysphere
音声生成AI	VALL-E（X）	Microsoft
	Voicebox	Meta
	AudioPaLM	Google
音楽生成AI	MusicGen	Meta
	AmBeat	ヤマハ
	Stable Audio	Stability AI
	Muzic	Microsoft
3Dモデル生成AI	Magic3D	NVIDIA
	DreamFusion	Google Research、UC Berkeley
	Shape-E	OpenAI

生成AIのインパクト

生成AIは、正負両面から社会に与えるインパクトが非常に大きい技術でもある。深層学習による第3次AIブームに続き、生成AIは第4次AIブームともいわれている。

ChatGPTは、2022年11月の登場後、わずか2か月ほどで1億ユーザーを獲得した[2]。TikTokの9カ月、Instagramの2年半と比べても、圧倒的な普及速度である。

市場への期待も大きい。世界全体の生成AIの市場規模は、Grand View Research Inc.の調査によると、2023年の約2兆円から2030年には約16.4兆円にまで拡大し[3]、2024～2030年のCAGR（年平均成長率）は36.5%に達すると予測されている。投資も拡大しており、OECD（経済協力開発機構）のレポートによると、2023年上半期の生成AI関連スタートアップに対するベンチャーキャピタルの投資額は、総額120億米ドルに達している[4]。

一方で、生成AIによる企業のリスクや社会的懸念も指摘されている。

企業のリスクに関しては、最終的な人によるチェック、適切な学習データの利用、十分なセキュリティー確保などの対策や、利用時の社内規則類の作成、社内教育やFAQ整備、照会窓口提供などが有効である。生成AIを使った、企業のリスクに対応したサービスを提供する企業も現れている。例えば、NVIDIAの「NeMo Guardrails」は、正確性、適切性、安全性などの観点で対話システムの出力を制御する。Adobeの「Adobe Firefly」は、自社のコンテンツや著作権の切れたコンテンツを学習データに用いるとともに、著作権侵害の訴えに対する補償サービスも展開することで、ユーザーのリスクに対応したサービスを展開している。生成AIのリスクに対応するサービスは増えていくと予想される。

AIを利用することについての社会的懸念に関しては、既存の社会課題が生成AIの登場で顕在化した側面もある。例えば雇用への影響に関して、AIによる労働代替で生じる需給ギャップの解消やリスキリングの重要性はこれまでも指摘されていた。生成AIは従来のAIより利用用途が広く、人間の方が得意とされてきた非定型の業務も代替すると想定される[5]。労働者に対するリスキリングの促進などの対応が求められる。

実際に生成AIのリスクや懸念に関する訴訟

図表2-2-1-3　生成AIの主なリスクと懸念点

企業のリスク	概要
① 誤情報生成	誤った情報による信用喪失や損害などのリスク
② 著作権の侵害	学習データの不適切な利用、生成コンテンツの著作権侵害リスク（類似性・依拠性）
③ セキュリティ・犯罪への悪用	機微情報や個人情報が漏洩するリスク、悪用されるリスク
④ 人権・倫理問題	差別や偏見を有する不適切な回答、広告文などを生成してしまうリスク
社会的懸念	概要
⑤ 雇用への影響	非定型業務も含む広範なタスクを自動化、雇用代替が進む懸念
⑥ 情報操作	フェイクニュースが、選挙や民主主義に悪影響を与える懸念
⑦ 教育への影響	学習意欲・思考力の低下、試験での不正使用の懸念
⑧ AIの暴走（人類への脅威）	目標達成に必要な下位目標を自ら設定し、人が制御できなくなる懸念

も起きている[6]。今後も生成AIの負の側面への対策が必要となる（**図表2-2-1-3**）。

2 生成AIの技術発展の歴史

ChatGPT以前

生成AIは当初、深層学習を用いたVAE（Variational AutoEncoder）[7]やGAN（Generative Adversarial Networks）による画像生成、RNN（Recurrent Neural Network）[8]やLSTM（Long Short Term Memory）によるテキスト生成や機械翻訳で発展を見せた。2017年にはエポックメーキング的な技術Transformer[9]が登場する。離れた位置にある単語の関係を捉え、並列計算が可能となったことで、大いに性能が向上した。GoogleのBERT（2018年）、OpenAIのGPT（GPT-1、2018年）は、Transformerを利用して自然言語処理の実用化への道を開いた。なお、GPTはGenerative Pretrained Transformerの略である。

GPT-1はその後、GPT-2からGPT-3へと進化する過程で大規模化し、多くのタスクへ対応可能となった。「自己教師あり学習」によって、正解ラベルを用意することなく大量のデータを事前学習できるようになったことも寄与している。この過程で、AIの性能は学習時のデータ量とモデルのパラメータ数、計算コストの3要素が重要と認識されるようになった（スケーリング則[10]）。

ChatGPT以降

ChatGPTの登場により、生成AIは新たなステージに到達したと言えよう。ChatGPTが爆発的に普及した理由として、対話UIに自然言語を利用できること、特別なスキルがなくてもすぐに利用できることが挙げられる。SFT（Supervised FineTuning）で正解ラベル付きの人間の対話を学習、RLHF（Reinforcement Learning from Human Feedback）で人間の評価を用いた強化学習が行われ、自然な回答ができるようになった。ただし、生成AIの回答は完璧でない。もっともらしく誤った回答を出力するハルシネーション（幻覚）対策のため技術改良が進められている[11]。また、性能・コスト・環境負荷の課題も指摘されている[12]。

昨今は、Diffusion model（拡散モデル）による画像生成AIも注目を集めている。Diffusion modelは与えられたデータの拡散過程を学習したモデルで、ノイズからデータを復元する逆過程を通じて条件に応じたデータを生成する。代表的なモデルに「DALL·E 2」（OpenAI）や「Stable Diffusion」（Stability AI）がある。

3 生成AIの今後の動向

世界の生成AIの開発、活用の動向

生成AIの開発と活用は、技術競争の段階からビジネス競争の段階へと移行している。各企業や研究機関は、自社の生成AIが市場で成功するため、単に技術的に優れているだけでなくエコシステム全体としての競争力が求められている。OpenAIは、ユーザーがカスタマイズしたAIを出品できるプラットフォーム「GPT Store」を開設している。Amazonは、他社AIモデルも活用できる環境「Amazon Bedrock」を提供している。

生成AIのサポートツールやサービスも増えている。外部データ検索など機能拡張のオープンフレームワーク「LangChain」や「LlamaIndex」、ユーザーの保有データを回答に利用

する「Azure OpenAI On Your Data」や「Vertex AI Search」などがある。

また、「パーソナライズ化」されたAIも増えている。ユーザーのニーズや好み、会話履歴に合わせた対話が可能な「Project CAIRaoke」(Meta)、「Pi」(Inflection AI)、「Character.AI」(Character.AI)、「P.A.I.」(オルツ)などがある。

日本の生成AIの開発、活用の動向

日本でも、生成AIの開発と活用が進行中である。代表的なものに、学習データとして日本語データも多く用いた日本語特化型モデル「LLM-jp」(国立情報学研究所)、軽量・マルチモーダル対応で業務領域特化型の「tsuzumi」(NTT)、同様に業務領域特化型でオンプレミス対応可能な「cotomi」(NEC)、商用利用可能なCC BY-SA 4.0ライセンスの「OpenCALM」(サイバーエージェント)などがある。

AIガバナンスの動向

生成AIの急速な技術進歩に伴い、リスクや懸念へ対策が必要と認識されてきたのは、①で述べたとおりである。現在、世界的に規制やガイドライン策定の議論が活発化している。2023年の広島サミットで、G7の総意により創設された「広島AIプロセス」などの国際的な枠組みで議論されている。具体的な運用は各国で温度差があるものの、生成AIの適切な利用と発展を支えるガバナンス構築が求められている(**図表2-2-1-4**)。

日本でも、開発者／提供者／利用者の主体別に対応事項が整理された「AI事業者ガイドライン(総務省、経済産業省)」[13]が公表されており、AI事業者には、事業に応じたリスク評価に基づく対応が求められている(リスクベースアプローチ)。

以上のように生成AIは、開発と活用、ガバナンスの視点から可能性と課題が議論され続けている。

4 生成AIの産業別活用動向

本項では、生成AIの成功例を企業内の業

■図表2-2-1-4　世界のAI政策の概況

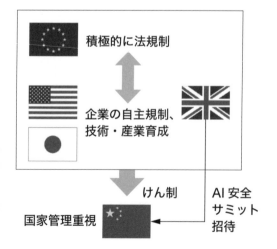

G7の認識
- 生成 AI の急速な技術進歩に規制が追いついていない
- 各国に温度差があるものの、国際連携した議論が必要

↓

生成AIの規制のあり方を議論する
広島AIプロセスの創設

OECD、GPAI※など国際機関と
連携して議論

※GPAI：Global Partnership on AI

積極的に法規制

企業の自主規制、
技術・産業育成

けん制　　AI 安全
　　　　　サミット
　　　　　招待

国家管理重視

務効率化と顧客向けサービス向上という二つに分けて整理する（**図表2-2-1-5**）。なお、情報サービス産業については⑤で触れる。

企業内の業務効率化─社内の業務プロセスに着目した生成AI活用

（1）社内版生成AIチャットの導入

企業における生成AI導入の第一歩として、社内向け生成AIチャットの導入がある。文章生成や質問応答機能を持つ汎用的な生成AIチャットボットを、企業向けにセキュリティ面を強化したものである。

単純な文章生成機能でも、メール作成、公開情報検索などの日常業務を効率化できる。パナソニックグループのPX-GPT（2023年2月）、ベネッセホールディングスのBenesse GPT（2023年4月）[14]、日清グループのNISSIN AI-chat（2023年4月）[15]など、業種を問わず多くの導入事例がある。また、活用事例やプロンプト集がデジタル庁[16]や東京都庁[17]などから公表されており、効率化を進める上で参考になる。

さらに、早期に導入した企業では、効率化にとどまらない社員のAIリテラシー向上といった副次的効果が表れている。業務への適用可能性や限界が体感できる上、プロンプトエンジニアリング等を通じてAIの性質を知ることになるからだ。

なお、セキュアな生成AIチャットはAzure OpenAI Service（Microsoft）[18]等の法人向けAIサービスを利用して構築される。安全な情報管理のためのリテラシーは、企業の生成AI活用に必要不可欠である。

（2）社内情報を活用した問い合わせ自動化

生成AIチャットを社内文書検索システムと組み合わせ、高度な問い合わせ自動応答を実現する事例も増えている。

ソフトバンクでは、社内のヘルプデスクのQAデータを社内AIチャットに連携することで、業務機器の利用ルールに関する質問応答を自動化した[19]。JR西日本では、電話応対ログを生成AIで要約整理し、対応時間を削減した[20]。楽天証券では、「投資アドバイザー」として顧客が直接AIに対して投資の質問を行えるサービスを提供している[21]。

▌図表2-2-1-5　企業における生成AIの導入形態

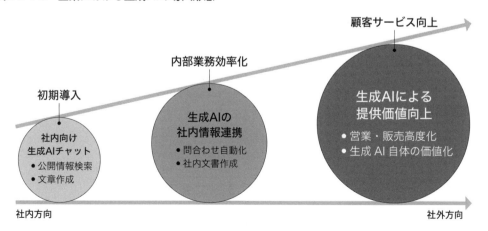

ChatGPT登場以前から、問合せ業務は機械応答により自動化されてきた。生成AIにより対話インターフェースが顕著に高度化したことで、カスタマーサポートやヘルプデスクの省力化がさらに進むと期待される。

（3）社内情報を活用した文書作成

生成AIの学習済みモデルには、社内情報が含まれない欠点がある。そこで生成AIに社内情報検索を組み合わせることで、自社業務に沿った文章作成を支援できる。

みずほフィナンシャルグループでは、社内チャットシステムに面談記録書や財務諸表の情報を与え、与信稟議の作成を実証している。住友商事でも、社内規則や事例などを参照させた対話や、顧客の声の分析に利用している。金属加工を行う旭鉄工では、社内のさまざまな改善事例情報を抽出し改善ノウハウ集を作成した[22]。

これらは社内情報検索と文章生成の二段階で行われ、注目されるユースケースである。

技術的にはRetrieval-Augmented Generation（RAG）と呼ばれるこのフレームワークは、企業における検索可能なデータベース整備の必要性を高めている。

なお、生成AIシステムを高度化する手法は、RAGやプロンプトエンジニアリング（Few-ShotやChain-of-Thought等）を始め、Fine-Tuning、外部ツール連携等のアプローチが存在する。

顧客向けサービス向上―顧客接点に着目した生成AI活用

企業の顧客接点においても、生成AIの活用事例は数多く存在する（**図表2-2-1-6**）。

（1）営業・販売企画の高度化

営業・販売プロセスに生成AIを取り込み、顧客満足度の高い営業・販売企画につなげている例がある。

▌図表2-2-1-6　企業における生成AIの活用事例

活用法	業種	導入事例
社内業務効率化	流通・小売	社内チャットAI導入（セブン-イレブン・ジャパン、イオン）
	メディア・エンタメ	社内チャットAI導入（サイバーエージェント、TBSテレビ他）
	金融・法人サービス	事務手続照会・与信稟議書作成（みずほFG）、行内情報検索（三井住友FG）、新規事業開発（伊藤忠商事）、社内問い合わせ対応・カスタマーサポート（住友商事）、営業企画のアイデア創出（かんぽ生命）、社内AIチャット導入（MUFG、三菱商事、丸紅他）、投資アドバイザー（楽天証券）
	その他	カスタマーサポートにおける電話対応効率化（JR西日本）、社内問い合わせ対応（ソフトバンク）、社内ノウハウ集の整備（旭鉄工）
顧客サービス向上	娯楽・メディア・エンタメ	情報アクセシビリティーに関連した自動文字起こしの実証（NHK、TBSテレビ）、ゲーム高品質化（レベルファイブ、スクエニ他）、観光情報サイトへの多言語チャットボット導入（JTB・Kotozna共同）、旅程提案（ナビタイムジャパン、トリップアドバイザー他）
	流通・小売り	商品企画の時間短縮（セブン-イレブン）、ファッション広告の作成（パルコ）、ECサイトへの出品補助（メルカリ、Amazon）、接客ロボット（名鉄生活創研・デンソー）、AIモデル撮影（三越伊勢丹）
	その他	広告コンテンツ・デザインの生成（サイバーエージェント、伊藤園、アサヒビール、サントリー、コカ・コーラ他）、教材作成支援（Benesse）、生成AIの教育コンテンツ化（Speak、Duolingo、StudyPocket他）

かんぽ生命では、企画業務に生成AIを活用し、アイデア創出のプロセスにおける生産性の向上とその高度化を実証した[23]。セブン-イレブンは2024年春から、商品企画における消費者の反応の分析を元に新商品の文書や画像の生成を行った。魅力的な販売戦略に生かす狙いだ[24]。

(2) 広告・コンテンツ制作の高度化

広告・宣伝においても生成AIは盛んに用いられている。

サイバーエージェントは生成AIを活用して広告画像や広告テキストを自動生成する極予測AIを提供開始した。パルコは2023年10月のファッション広告において、画像生成AIを駆使し実際のモデル撮影を行わない広告を作成した[25]。伊藤園はお茶のパッケージデザイン案に生成AIのデザインを取り入れたほか、テレビCMに生成AIモデルを起用して話題を集めた[26]。商品プロモーションにおける利用はその他消費財メーカーでも盛んに行われている。

これらの事例では、生成AIが顧客により訴求するデザインを産み出しただけでなく、生成AIでデザインされたこと自体が注目を集めた。

(3) サービス利用者の負担軽減

ECサイトにおいて、サイト利用者の補助として生成AIを活用する事例もある。

Amazonでは、出品画像の品質向上や商品説明の記入支援など、出品者を支援するサービスを提供している[27]。メルカリでも、出品商品に関する改善提案等を行う「メルカリAIアシスト」や、ChatGPT経由で商品検索できるプラグインなど、生成AI関連の取り組みが見られる[28]。

自社サービス上で生成AIの補助機能を提供しユーザーの負担を減らすことが、顧客体験を向上させている。

(4) 生成AIの特徴を生かした新規価値創出

教育業界では生成AIによって新たな学習方法が生まれている。

英語学習アプリのSpeak[29]やDuolingo[30]は、AIとのリアルな対話を通じて学習できる。また、宿題を適切にサポートすることを目指すStudyPocket[31]は、対話可能であること、その場で柔軟に問題が生成可能であることが業界の需要にマッチした。

旅行・観光案内でも活用されている。JTBとKotoznaは共同で20言語以上に対応可能な生成系AIチャットボット「Kotozna laMondo」を大阪公式観光情報サイトに導入した[32]。その他、旅行支援アプリにおいて生成AIで旅程を作成する例もある。国籍や好みの異なるユーザーに個別対応できるのも生成AIならではの事例だ。

生成AIのクリエイティブな側面は、さまざまな企画やサービスの提供価値へとつながる。技術的進展が続く生成AIを企業の価値へとつなげるため、情報サービス産業の貢献できる範囲は広い。

5 情報サービス産業に及ぼす影響

情報サービス産業は、特に生成AIとの接点が多く、影響が大きくなると考えられる。アメリカの労働市場への影響を分析した研究[33]では、プログラミングと執筆スキルを持つ職種は、大規模言語モデル（LLM）の影響を顕著に受けることが示されている。

ソフトウエア開発時の影響

（1）生成AI活用が盛んな開発プロセス

システム開発ではプログラミングとテストでの活用が盛んである。クラウド利用が広がり基盤構築や運用での活用も増えている。

プログラミングでは、開発環境と統合する形でサービスが登場した。GitHub Copilot[34]、Amazon CodeWhisperer[35]、Google Cloud Duet AI for developers[36]、Cursor[37]等多数存在する。例えば、GitHub Copilotを利用するとタスク完了率が7%、完了速度が55%高く、コード品質も向上したとの報告もある[38, 39]。

開発速度の向上と合わせて、テスト自動化に活用するニーズも高まっている。Autifyやapplitools、functionize、testRigorをはじめ、テストケースの自動作成等を行うツールが数多く登場している。

クラウドシステムの構築・運用時にも生成AIが活用されている。Watson Code Assistantを使用したAnsible Playbookのコード自動生成（Red Hat）やAmazon CodeWhispererを通じたCloudFormation, AWS CDK等のInfrastructure as Code（IaC）自動生成（Amazon）がその例だ。また、クラウドサービス全体をチャットアシストするAmazon Q（Amazon）、Duet AI for Developers（Google）、Copilot for Azure（Microsoft）のような活用事例もある。

クラウド基盤の持つ柔軟性を最大限生かすために、生成AIアシスタントの需要が高まっている。

なお、開発プロセスの効率化は個人の担当範囲の拡大をもたらす。すなわち、生成AI利用に習熟して自身の作業を半自動化し、同時に全体の開発プロセスを統括できる人材は、生成AIのある開発現場での活躍が期待

される。

（2）国内ベンダの取り組み状況

国内ベンダも生成AIをシステム開発に取り入れ始めている。NTTデータは、生成AIを活用したアジャイル開発で工数を7割削減した。日立製作所でも今後生成AIでシステム開発効率を3割向上させるとしている。

個別のプロセスにとどまらず、プロセス全体の改善に取り組まれている。

パッケージソフトウエア・サービス業界への影響

パッケージソフトウエア・サービスにおいては、クラウド環境での生成AIサービス提供が進んでいる。ビジネス・オフィスソフトではCopilot for Microsoft 365（Microsoft）、Duet AI in Google Workspace（Google）、NetSuite Text Enhance（Oracle）[40]等が、既存のサービスを対話型の生成AIアシスタントで強化している。ERP大手のSAPでも生成AIアシスタント「Joule」によりグラフ作成等のタスクを対話形式で行えるようにした他、クラウド開発基盤にもJouleを統合し開発者をサポートする[41]。OracleやMicrosoftも、それぞれのERP製品に生成AIアシスタントを統合している。ここで挙げた全てがクラウドサービスとして提供されており、生成AIとクラウドサービスの親和性の高さがうかがえる。

6　生成AIと産業の将来展望

生成AIと周辺技術の急速な進化はあらゆる産業に大きな影響を及ぼし、その将来予測は難しい。生成AIがもたらす恩恵は多岐にわ

たるが、ガバナンスや倫理の問題は未解決である。また、多くの活用事例がOpenAIやGoogleに代表される少数の一次サプライヤーに依存しており、サプライヤー動向が利用企業のサービス持続可能性に大きく影響する。

しかし、これらの懸念を考慮しても、情報サービス産業における生成AIの恩恵は計り知れない。

活用事例を追って企業競争力を高めると同時に、社内業務システムや自社サービスに生成AIを連携して最適化を図ることが重要である。生成AIの恩恵を最大限に取り込み、情報サービス産業から産業全体を強く前進させたい。

7 JISAの取り組み

2023年7月、(一社)情報サービス産業協会(JISA)理事会において「令和5年度　委員会活動の重点3項目」が提示された。これは、JISAとして優先度が高く横断的なテーマであることから、各委員会が連携し、社会に発信していくべき、として作成したものであるが、この中に「生成AIへの産業としての対応」が含まれている。

これを踏まえて、2023年度に新設されたJISA政策提言委員会では、生成AIが社会のデジタル化に与える影響とそれに対するJISAの考え方について、当委員会で出された論点を踏まえた仮説を整理した。これを、同委員会内に設置された内部連携部会が、他委員会との連携を通じて提言「生成AIが社会のデジタル化に与える影響」に取りまとめることとなった。

具体的には、まず生成AIが社会のデジタル化へ与える影響と、それに対するJISAの考え

方に関する仮説を内部連携部会がJISAの全委員会の委員長に提示し、各委員会との連携要否を確認した上で、ビジネス、人材、技術の各委員会における意見交換を依頼した。

次に内部連携部会は、仮説を「①環境変化の認識」「②JISAの対応」の二つに分けた上で、今年度は①について上記各委員会に再度検討を依頼した。この結果、仮説の妥当性が検討されるとともに、担当分野の仮説と各委員会もつ課題や活動との関連付けがなされた。

内部連携部会は、各委員会における仮説の検討成果に基づき、環境変化の認識に関する提言案「生成AIが社会のデジタル化に与える影響」を2024年5月に取りまとめる予定である。

注釈

1　2022年9月に公表されたSEQUOIAとGPT-3の「2030年代頃までのGenerative AIの展開予想」によると、テキスト、コーディング、画像、動画・3D・ゲーム分野の順番で活用が進んでいくと予測されている。(総務省『令和5年版情報通信白書』)
https://www.sequoiacap.com/article/generative-ai-a-creative-new-world/

2　Similarwebのデータを用いたUBSの調査結果。
Reuters, February 3, 2023, ChatGPT sets record for fastest-growing user base - analyst note
https://www.reuters.com/technology/chatgpt-sets-record-fastest-growing-user-base-analyst-note-2023-02-01/

3　1ドル=150.31円で換算(2024年2月26日の中心相場)。
Grand View Research, Generative AI Market Size, Share And Growth Report, 2030
https://www.grandviewresearch.com/industry-analysis/generative-ai-market-report

4　OECD iLibrary, G7 HIROSHIMA PROCESS ON GENERATIVE ARTIFICIAL　INTELLIGENCE (AI), 07 Sept 2023
https://www.oecd-ilibrary.org/science-and-technology/g7-hiroshima-process-on-generative-artificial-intelligence-ai_bf3c0c60-en

5　三菱総合研究所では、日本全体で生成AIによる雇用への影響は460万人、従来型のAIやその他デジタル技術も加えると970万人に及ぶと試算している。
三菱総合研究所 in collaboration with Lightcast、スキル可視化で開く日本の労働市場　生成 AI の雇用影響を乗り越えるスキルベースの労働市場改革
https://www.mri.co.jp/knowledge/insight/policy/hd2tof0000005dqh-att/er20230913.pdf

6　著作権を侵害されたとする米紙ニューヨーク・タイムズによるOpenAIとマイクロソフトの提訴(2023年12月)、雇用条件の改善などを求めた米国の映画脚本家や俳優らのストライキ(2023年5月、7月)、など。
(The New York Times, Dec. 27, 2023, The Times Sues OpenAI and Microsoft Over A.I. Use of Copyrighted Work)

　　https://www.nytimes.com/2023/12/27/business/media/
new-york-times-open-ai-microsoft-lawsuit.html
　　BBC NEWS JAPAN、2023年7月15日、アメリカの俳優労組ス
トライキ、「年末まで続く可能性」撮影への影響も
　　https://www.bbc.com/japanese/66209319

7　　D. P. Kingma, and M. Welling. 20 Dec 2013 "Auto-Encoding
Variational Bayes."
　　arXiv:1312.6114v1 [stat.ML]

8　　I. Goodfellow, J. Pouget-Abadie, M. Mirza, B. Xu, D. W. Farl
ey, S. Ozair, A. C. Courville, and Y. Bengio. "Generative adv
ersarial nets", Annual Conference on Neural Information Pro
cessing Systems 2014, https://papers.nips.cc/paper_files/
paper/2014/hash/5ca3e9b122f61f8f06494c97b1afccf3-
Abstract.html

9　　Ashish Vaswani, Noam Shazeer, Niki Parmar, Jakob Uszkore
it, Llion Jones, Aidan N. Gomez, Łukasz Kaiser, Illia Polosuk
hin. "Attention Is All You Need", Annual Conference on Neur
al Information Processing Systems 2017
　　https://papers.nips.cc/paper_files/paper/2017/hash/3f5ee
243547dee91fbd053c1c4a845aa-Abstract.html

10　3要素のべき乗則に従うとされる。
　　Jared Kaplan, Sam McCandlish et al., 23 Jan 2020 "Scaling
Laws for Neural Language Models" arXiv:2001.08361v1 [cs.
LG]
　　Tom Henighan, Jared Kaplan, Mor Katz et al., 28 Oct 2020
"Scaling Laws for Autoregressive Generative Modeling," arXi
v:2010.14701v1 [cs.LG]

11　例えば、ChatGPTのGPT-3.5バージョンとGPT-4バージョンに
対して、「日本人初の大リーガーは誰ですか？」と質問した際の回
答は以下の通り。
　　ChatGPT（GPT-3.5バージョン）：誤答
　　『日本人初のメジャーリーグ（MLB）選手は、1954年にサンフ
ランシスコ・ジャイアンツに入団した川上哲治（かわかみ てつはる）
選手です。彼は日本のプロ野球で活躍した後、メジャーリーグで
プレーしました。その後、多くの日本人選手がメジャーリーグで
プレーするようになりましたが、川上哲治選手が最初の日本人メ
ジャーリーガーとして知られています。』
　　ChatGPT（GPT-4バージョン）：正答
　　『日本人初の大リーガーは村上雅則です。彼は1964年にサン
フランシスコ・ジャイアンツでメジャーリーグベースボールにデ
ビューしました。村上選手はピッチャーとして活躍し、日本から
メジャーリーグに挑戦した最初の選手となりました。』

12　性能に関して、テキスト生成や要約が得意な最先端の生成AIモデ
ルでも、推論や計画など人間には比較的簡単なタスクの対応能力
が不十分との指摘がある。2023年11月に提案されたベンチマー
ク「GAIA」では、人間の成功率が90％を超えているのに対し、
GPT-4は10％台となっている。
　　Grégoire Mialon, Clémentine Fourrier, Craig Swift, Thomas
Wolf, Yann LeCun, Thomas Scialom, 21 Nov 2023 "GAIA: a
benchmark for General AI Assistants" arXiv:2311.12983v1
[cs.CL]
　　コストに関して、GPT-3の学習時には1000万〜2000万ドル
（約15億〜30億円）要したとの試算がある。
　　Last Week in AI "GPT-3 is No Longer the Only Game in
Town" https://lastweekin.ai/p/gpt-3-is-no-longer-the-only-
game
　　環境負荷に関して、GPT-3の学習時には、1287MWh（メガワッ
ト時）のエネルギー消費量、502t（トン）の二酸化炭素が発生した
との報告もある。
　　Stanford Institute for Human-Centered Artificial Intelligence,
"Artificial Intelligence Index Report 2023" https://aiindex.
stanford.edu/wp-content/uploads/2023/04/HAI_AI-Index-
Report_2023.pdf

13　経済産業省　2024年4月19日
　　https://www.meti.go.jp/press/2024/04/20240419004/
20240419004.html

14　ベネッセホールディングス ニュースリリース
　　https://blog.benesse.ne.jp/bh/ja/news/management/2023/
04/14_5969.html

15　経済産業省 デジタル時代の人材政策に関する検討会 第10回 資
料「日清食品グループにおける生成AI活用の現在地」
　　https://www.meti.go.jp/shingikai/mono_info_service/digital_
jinzai/pdf/010_02_00.pdf

16　デジタル庁 ChatGPTを業務に組み込むためのハンズオン
　　https://www.digital.go.jp/assets/contents/node/inform
ation/field_ref_resources/5896883b-cc5a-4c5a-b610-
eb32b0f4c175/82ccd074/20230725_resources_ai_outli
ne.pdf

17　東京都デジタルサービス局
　　https://www.digitalservice.metro.tokyo.lg.jp/documents/d/di
gitalservice/ai_prompt

18　Azure OpenAI Service
　　https://azure.microsoft.com/ja-jp/products/ai-services/
openai-service

19　SoftBank ニュースリリース
　　https://www.softbank.jp/corp/news/press/sbkk/2023/20
230801_01/

20　ELYZA ニュースリリース
　　https://www.westjr.co.jp/press/article/items/20230921_
00_press_customercenter_ai.pdf

21　楽天証券 投資AIアシスタント
　　https://www.rakuten-sec.co.jp/assistant/

22　経済産業省 デジタル時代の人材政策に関する検討会 第14回 製
造業での活用
　　https://www.meti.go.jp/shingikai/mono_info_service/digital_
jinzai/pdf/014_04_00.pdf

23　かんぽ生命 プレスリリース
　　https://www.jp-life.japanpost.jp/information/press/2023/
abt_prs_id001928.html

24　日本経済新聞 セブンイレブン、商品企画の期間10分の1に　生
成AI活用
　　https://www.nikkei.com/article/DGXZQOUC25AYT0V21C2
3A0000000/

25　PRTimes
　　https://prtimes.jp/main/html/rd/p/000002679.0000036
39.html

26　日本経済新聞 伊藤園、生成AIでCMモデル「お〜いお茶」SNSで
拡散
　　https://www.nikkei.com/article/DGXZQOUC235T00T21C2
3A0000000/

27　Amazon News/Innovation at Amazon
　　https://www.aboutamazon.com/news/innovation-at-
amazon/amazon-ads-ai-powered-image-generator

28　経済産業省 デジタル時代の人材政策に関する検討会 第16回 メ
ルカリ生成AI/LLM専任チームの取り組み
　　https://www.meti.go.jp/shingikai/mono_info_service/digital_
jinzai/pdf/016_03_00.pdf

29　Speak
　　https://www.speak.com/jp

30　Duolingo
　　https://www.duolingo.com/

31　Study Pocket
　　https://studypocket.ai/

32　内閣官房デジタル田園都市国家構想実現会議事務局　Digi田甲子
園2023
　　https://www.cas.go.jp/jp/seisaku/digitaldenen/koshien/hon
sen/2023/0045.html

33　GPTs are GPTs: An Early Look at the Labor Market Impa
ct Potential of Large Language Models, Tyna Eloundou, et.
al.,17 Mar 2023.
　　https://arxiv.org/abs/2303.10130

34　GitHub Copilot

https://github.com/features/copilot

35 Amazon CodeWhisperer
https://aws.amazon.com/jp/codewhisperer/

36 Duet AI for developers
https://cloud.google.com/duet-ai

37 Cursor
https://cursor.sh/

38 GitHub 調査：GitHub Copilotが開発者の生産性と満足度に与える影響を数値化
https://github.blog/jp/2022-09-15-research-quantifying-github-copilots-impact-on-developer-productivity-and-happiness/

39 GitHub 調査：GitHub Copilotがコード品質に与える影響を数値化
https://github.blog/jp/2023-10-20-research-quantifying-github-copilots-impact-on-code-quality/

40 Oracle NetSuite Press Release
https://www.oracle.com/jp/news/announcement/suiteworld-netsuite-embeds-generative-ai-2023-10-17/

41 SAP Joule
https://news.sap.com/2023/09/joule-new-generative-ai-assistant/

第2節

データエコシステムとデータプラットフォーム

松井 暢之

1 はじめに

　わが国は今日、気候変動や甚大災害に端を発する環境危機や、少子高齢化や都市への人口集中に伴う地域コミュニティーの弱体化など、さまざまな社会課題に直面している。その中で持続的な経済成長を実現するためには、モノの大量生産・大量消費・大量廃棄を前提とし環境に多大な負荷をかける従来型の線形の経済モデルではなく、社会と経済を循環させて環境負荷を抑え、地域の住民それぞれに寄り添ったウェルビーイング（幸福）を実現する経済モデルを目指さなければならない。

　この新たな経済モデルを社会実装し、持続的な経済成長を実現するためには、企業や業界、国境をまたぐ横断的なデータ共有やシステム連携の仕組みの構築が必要といわれている[1]。そのためには、国際的なデータ連携・システム連携を実現するインフラの充実だけでなく、データやシステムの連携を可能とする国際的なルールの整備と標準化、連携することで価値が増大する行政や企業あるいは個人が持つデータ資産の整理およびそれらのデータの鮮度と品質を確保し安全・安心に流通させるための仕組み作りといった、企業の枠を超えたデータエコシステムの構築が必要となる。本節では、このデータエコシステムのトレンドとそれを支えるデジタル技術である

データプラットフォームのトレンドを概観し、加えてデータ自体の価値を高め効果的に利活用するためのDataOpsのプロセスとそれらに生成AIを適用するユースケースについて解説する。

2 データエコシステムのトレンド

　データエコシステムとは「データによって創発された人やビジネスなどの自律的な要素が集積し組織化することにより、高度で複雑な秩序を生じさせる生態系」といわれている[2]。行政や企業、あるいは個人といったステークホルダーが持つデータを、自身以外のさまざまなステークホルダーが持つデータと掛け合わせて、高度で複雑な新たな価値を創造するステークホルダーの集合体だと言い換えても良い。本項ではこのデータエコシステムの海外動向について触れ、その後にわが国の状況を振り返る。

▍欧州のデータエコシステムの動向

　2023年のデータエコシステム界隈を概観するならば、自動車産業を中心とした産業用途のデータエコシステムにおける欧州の積極的な活動に着目すべきだろう。

　人々の幸福と健康の向上を目的とし、温室効果ガスの排出を実質ゼロにする気候中立の

実現には欧州でも力が注がれており、脱炭素と経済成長の両立を図った欧州グリーンディール[3]は早くも2019年12月に発表されている。この理念を実現するためには、従来の大量に生産して消費し、廃棄してしまう線形の経済モデルではなく、あらゆる段階で資源を効率的に活用して循環的な再利用を図り、環境負荷低減と経済成長を同時に狙うサーキュラーエコノミーが必須となるといわれている（**図表2-2-2-1**）。

このサーキュラーエコノミーを社会実装するためには、資源の調達や製品の製造といった特定の場面だけでなく、利用状況の把握から廃棄、再利用に至るまで、あらゆる段階のステークホルダーが持つデータを統合して組織化し、品質を維持した上で無駄を省くためにデータを最大限に利活用するデータエコシステムが必要となる。例えば欧州員会は2022年3月、製品の持続可能性の向上を目的とする政策パッケージ[4]を発表したが、その中でデジタル製品パスポート（DPP：Digital Product Passports）の導入が提案されている。DPPとは、従来から説明書や製品に貼付され

たラベル等で利用者へ提示されていた製品のデータを補完し、製品の原材料から製造元、環境フットプリントやリサイクル性、利用状況から廃棄・再利用の方法に至るまで、環境負荷を低減させるために必要なデータを製品のライフサイクル全般にわたって取得や追跡を可能とする仕組みである（実際に含まれるべきデータ種別は、製品ごとに定められることに注意）。このDPPを実現するためには、関係するステークホルダーが参加可能なデータエコシステムが社会実装されていなければならないことは言うまでもないだろう。

このように現在の社会にとって非常に重要なインフラとなるデータエコシステムだが、その実現のために欧州がイニシアティブを取って業界共通の標準化・ルール化を進めている組織体がGaia-X[5]やInternational Data Spaces Association（IDSA）[6]であり、Gaia-Xが定めた標準やルール等を自動車産業へ具体的に適用したものがCatena-X[7]、そしてCatena-Xを実際に運用するためのアプリケーション等を展開し導入促進を図るために立ち上げられた事業体が、Cofinity-X[8]となる（**図表**

▌図表2-2-2-1　サーキュラーエコノミーとは

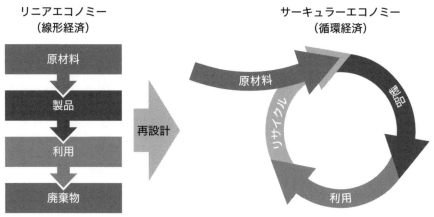

出典：環境省「令和3年度版 環境白書・循環型社会白書・生物多様性白書」

2-2-2-2）。

Gaia-Xはドイツ主導で立ち上がりフランスと共に準備が進められ、2020年に正式発足した非営利団体である。分散連邦型のデータ共有に基づくユースケースの開発やリファレンスアーキテクチャの整備を進めており、2024年2月時点で日本を含め欧州内外の29カ国から327組織が参画する大規模な取り組みとなっている。一方IDSAは2014年にドイツのフラウンフォーファー研究機構が中心となった産官学連携プロジェクトに端を発したもので、2016年から非営利団体としての活動を開始している。データの主権を担保しながらデータの交換を図るユースケースやリファレンスアーキテクチャを整備しており、2024年2月時点で28カ国から147組織が参画する大規模な活動を展開している。これらの2団体は共に近しい理念の下で個別の活動を行っているが、幸いなことにアーキテクチャと技術仕様に矛盾はなく、IDSAが定めるコンポーネントをGaia-Xのアーキテクチャ上にマッピングすることができる（**図表2-2-2-3**）。実際、

ある組織に属するデータソースと他の組織のデータソースとの間をセキュアに接続しデータを交換するために用いられるコネクター（**図表2-2-2-4**）として精力的に開発が進められているEclipse Dataspace Connector（EDC）[9]は、IDSAが定める仕様を実装しており、加えてGaia-Xが提唱する分散連邦型のアーキテクチャ上で動作できるため、事実上Gaia-Xで用いられるコネクターのリファレンス実装のような扱いとなっている。

次にCatena-Xは、Gaia-Xが検討するさまざまなユースケースのうち、自動車産業におけるユースケースを社会実装したものと捉えることができる。Catena-Xはドイツの自動車メーカー、サプライヤー、素材メーカー、研究所、政府機関などが中心となって2021年に設立されたアライアンスであり、オープン性・中立性を確保したデータエコシステムの構築を推進している。Catena-Xへ対応する動きは欧州域内にとどまらず世界的な広がりを見せ始めており、2024年2月時点で169の組織が参画するに至っている。欧州では2023年8月

▌図表2-2-2-2 IDS/Gaia-X/Catena-X/Cofinity-Xの全体像・構成要素

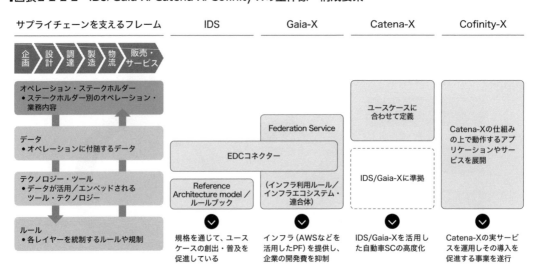

出典：経済産業省「デジタル時代における グローバルサプライチェーン高度化研究会, "サプライチェーンデータ共有・連携WG 第1回 事務局資料"」

に発効されたEUバッテリー規則[10]に基づき、メーカーによる使用済みバッテリーの回収率や再資源化率等の目標達成が義務付けられ、2027年には具体的な製品に対するDPPとして初となるバッテリーパスポート[11]を介したデータアクセスを可能とすることを求められ

ている（**図表2-2-2-5**）。これは欧州で自動車を販売するわが国においてもひとごとではなく、欧州主導のデータエコシステムへの参画を余儀なくされている。またCatena-Xと同様に、Gaia-Xのユースケースを製造業全体へ適用し製造業固有のルールや標準を業界横断で

▎図表2-2-2-3 IDS ComponentsとGaia-Xのアーキテクチャ

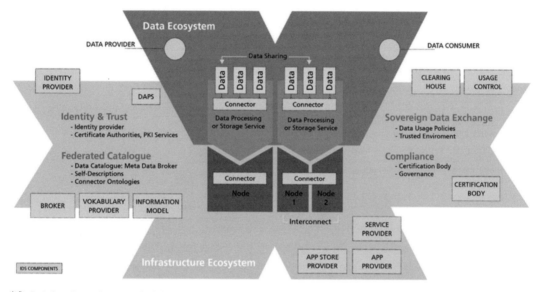

出典：Boris Otto, Fraunhofer Institute for Software and Systems Engineering ISST, "IDSA Position Paper GAIA-X and IDS Version 1.0", International Data Spaces Association, 2021

▎図表2-2-2-4 Eclipse Dataspace Connectorの概念

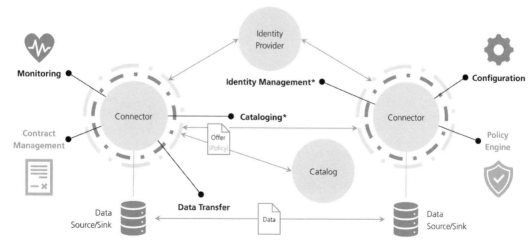

出典：Eclipse Dataspace Components, "What is a data space connector?", Eclipse Foundation

策定する組織としてManufacturing-X[12]も創設されることとなった。世界中にサプライチェーンが広がり製造業DXが身近になっている昨今、データエコシステムのルールメーキングでイニシアチブを取ろうとしている欧州の動向には、製造業の現場だけでなくそのシステム構築を支えるSIerとしても注視していかなければならないだろう。

　最後にCofinity-Xを紹介する。Cofinity-Xは

BMWグループやフォルクスワーゲン、メルセデス・ベンツといったドイツの自動車メーカー、シェフラーやシーメンス、BASFのような自動車製造に欠かせない機材や装置を提供する企業およびSAPといったIT企業等が設立した合弁企業で、2023年4月のハノーバーメッセでその設立が発表された。Catena-Xのユースケースの運用・採用を促進することを目的に、Catena-Xのルールや標準にのっとっ

▎図表2-2-2-5　バッテリーパスポートの全体イメージ

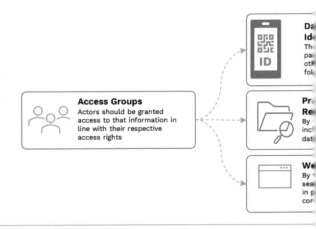

4. Data access via battery passport and Registry
access rights differing between access groups[2]

- "General public"
- "Notified bodies, market surveillance authorities and the Commission"
- Interested person: "Any natural or legal person with a legitimate interest"

Access Groups
Actors should be granted access to that information in line with their respective access rights

3. Data processing
for making information available via the battery passport

2. Data exchange
between value chain participants, via direct or reverse data reporting (i.e., via data requests along the value chain)

Reverse data reporting

Optional supportive systems (e.g., traceability syste

1. Data collection
within organizational boundaries

Miner → Refiner → Precursor and CAM producer → Cells and modules manufacturer → Pack producer → OEM

Static data: within upstream organisations (e.g., via ERP, MES)

[1] Today, only data of the battery's use phase is made accessible via the battery passport
[2] The actors named under "data collection" are included in the different access groups with specific access rights to be defined

出典：Battery Pass Consortium, "Battery Passport Content Guidance", 2023

てEDC上でデータ交換を行うための具体的な
アプリケーションやサービスを販売している。
Cofinity-Xのアプリケーションやサービスを利
用しなくともCatena-Xの輪に参加することは
可能ではあるが、Cofinity-Xによって中小メー
カーの参入ハードルを下げられるため、Caten
a-Xが自動車業界のデータエコシステムのデ
ファクトスタンダードとなるためにCofinity-X
は効果的な役割を果たすと見込まれる。

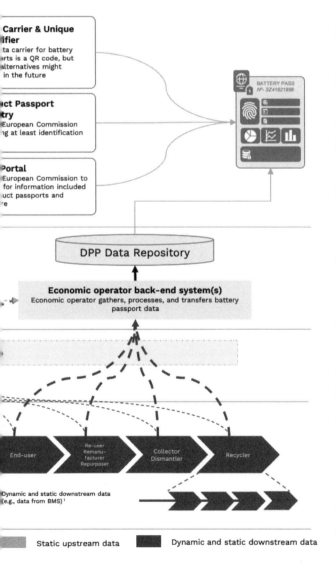

**Carrier & Unique
ifier**
ta carrier for battery
rts is a QR code, but
alternatives might
in the future

**ct Passport
try**
European Commission
g at least identification

Portal
European Commission to
for information included
uct passports and

DPP Data Repository

Economic operator back-end system(s)
Economic operator gathers, processes, and transfers battery
passport data

End-user — Re-user Remanu-facturer Repurposer — Collector Dismantler — Recycler

ynamic and static downstream data
(e.g., data from BMS)[1]

Static upstream data　　　Dynamic and static downstream data

▌米国や中国のデータエコシステムの動向

　クラウドプラットフォームやSNS、動画配
信サービスなどといったデジタルサービスの
分野においては欧州に圧倒的なリードを誇っ
ている米国や中国ではあるが、データエコシ
ステムのルールメーキングという観点からは、
欧州に先行されているように見受けられる。

　米国ではモビリティー産業を主なターゲッ
トとした技術やインフラの標準化と普及促進
を図る非営利団体のMobility Open Blockch
ain Initiative（MOBI）[13]が2018年から活動
を開始しており、2024年2月時点で日産自動
車やホンダ、デンソー、あるいはBMWやル
ノーといった米国以外の自動車メーカー・部
品メーカーも含め130を超える組織が参画し
ている。分散台帳（ブロックチェーン）、自己
主権型アイデンティティーといったWeb3技
術やIoT技術などを活用し、車両のアイデン
ティティーの仕様検討や、車両データを使っ
た自動車保険、電気自動車と電力網を接続す
るスマートグリッド、分散型のバッテリーパ
スポートシステムの規格化等の活動が進めら
れている。その中でもバッテリー・パスポー
ト・ワーキンググループ（WG）では日本が、
日産自動車、ホンダ、デンソーが共同議長を
務める[14]ほど力を入れ世界をリードしようと
している。ただバッテリーパスポートはそも
そも欧州のEUバッテリー規則に端を発する
取り組みであり、ルールメーキングという観
点では欧州の後塵を拝しているとも言えるか
もしれない。このMOBIではサプライチェー
ンにおけるブロックチェーンやその関連技術
の標準化と普及が推進されており、利害関係
が異なる事業者が集った分散環境上で透明性
高くトレーサビリティーを確立するためには、
ブロックチェーンが効果的な役割を果たすと

いわれている[15]。ただしデータエコシステムとしてブロックチェーンとその関連技術を中心としたプラットフォームを維持運用するためには、参加するノードの管理者を明らかにしてその信頼性や正当性を担保し、チェーンの乗っ取りがない適切な合意形成アルゴリズムを維持できるようにすること、各ノードの秘密鍵を適切に管理できることおよびノードやネットワークがITシステムとして高可用かつセキュアに運用されることなど解決すべき課題も多く、ブロックチェーンを銀の弾丸として採用すればそれだけで幸せになれるわけではないことに留意すべきである。

またデータエコシステムのインフラを構成するための重要なツールであるコネクターに関しても、IDSAやGaia-Xが推進しているEDCが米国や中国でもデファクトスタンダードとなりつつある。Amazon Web ServiceやGoogle、Microsoft、Huaweiといった米中の巨大クラウドプラットフォーマーは既にCatena-Xのメンバーとして参画しており[16,17,18]、自身のクラウドプラットフォーム上でEDCを動作させるためのツールやサービスも準備しつつある[19,20,21,22,23]。このような米国や中国の動きを見る限り、データエコシステムに関するルールメークで欧州に先を越された領域では真っ向勝負を避け、既に動き出しているルールにはうまく相乗りし、クラウドプラットフォームなどといった得意分野で勝負しようとしているように見受けられる。

■日本のデータエコシステムの動向

グローバルなサプライチェーンにおいて環境負荷低減への対応が求められる昨今、わが国においても、2030年度の温室効果ガス46%削減および2050年のカーボンニュートラル実現という国際公約を達成すること、国際情勢にも鑑み安定的で安価なエネルギー供給につながるようエネルギー需給構造を変革すること、新たな市場を創造し経済成長につなげること等などを目的に、化石エネルギー中心の産業構造・社会構造をクリーンエネルギー中心へ転換するグリーントランスフォーメーション（Green Transformation：GX）の重要性が取り沙汰されている[24]。GXに向けた脱炭素の取り組みにおいては、徹底した省エネルギーの推進や再生可能エネルギーの主力電源化、次世代モビリティーの社会実装などさまざまな方面からのアプローチが必要となるが、サーキュラーエコノミーの確立に向けた資源循環もその重要な取組の一つとして位置付けられている。

これらの取り組みを実現するためには、企業のデータ主権を守りながら全世界的にデータを共有し、その上でデータを活用して競争力を強化することが必要となり、多様な利害関係を持つ複数のステークホルダーをサイバー空間とフィジカル空間を融合して連結し、新たな価値を創造することで社会課題の解決と経済発展を両立させるという、官民一体となった意識の共有と政策推進が必要不可欠となる。その実現を目指す一連の活動全体を指す呼称がOuranos Ecosystem（ウラノス・エコシステム：詳細は第3節を参照）であり、業種や業界、国境さえも越えたデータ連携・システム連携の仕組み（＝データエコシステム）がその中核となる。

ウラノス・エコシステムを支えるデータエコシステムのインフラとして、我が国ではDATA-EX[25]という分野間データ連携基盤プラットフォームが開発されている（**図表2-2-2-6**）。DATA-EXはデータ主権とトレーサビ

リティー、データの相互運用性、DATA-EXへ接続する参加主体とデータに対するトラストを重視した、業種業界にまたがる分散連邦型のアーキテクチャを採用している。これはIDSAのアーキテクチャとも矛盾がなく、国際標準化に向けたGaia-XやIDSAとの提携[26, 27]を背景にグローバルなデータエコシステムの連携が期待されている。

ここで言う「トラスト」とは、DATA-EXから独立した中立的な第三者が、人・組織・モノ・データ等に与える「信頼」のことである。確かな第三者から「信頼」が与えられることで、そのデータエコシステムの真正性や完全性、堅確性を信用し、安心して利用できるようになる。具体的には以下のような課題が解決されなければならない[28]。

①送受信相手は正しいか（相手の真正性）

データの送信元・受信先はお互いに、想定していた正当な相手であるか。

②送受信するデータは正しいか（データの完全性）

送信されたデータが正しく受信され、送信されたものと一致しているか。

③データを処理するシステムは正当か

送受信されるデータを処理するプロシージャーやシステムで不正な行為はないか。

④それらは検証可能か

送受信相手の真正性や送受信データの完全性およびデータを取り扱うシステムの正当性を、任意の第三者が検証できるか。

⑤それらは容易に利用できるか

上記の課題を解決するために利用者に多大な手間をかけないか。

■図表2-2-2-6　DATA-EXの将来展望

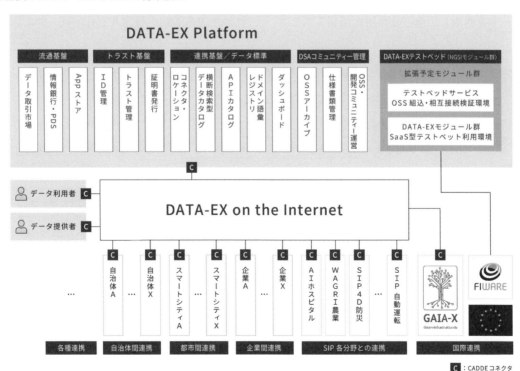

出典：一般社団法人データ社会推進協議会「DATA-EXとは」

我が国では信頼性のある自由なデータ流通（Data Free Flow with Trust：DFFT[29]）の実現に向け、利用者視点でのデジタルトラストの社会実装を推進する目的で、一般社団法人デジタルトラスト協議会（JDTF）[30]が2022年に発足し、さまざまな提言を行っている。その中でJDTFは、上記の5つの課題への解決策として、デジタルトラストを実現するための中立的な第三者が提供するサービスであるTaaS（Trust as a Service）の実現を提案している（**図表2-2-2-7**）。このTaaSを分野間データ連携基盤プラットフォームと接続することで、トラストが確保されたデータエコシステムを実現することができるようになる（**図表2-2-2-8**）。その際、参加主体の真正性を高いレベルで保証し、かつ利用者に多大な手間をかけないようにするためには、高いレベルの身元確認と利用容易性の両立が必要となる。TaaSの利用者が個人の場合は、マイナンバーカードを活用し、地方公共団体情報システム機構（J-LIS）[31]が提供する公的個人認証サービスと接続し失効確認や署名検証等を行うことで、LV3相当の高い身元確認保証レベル（Identity Assurance Level: IAL[32]）を担保しつつ容易な利用を実現することができると見込まれている。ただし産業利用など参加主体が法人となる場合は、電子署名法等の法整備やベース・レジストリの整備と連携などが必要になるといわれており、利用容易性を確保するにはまだまだ先は長いようである。

3 データプラットフォームのトレンド

このように業種業界、組織や国境さえもまたいでデータを利活用するデータエコシステムのルールメイキングと社会実装が国内外を問わず進んできているが、そもそもデータが一組織内あるいは系列組織間の中に閉じ込められているようでは、いくらインフラを整備し普及推進活動を行おうとも、データエコシ

▌図表2-2-2-7　TaaSによるデジタルトラストの実現

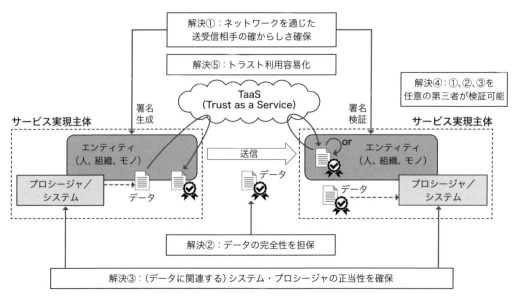

出典：一般社団法人デジタルトラスト協議会「ルール形成委員会 ホワイトペーパー第1版」

ステムは全く機能しない。そこで本項では、データ利活用のために供されるデータプラットフォームのトレンドを概観する。以降では利活用すべきデータを大別して「❶オープンデータ」と「❷非オープンデータ」に区分することとし、それぞれのデータを扱うデータプラットフォームのアーキテクチャについて述べる。

❶オープンデータ[33]、[34]

クリエイティブ・コモンズ・ライセンス[35]等の一般的なライセンス条項に基づき、誰でも利用し再配布や二次利用ができる不特定多数へ広く公開された秘密性が低いデータ。代表的なオープンデータには次のようなものがある。

- 税の使用状況など国や地方自治体の透明性を担保するために公開されるオープンガバメント[36]のデータ
- 避難所情報・水位センサー情報など国や地方自治体が住民の便益のために提供するオープンデータ[37]
- 天文学や生命科学、機械学習データなどオープンサイエンス[38]のデータ
- バスの現在位置や製品仕様など企業秘密に抵触しない産業データ

❷非オープンデータ

組織間で合意されたライセンスに基づき、利用可能組織や期間、加工や再配布等に一定の制約を設けて流通させる秘密性の高いデータ。オープンデータとは異なり、個人情報や

■図表2-2-2-8 TaaSの利用イメージ（データ連携基盤との連携）

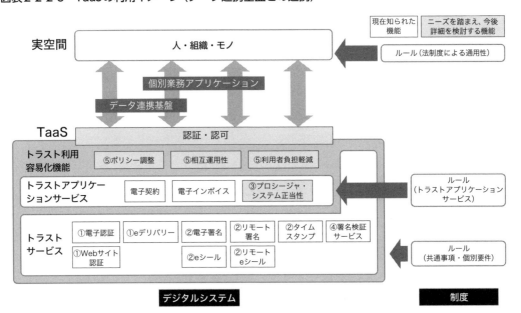

トラストアプリケーションサービス：トラストサービスの応用サービス
トラストサービス　　　　　　　：電子認証、電子署名、リモート署名、eシール、タイムスタンプ、eデリバリー、Webサイト認証、および署名検証サービス、等を指す
トラスト利用容易化機能　　　　：トラストアプリケーションサービス、システム・サービス、および実空間から自らの目的に合わせて、トラストサービスを容易に利用するための補助機能

出典：一般社団法人デジタルトラスト協議会「ルール形成委員会 ホワイトペーパー第1版」

企業秘密の保護に細心の注意が必要となる。代表的な非オープンデータには次のようなものがある。

- 個人の健康情報や行動履歴などのパーソナルデータ
- 特定機器や部品の生産状況や使用履歴など秘密性の高い産業データ

■オープンデータのデータプラットフォーム

まずは不特定多数へ広く公開するオープンデータについて、国内外の状況を概観する。

米国や欧州でのオープンデータへの取り組みは早く、例えば政府が保有するオープンガバメントデータの公開は米国[39]では2009年から、英国[40]では2010年から運用が開始されている。スペインのサンタンデール市では、市内に設置した多くのセンサーから収集される動的なデータを収集・解析・公開し市のオペレーション効率化を図った[41]。ポルトガルのリスボン市では、市内混雑エリアでの人流分析や不法駐車の傾向分析などさまざまなデータセットを公開している[42]。こうした取り組みは、スマートシティにおけるオープンデータの先行事例と言えるだろう。またハーバード大学の研究データ[43]や、欧州宇宙機関が公開している大気や海洋のデータ[44]、あるいは機械学習に用いられるデータ[45,46,47]など、科学技術データのオープン化も進んでいる。

わが国でも2012年に策定された電子行政オープンデータ戦略[48]を起点にオープンデータの利活用を進める取り組みが進められ、e-Govデータポータル[49]に政府のオープンガバメントデータが公開されている。また地方公共団体におけるオープンガバメントデータの公開も進められており、2023年6月時点で81%の地方公共団体がオープンデータを公開

している（**図表2-2-2-9**）。

このように国内外でオープンデータの利活用は進んでいるが、それを支えるデータプラットフォームのアーキテクチャを考える上で、公開するオープンデータが「Ⓐ静的なファイルに基づくデータ」だけなのか、「Ⓑ動的でリアルタイムなデータ」も扱うのかが重要となる。

Ⓐ静的なファイルに基づくオープンデータのプラットフォーム

最もシンプルなのは、オープンデータとして静的なファイルを公開する場合である。オープンデータは、CSVやTSVといったカンマやタブで項目を区切ったフラットなデータ構造を持つファイルや、RDFやJSONといった構造化されたデータ構造を持つファイルなど、機械可読な形式にして公開することが望ましい。複雑なExcelやPDFといった機械的な処理がしにくい形式で公開されているオープンデータも存在しているが、年次の統計データのような基本的に変更されないオープン・ガバメント・データには相性が良い公開方法である。実際米国のData.govやわが国のe-Govデータポータル等では、さまざまな静的な統計データをファイルとしてダウンロードできるようになっている。

またオープンデータ利用者の利便性のためには、公開されているオープンデータを案内し、キーワード等から横断的にオープンデータを検索できるデータカタログの整備も重要となるが、現時点では拡張性が高くさまざまな国のオープン・ガバメント・データの公開システムで利用されているCKAN[50]がそのデファクトスタンダードとなっていると言えるだろう。

■図表2-2-2-9　オープンデータに取り組む地方公共団体数の推移

地方公共団体のオープンデータ取組済み（※）数の推移

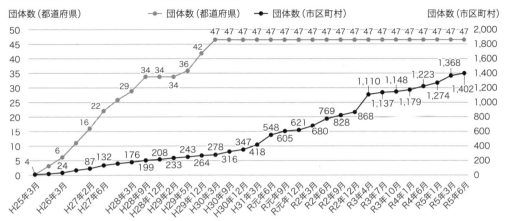

出典：デジタル庁「地方公共団体におけるオープンデータの取組状況」

Ⓑ動的でリアルタイムなオープンデータのプラットフォーム

　統計データや研究データなど静的なオープンデータが有用であるのと同様に、気温や湿度、河川の水位等の環境情報、あるいはバスの現在位置や観光地の混雑状況といった、動的でリアルタイムなオープンデータもまた有用である。これらのデータは時々刻々と置き換わり、時系列で整理し直したデータにも意味が見いだせるため、静的なファイルの扱いを主たる目的としたプラットフォームとは相性が良くない。そこでデータの収集・蓄積やイベント処理、データの取得や転送といった動的でリアルタイムなデータの取り扱いが必要となる[51]（**図表2-2-2-10**）。

　このような動的なオープンデータの取り扱いに適したプラットフォームも有償かOSSかを問わず多々提供されているが、デジタル庁および一般社団法人データ社会推進協議会（DSA）ではその動的なオープン・データ・プラットフォームのコアとなるデータ仲介機能（ブローカー機能）としてFIWARE Orion[52]

の利用を推奨[53]しており、実際に令和3年度補正予算および令和4年度第2次補正予算でのデジタル田園都市国家構想推進交付金（デジタル実装タイプType2/3）の採択自治体のうち、会津若松市や前橋市、加古川市、高松市といった先進的な34の自治体がFIWARE Orionを利用していると回答している[54]。

　ここで取り上げたFIWAREとは、欧州が2011年から5年にわたり3億ユーロを投じて推進した「次世代インターネット官民連携プログラム（FI-PPP）」の成果であるOSSが核となった、スマートシティーを実現するために効果的なOSSやデータモデルの集合体のことである。FIWAREはNGSI[55]およびその発展形のNGSI-LD[56]と呼ばれる標準プロトコルを採用することで相互接続性を高めており、2023年12月に公開されたFIWARE 8.4.1では、FIWARE Orionに代表される ブローカー機能を果たす4つのOSSを中心に、時系列データの蓄積やビッグデータ解析、IoTデバイスとの連携や可視化等、さまざまなカテゴリーで合計51個のモジュールがFIWARE

のコンポーネントとして紹介されている（**図表2-2-2-11**）。

このように静的なファイルから動的でリアルタイムなデータまで、オープンデータのデータプラットフォームのアーキテクチャを概観したが、実際に運用する場合にはサイバー攻撃への対策も実装しなければならない。不特定多数へ広く公開されるオープンデータのデータプラットフォームの特性を踏まえ、脅威を分析してセキュリティー要件を決定し、サーバーの要塞化や権限の最小化、アクセス制御とネットワーク分離やゼロトラスト、通信経路の暗号化、ログ監視、不正アクセスの検知・遮断、適切なセキュリティー診断と脆弱性対応など、要件に適応したセキュリティー対策をデータプラットフォームの企画や設計の時点から組み込んで対応する必要がある[57]。

■非オープンデータのデータプラットフォーム

次に、個人情報や企業の産業データをお互いが合意した条件下で特定組織間で流通させることを目的とした、非オープンデータのデータプラットフォームについて概観する。

日欧米では1980年代からVANを前提としたEDIとして企業間取引のデジタル化が進行していたが、基本的には大企業を中心とした系列や業界内で閉じ、同一の商習慣にのっとることを前提に受発注等の特定業務のデータ交換用に発展してきたものであった。実際2023年に実施された調査結果[58]を見ても、受注管理・購買管理や入出荷・在庫管理、債権・債務管理等の各業務において、大企業から個人事業主までの全体のうち4割から5割強の企業はなんらかのシステム化を果たしているが、業務横断的に利用される取引システムを利用している企業は全体の2割にも満たないことが分かっている。

■図表2-2-2-10　動的でリアルタイムなオープンデータを取り扱う全体像

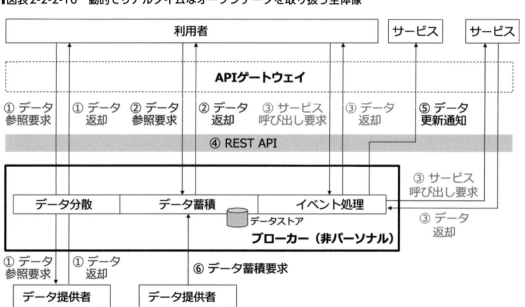

出典：一般社団法人データ社会推進協議会「エリア・データ連携基盤に関する取り組み」

そこでSociety5.0を実現するための社会や産業構造のアーキテクチャ設計に取り組んでいるデジタルアーキテクチャ・デザインセンターでは、従来のタテ型産業構造から多種多様な企業と取引やデータの共有・利活用を行うメッシュ型産業構造への変革（**図表2-2-2-**12）を目指し、顧客、製品、生産活動、取引等に関する実績・計画の情報について、データ化して可視化するとともに、データの連携、利活用を安価かつ簡便に利用できるデータ連携基盤の構築を提言[59]しており、これは第3節アーキテクチャ政策で解説するウラノス・

▌図表2-2-2-11　FIWARE Catalogue

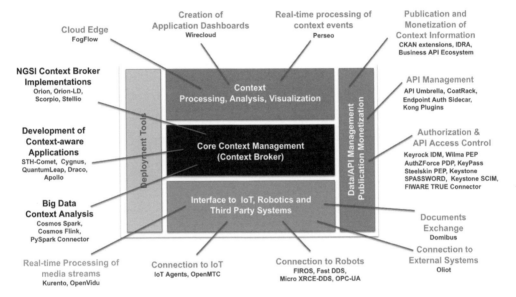

出典：FIWARE, "FIWARE Catalogue", FIWARE Foundation e.V.

▌図表2-2-2-12　タテ型からメッシュ型への産業構造の変革

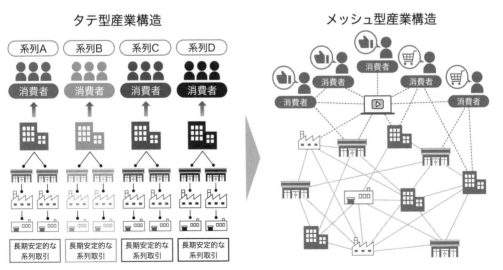

出典：デジタルアーキテクチャ・デザインセンター「産業デジタル戦略」第3回 企業間取引将来ビジョン検討会 事務局提出資料

エコシステムに収束していくと考えられている。

　一方近年、企業が発生させる産業データだけではなく、個人の行動履歴や購買行動、あるいは健康情報などのパーソナルデータを取り扱うデータプラットフォームにも注目が集まっている。2021年に示された包括的データ戦略[60]では「新たな価値を創出する国民起点のサービスを実現していくには、各分野に固有の公的データや民間保有のデータのみならず、各個人が保有するさまざまなパーソナルデータとの組み合わせによるデータ利活用が必要である」とうたわれており、デジタル田園都市国家構想においても、データ利活用による価値創造の想定例としてパーソナルデータの連携が例示[61]されている。このパーソナルデータを利活用するデータプラットフォームはPersonal Data Store（PDS）とも呼ばれるが、PDSは「他者保有データの集約を含め、個人が自らの意思で自らのデータを蓄積・管理するための仕組み（システム）であって、第三者への提供に係る制御機能（移管を含む）

を有するもの[62]」と定義されている（**図表2-2-2-13**）。一方PDSと同じような文脈で言及されることも多い情報利用信用銀行（情報銀行）は、「個人とのデータ活用に関する契約等に基づき、PDS等のシステムを活用して個人のデータを管理するとともに、個人の指示又は予め指定した条件に基づき個人に代わり妥当性を判断の上、データを第三者（他の事業者）に提供する事業[62]」と定義される（**図表2-2-2-14**）。PDSはインフラやアプリケーション、約款、個人の同意およびそれらの運用等で構成されるシステムであり、パーソナルデータの管理主体はあくまでその個人だが、情報銀行はPDSを活用しパーソナルデータを個人に代わって取引することで成立する事業であり、システムとしては類似しているがビジネスとしては異なるものであることに注意が必要だろう。

　またPDSを活用したビジネスとして、近年PHR（Personal Health Record）を用いたヘルスケア事業にも注目が集まっている。PHRとは個人の健康・医療・介護に関する情報の

▌図表2-2-2-13　PDSのイメージ

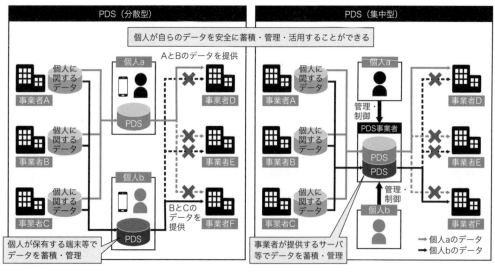

出典：データ流通環境整備検討会「AI、IoT時代におけるデータ活用ワーキンググループ 中間とりまとめ」

ことを指しており、PHRを自分自身で生涯に
わたって管理・活用することによって、自己
の健康状態に合ったサービスを享受するため

のものとされている（**図表2-2-2-15**）。PHR
を活用するためには医療機関や自治体、本人
や家族だけでなく民間事業者も含めた幅広い

■**図表2-2-2-14　情報銀行のイメージ**

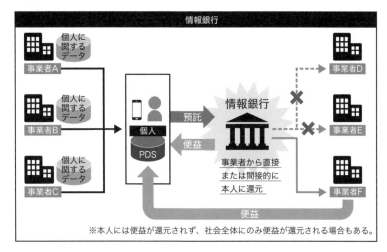

出典：データ流通環境整備検討会「AI、IoT 時代におけるデータ活用ワーキンググループ 中間とりまとめ」

■**図表2-2-2-15　PHRの全体像**

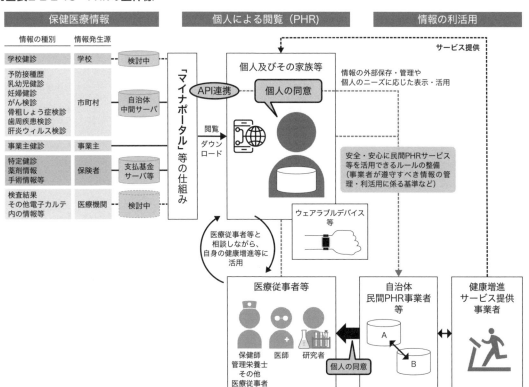

出典：厚生労働省「自身の保健医療情報を活用できる仕組みの拡大について」第4回健康・医療・介護情報利活用検討会、第3回医療等情報利活用WG及び第2回健診等
情報利活用WG

ステークホルダー間で非オープンなパーソナルデータを扱う必要があるため、細心の注意を払いPDS上でセキュアに扱わなければならない。

　このようなパーソナルデータを扱うことを主眼としたデータプラットフォームとして、2024年2月時点でDataswyft[63]やCozyCloud[64]のような自分のパーソナルデータを管理するために個人が利用するクラウドサービス、あるいはDot to Dot[65]のような複数の企業が集いパーソナルデータを利活用する企業間データ流通プラットフォームといったいくつかの有償サービスが提供されている。また顧客の要求に従い個別にソリューションを展開しているSIer[66]もいるだろう。しかしゼロからデータプラットフォームを構築するには多大な人的・時間的コストが必要となるため、例えばPersonium[67]やデジタル庁・DSAが推奨するパーソナルデータのブローカー[68]（**図表**

2-2-2-16）といったOSSを評価し、要件に合致するものであるならば積極的に採用を検討した方がよい場合もあるだろう。

　このパーソナルデータを扱うデータプラットフォームを構築する際には、オープンデータのデータプラットフォーム以上に、サイバー攻撃への対策が重要となる。オープンデータのデータプラットフォームで必要となるITシステムとしてのセキュリティー対策はもちろんのこと、パーソナルデータを取り扱うからこそのプライバシーリスクを洗い出し、関連する法規制の把握と対応、仮名化・匿名化等のプライバシー保護技術の必要に応じた適用、不適切なデータが流通していないことの監視、個人や関係組織が有する権限と認証・認可プロセスの把握と追跡、内部犯を未然に防止する暗号化技術と運用手順など個人のプライバシーを守るために必要な対策を、企画や設計時点から組み込んで対応しなければな

▍図表2-2-2-16　非オープンなパーソナルデータを取り扱う全体像

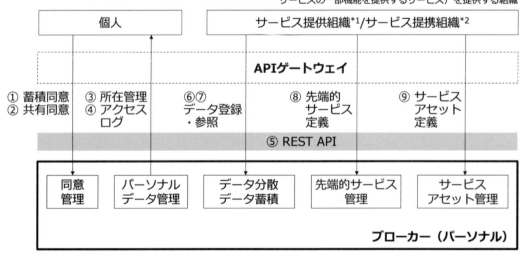

（*1）サービス提供組織：先端的サービス（複数のサービスアセットを連携して価値提供を行うサービス）を提供する組織
（*2）サービス提携組織：サービス提供組織と連携し、サービスアセット（先端的サービスの一部機能を提供するサービス）を提供する組織

出典：一般社団法人データ社会推進協議会「エリア・データ連携基盤に関する取り組み」

らない。特にそのデータエコシステムをグローバルに展開する場合は、パーソナルデータの発生から保管、利用、廃棄といったライフサイクルのさまざまなポイントで、日本の個人情報保護法、欧州のGDPR（一般データ保護規則）、米国のFTC法第5条やカリフォルニア州のCCPA（カリフォルニア州消費者プライバシー法）、中国の個人情報保護法など、さまざまな国の法規制に抵触する可能性がある。関係各国における個人情報の定義と取り扱い規則について、丹念なチェックと綿密な対応を心掛けなければならない。

4 DataOpsとOSSツールと生成AI

ここまで見てきたように、業種業界や国境さえもまたいでデータを利活用し、社会課題の解決や新たな価値の創造につなげる時代は既に始まっている。では、そのデータエコシステムで定められたルールに従い、与えられたインフラを利用すれば、それだけで新たな価値を誰でも手に入れられるのかといえば、事はそう簡単ではない。データの提供側と利用側それぞれが協働し、データの価値を高め、より価値を生み出しやすいデータへ少しずつ成長させるのだという信念を持ち、実践しなければ、データエコシステムは絵に描いた餅にしかならない。本節の最後にDataOpsという考え方を紹介し、DataOpsを実践する上でOSSツールや生成AIが効果的な役割を果たすユースケースをいくつか例示しよう。

┃DataOpsとは

2018年のGartnerのレポート[69]によると、DataOpsとは「組織全体のデータ提供者とデータ利用者の間のコミュニケーションの向上と、データフローの統合と自動化の改善に焦点を当てた共同作業によるデータ管理の手法」と説明されている。ここで言及されているデータ提供者とは、オープン・ガバメント・データであれば情報統計課係員などの自治体職員、産業データであればデータを所有する企業のデータ担当職員などである。またデータ利用者としては、オープン・ガバメント・データであればシビックハッカーが、産業データであればデータを利用して業務を遂行する企業の営業職員や開発職員、あるいはデータ担当職員などが、これに当たるだろう。

ここで注目すべきポイントは、データ提供者だけでなくデータ利用者の視点も入っていることである。国や地方自治体の透明性担保を目的として公開すること自体に意義があるオープン・ガバメント・データであればいざ知らず、利用者からのニーズがない、あるいはニーズはあっても使いづらいデータは、たとえデータエコシステムの仕組みが整えられていたとしても、利活用されて新たな価値を生むことはない。そのためデータ提供者がデータプラットフォームを整備し、一方的にデータを供給するだけでは、データによる価値創造へと導くのは難しい。データに対するニーズや要望、データの欠損や不備の共有、活用アイデアの議論やPoCの実践、より利活用しやすいデータフローの実現など、データ提供者のみならずデータの利用者やプラットフォームの運用者も含め、関係者全員がデータに価値を生み出す当事者として協働して取り組むというDataOpsの考え方もまた、データエコシステムの実現には重要な要素となる。

┃DataOpsとデータ善循環のプロセス

残念ながら現時点では、DataOpsを実現す

るために定型化かつ一般化されたデータ利活用プロセスは知られていない。

　例えば経済産業省は、主に企業が所有する非オープンデータをターゲットに、データを利活用するためのてびき[70]やポイント集[71]を公開しており、そこでは以下のような観点で検討を進めるのがよいと提案している。

①利活用の対象となるデータの特定
②データ利活用に向けた検討
　②-1 データの提供
　②-2 データ取得・保有
　②-3 データの使用
　②-4 プラットフォーム

　同様にデジタル庁でも、地方自治体によるオープン（ガバメント）データの公開を対象にガイドライン[72]や手引書[73]を公開しており、そこでは以下のようなプロセスで推進するのがよいと提案している。

①担当チームの決定
②現状把握（データの棚卸し）
③公開データの準備
④データ公開の仕組み整備
⑤データ公開と利活用促進
⑥継続的な改善

　このようにそれぞれの観点からデータ利活用のプロセスが提案されているが、それらの考え方を踏まえ、またデータ提供者とデータ利用者が一方通行ではなくお互いの活動を意識して継続的な改善を繰り返すことがデータ利活用の推進には重要となるという概念も加味して、本項ではデータ提供者とデータ利用者が円環を成し改善サイクルを回すことでデータの利活用を促進する「データ善循環のプロセス」を提案する（**図表2-2-2-17**）。

ⅰ「課題抽出」プロセス
　データが利活用されることで成したいゴー

▌図2-2-2-17　データ善循環のプロセス

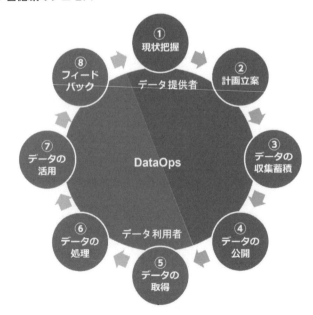

ル（地域課題の解決、サプライチェーンの強靭化、研究開発促進等）を言語化し、現状とのギャップを明らかにする。

ii「計画立案」プロセス

データ利活用の計画を立案する。この際、以下のようなポイントを検討しなければならない。パーソナルデータを扱う場合は特に注意が必要となる。

- データ提供先の定義
- データ提供先と結ぶべき契約や約款
- データ提供先へのデータの利用許諾範囲
- データ提供履歴の管理手順
- 第三者データの場合はデータ提供元の同意取得と管理手順
- データの品質管理手法
- 必要であれば匿名加工・仮名加工・統計処理などの処理手順の整理と妥当性の確認
- データ提供元の申し立てに応じたデータ提供履歴開示や蓄積データ削除を行う手順
- 不正競争防止法や個人情報保護法、あるいはGDPR等の関連各国の法規制の確認
- など

iii「データの収集蓄積」プロセス

データを収集し、匿名加工や統計処理、形式変換、メタデータ生成等の必要な処理を施し、利用しやすい機械可読な形でデータプラットフォームへ蓄積する。

iv「データの公開」プロセス

データプラットフォーム上でデータとそのデータカタログを公開し、利活用可能にする。この際、そのデータの契約や約款に基づき、適切なデータ提供先に対して許諾した範囲内でのみデータを提供するようにしなければな

らないし、パーソナルデータの場合など必要であればデータ提供元の同意も取得しておかなければならない。

v「データの取得」プロセス

データ利用者はデータカタログを活用して必要なデータを探索し、契約や約款で定められた利用許諾の範囲内でデータを取得する。

vi「データの処理」プロセス

データ利用者は契約や約款で定められた利用許諾の範囲内でデータの変換や複数データのマッシュアップ等を行い、利活用できる形態へ加工する。

vii「データの活用」プロセス

データによって新たな価値を生み出す。

viii「フィードバック」プロセス

データを活用する上で得た知見（データによって成し得た価値の報告、データに対する新たなニーズ、データの不具合や改善要望等）をデータ提供者にフィードバックすることで、データの継続的な改善を促す。

▌DataOpsを支えるツールと生成AI

このようなデータ善循環のプロセスを実践するためには、データ提供者やデータ利用者にとってリファレンスとなるガイドラインやテンプレート、チェックリスト、ツールやベストプラクティス等の整備とともに、データ提供者やデータ利用者の教育と育成を行わなければならない。整備すべき項目も多くまだまだ道半ばであるが、各プロセスでOSSツールや生成AIが効果的な役割を果たすと目されるユースケースをいくつか紹介しよう。

ⅱ「計画立案」プロセスでの例

利活用されるべきデータを収集蓄積して共有し、価値を創造するためには、まずはその計画を立案し、ステークホルダーの合意を得る必要がある。従来はこのような計画は知見と経験にたけた有識者が手間暇をかけて立案しなければならなかったが、生成AIを活用すればその手間を削減することができると考えられている。

例えばAutoGPT[74]といったOSSツールがこの目的に利用できる。「日本の自治体でオープンデータの推進活動を始めるために、上司を説得する資料を作成しろ」というシンプルなプロンプトをAutoGPTに与えると、AutoGPTが生成AIを利活用してゴールを設定した上で自動的に必要なタスクを計画し、Web検索等のタスクを実行して上司を説得するための文書を作成する。生成AIによって作成された文書を下敷きにすることで、計画立案者は計画立案の準備コストを低減することができるだろう。

ⅲ「データの収集蓄積」プロセスでの例

オープンデータであれ非オープンデータであれ、まずはデータを収集し、ルールに従って適切な形式へ変換し、適切なメタデータを付与して蓄積しなければならない。産業データの場合、データエコシステムとしての標準や連携する企業間の合意によって適切な形式が定まり、オープンガバメントデータの場合は自治体標準オープンデータセット[75]等を参照することになる。参照すべきルールがシンプルでほとんど変化しないものである場合は、オープンデータ作成支援ツール（プロトタイプ版）[76]のようなプログラムによってその妥当性を機械的にチェックすることも可能だが、ルールが複雑で変更が

多い場合はプログラムを実装するコストが賄えなくなることもある。そこで参照すべきルールを生成AIにFine-Tuning[77]する、あるいはRAG（Retrieval Augmented Generation）[78]としてグラウンディング[79]することで、生成AIに参照すべきルールを注入し、蓄積したデータがルールに合致しているか生成AIにレビューしてもらうというアイデアがある。実際に機能させるためにはトライ・アンド・エラーを重ねる必要があるが、興味深い取り組みになるのではなかろうか。

ⅴ「データの取得」プロセスでの例

非オープンな産業データでデータエコシステムへ参加するステークホルダーが少なく、データセットも固定化されている場合、データセットのカタログ内から送信側と受信側が合意した範囲内で必要なデータを探索し、再現性を持って取得することは、それほど難しくはない。しかし多種多様なデータがさまざまなデータプラットフォーム上で公開され、データの生成・更新・破棄のポリシーやタイミングも不明なことが多いオープンデータの場合、どこから取得してきたデータなのか、どのような加工をしたのか、後日に再度取得したときにデータの再現性が保たれるのかなどが不明なことがある。

このような場合、dim[80]というOSSツールが役に立つかもしれない。dimはオープンデータのパッケージマネジャーであり、npmやgemといったプログラミング言語のライブラリ管理ツールに相当するものと言える。dimを用いることで、ある時点で取得したオープンデータの諸元をデータ取得者の手元で一意に管理することができ、必要に応じて同じデータ一式を誰でも再現性を持って取得でき

るようになる。

vi 「データの処理」プロセスでの例

　取得したデータに対して、何らかの定型的な後処理を毎回適用したいときがある。例えば文字コード変換といった、どのようなデータ構造をしていようと同じ処理をするのであれば一度プログラム化しておけば使い回しが利くが、データ構造に依存して何らかの加工を行うとなると、データ構造の変更が多いと加工プログラムのメンテナンスに手間がかかってしまう。このような場合でも、データの加工ルールとデータ構造をFew-Shotで学ばせるプロンプトを生成し、生成AIに加工プログラムを書かせれば、メンテナンスの手間を軽減させることができるだろう。

viii 「フィードバック」プロセスでの例

　オープンデータであれ非オープンデータであれ、データ提供者はデータ利用者からのフィードバックを得てデータを継続的に改善し、その価値を向上させる必要がある。このフィードバックの仕組みはデータエコシステムあるいはデータプラットフォームに内包されてしかるべき機能ではあるが、OSSのデータプラットフォームには含まれていないことが多い。例えば静的なオープンデータのプラットフォームとしてデファクトスタンダードとなっているCKANには、このようなフィードバック機能は実装されていない。しかしCKANには機能拡張を追加する仕組みが備わっているため、例えばckanext-feedback[81]等のOSSのCKAN機能拡張を利用して、CKANへフィードバック機能を追加実装することも可能である。

　ただしフィードバックをテキストで投稿し

てもらう場合、特にオープンデータのような顔の見えない不特定多数からのフィードバックについては、データの継続的改善と価値向上につながらない無意味な荒らしや誹謗中傷、データ提供者のブランド価値を毀損する投稿が行われる可能性がある。生成AIを活用して不特定多数からの投稿の不適切さ加減を判定し、不適切な発言を目に付かないようにしたり表現を緩和したりすることで、より価値の高いフィードバックを共有することができるようになると期待される。

5 まとめ

　本節では、多様なデータをさまざまなステークホルダーが安心して使えるようにすることで、新たな価値を創出するデータエコシステムについて、2023年度の動向を中心に国内外のトレンドを概観した。またデータエコシステムを支えるデータプラットフォームについて、オープンデータ、非オープンデータの観点から整理した。さらにデータエコシステムを構成するデータ提供者やデータ利用者が、新たな価値を創造するために協働して継続的な改善プロセスに取り組むDataOpsの考え方と、そのプロセスにおいて役に立つOSSツールや生成AIの活用方法ついても紹介した。

　データエコシステムを社会実装する上で、そのインフラの導入や接続、セキュアで安定した運用といった側面からSIerの果たす役割が大きいことは言うまでもないが、インフラだけ導入しても価値のあるデータが共有されなければ、データエコシステムの実現にはまったく役立たない。データ提供者とデータ利用者の双方においてデータの利活用がおの

ずと促進され、データの価値を継続的に向上させるデータ善循環プロセスの仕組みの整備も、データエコシステムの社会実装を担うSIerの重要な役割の一つだと認識する必要がある。データの継続的な価値向上を図り業界や国境を越えてそのデータを共有することが、サーキュラーエコノミーの社会実装につながり、環境負荷をかけない持続的な経済成長とWell-Beingの両立へと至ることになる。このような未来を実現するために、さまざまな側面から尽力し貢献することが、これからのSIerには求められるようになるだろう。

注釈

1   経済産業省, "ウラノス・エコシステムの概要", 2023, https://www.meti.go.jp/policy/mono_info_service/digital_architecture/ouranos.html (参照2024.02.29)

2   早矢仕晃章, 坂地泰紀, 深見嘉明, "特集「データエコシステム」にあたって", 人工知能, 37(5), 2022

3   European Union, "Communication from the Commission: The European Green Deal", 2019, https://eur-lex.europa.eu/legal-content/EN/ALL/?uri=CELEX:52019DC0640 (参照2024.02.29)

4   European Commission, "Green Deal: New proposals to make sustainable products the norm and boost Europe's resource independence", 2022, https://ec.europa.eu/commission/presscorner/detail/en/ip_22_2013 (参照2024.02.29)

5   Gaia-X European Association for Data and Cloud AISBL., https://gaia-x.eu/ (参照2024.02.29)

6   International Data Spaces e. V., https://internationaldataspaces.org/ (参照2024.02.29)

7   Catena-X Automotive Network e.V., https://catena-x.net/en/ (参照2024.02.29)

8   Cofinity-X GmbH, https://www.cofinity-x.com/ (参照2024.02.29)

9   EDC Connector. https://github.com/eclipse-edc/Connector (参照2024.02.29)

10   Europe Union, "Regulation (EU) 2023/1542 of the European Parliament and of the Council of 12 July 2023 concerning batteries and waste batteries, amending Directive 2008/98/EC and Regulation (EU) 2019/1020 and repealing Directive 2006/66/EC (Text with EEA relevance)", https://eur-lex.europa.eu/eli/reg/2023/1542/oj

11   Battery Pass Consortium, "Battery Passport Content Guidance", 2023, https://thebatterypass.eu/assets/images/content-guidance/pdf/2023_Battery_Passport_Content_Guidance.pdf (参照2024.02.29)

12   Manufacturing-X, https://www.plattform-i40.de/IP/Navigation/EN/Manufacturing-X/Manufacturing-X.html (参照2024.02.29)

13   MOBI, https://dlt.mobi/ (参照2024.02.29)

14   MOBI, "DENSO, Honda, and Nissan to Co-Chair New MOBI Working Group", 2023, https://dlt.mobi/cegbp-cochairs/ (参照2024.02.29)

15   MOBI, Supply Chain Reference Implementation, 2021, https://dlt.mobi/wp-content/uploads/2023/07/MOBI-SC0002RI2021-Version-1.1-1.pdf (参照2024.04.02)

16   Catena-X Automotive Network e.V., "List of Members", https://catena-x.net/fileadmin/_online_media_/231012_1_CAT_007_List_of_Members_EN.pdf (参照2024.02.29)

17   Amazon Web Service, "AWS joins Catena-X, underscoring commitment to transparency and collaboration in the global Automotive and Manufacturing Industries", 2023, https://aws.amazon.com/jp/blogs/industries/aws-joins-catena-x/ (参照2024.02.29)

18   Google Cloud, "Google Cloud to join Catena-X and help build a sovereign data ecosystem in the automotive industry", 2023

19   Microsoft AppSource, "Cofinity-X: Dataspace OS", https://appsource.microsoft.com/ja-jp/product/web-apps/cofinity-xgmbh1706697450883.cofinity-x_2?tab=overview (参照2024.02.29)

20   Huawei Boot-X, https://www.boot-x.eu/ (参照2024.02.29)

21   Eclipse Dataspace Components, "Technology Aws", https://github.com/eclipse-edc/Technology-Aws (参照2024.02.29)

22   Eclipse Dataspace Components, "Technology Azure", https://github.com/eclipse-edc/Technology-Azure (参照2024.02.29)

23   Eclipse Dataspace Components, "Technology GCP", https://github.com/eclipse-edc/Technology-Gcp (参照2024.02.29)

24   経済産業省, "GX実現に向けた基本方針〜今後10年を見据えたロードマップ〜", 2023, https://www.meti.go.jp/press/2022/02/20230210002/20230210002_1.pdf (参照2024.04.02)

25   一般社団法人データ社会推進協議会, "「DATA-EX」とは", https://data-society-alliance.org/data-ex/ (参照2024.02.29)

26   一般社団法人データ社会推進協議会, "The International Data Spaces e. V. (IDSA) とのコラボレーション契約締結", 2021, https://data-society-alliance.org/press-release/4592/ (参照2024.02.29)

27   一般社団法人データ社会推進協議会, "Gaia-X European Association for Data and Cloud AISBLと連携協定を締結", 2022, https://data-society-alliance.org/press-release/5632/ (参照2024.02.29)

28   ルール形成委員会, "ルール形成委員会 ホワイトペーパー第1版", 一般社団法人デジタルトラスト協議会, 2021, https://jdtf.or.jp/report/whitepaper/file/JDTF-RMWG%E3%83%9B%E3%83%AF%E3%82%A4%E3%83%88%E3%83%9A%E3%83%BC%E3%83%91%E3%83%BCVer1.0s.pdf (参照2024.02.29)

29   デジタル庁, "DFFT", https://www.digital.go.jp/policies/dfft (参照2024.02.29)

30   一般社団法人デジタルトラスト協議会, https://jdtf.or.jp/ (参照2024.02.29)

31   地方公共団体情報システム機構, https://www.j-lis.go.jp/index.html (参照2024.02.29)

32   NIST Special Publication 800-63-3, "Digital Identity Guidelines", National Institute of Standards and Technology, 2017, https://nvlpubs.nist.gov/nistpubs/SpecialPublications/NIST.SP.800-63-3.pdf (参照2024.02.29)

33   Open Knowledge Foundation, "Open Definition", Open Knowledge Foundation, https://opendefinition.org/ (参照2024.02.29)

34   OPEN DATA HANDBOOK. "オープンデータとは何か?". Open Knowledge Foundation. http://opendatahandbook.org/guide/ja/what-is-open-data/ (参照2024.02.29)

35   クリエイティブ・コモンズ・ジャパン. "クリエイティブ・コモンズ・ライセンスとは". クリエイティブ・コモンズ・ジャパン. https://creativecommons.jp/licenses/ (参照2024.02.29)

36   総務省, "平成24年版情報通信白書", 2012, https://www.soumu.go.jp/johotsusintokei/whitepaper/ja/h24/html/nc114ac0.html (参照2024.02.29)

37   総務省, "平成29年版情報通信白書", 2017, https://www.soumu.go.jp/johotsusintokei/whitepaper/ja/h29/html/nc121100.html (参照2024.02.29)

38   オープンサイエンス基盤研究センター, "オープンサイエンス概要", 国立情報学研究所, https://rcos.nii.ac.jp/document/op019scien

ce/（参照2024.02.29）

39　Data.Gov, https://data.gov/（参照2024.02.29）

40　data.gov.uk, https://www.data.gov.uk/（参照2024.02.29）

41　Smart Santander, https://smartsantander.eu/（参照2024.02.29）

42　Urban Co-creation Data Lab, https://www.urbandatalab.pt/（参照2024.02.29）

43　Harvard Dataverse, https://dataverse.harvard.edu/（参照2024.02.29）

44　Open Science Catalog. "Welcome to the Open Science Catalog". European Space Agency. https://opensciencedata.esa.int/（参照2024.02.29）

45　The CIFAR-10 dataset. http://www.cs.toronto.edu/~kriz/cifar.html（参照2024.02.29）

46　Open Images Dataset V7 and Extensions, https://storage.googleapis.com/openimages/web/index.html（参照2024.02.29）

47　BDD100K: A Large-scale Diverse Driving Video Database, https://bair.berkeley.edu/blog/2018/05/30/bdd/（参照2024.02.29）

48　高度情報通信ネットワーク社会推進戦略本部, "電子行政オープンデータ戦略", IT総合戦略室, 2012, https://warp.ndl.go.jp/info:ndljp/pid/12187388/www.kantei.go.jp/jp/singi/it2/denshigyousei.html（参照2024.02.29）

49　e-Govデータポータル, https://data.e-gov.go.jp/info/ja（参照2024.02.29）

50　ckan, https://ckan.org/（参照2024.02.29）

51　デジタル庁, "生活用データ連携に関する機能等に係る調査研究 調査報告書", 2022, https://www.digital.go.jp/assets/contents/node/basic_page/field_ref_resources/82a1ea56-128f-4cf6-bbd5-9ef6d4b7bafc/22ab734b/20221020_policies_budget_subsidies_01.pdf（参照2024.02.29）

52　FIWARE, "Orion Context Broker", https://fiware-orion.readthedocs.io/en/master/（参照2024.02.29）

53　一般社団法人データ社会推進協議会, "推奨モジュールのソフトウェア概要", https://data-society-alliance.org/data-ex/area-data/module/（参照2024.02.29）

54　デジタル実装の優良事例を支えるサービス／システムのカタログ（第2版）, "ブローカー（非パーソナル）「NGSI v2 FIWARE Orion」", デジタル庁, https://digiden-service-catalog.digital.go.jp/commonbase/7969/（参照2024.02.29）

55　Open Mobile Alliance, "NGSI Context Management", 2012, https://www.openmobilealliance.org/release/NGSI/V1_0-20120529-A/OMA-TS-NGSI_Context_Management-V1_0-20120529-A.pdf（参照2024.02.29）

56　ETSI GS CIM 009 V1.7.1, "Context Information Management (CIM) NGSI-LD API", 2023, https://www.etsi.org/deliver/etsi_gs/CIM/001_099/009/01.07.01_60/gs_cim009v010701p.pdf（参照2024.02.29）

57　産業サーバーセキュリティセンター, "セキュリティ・バイ・デザイン導入指南書", 独立行政法人 情報処理推進機構, 2022, https://www.ipa.go.jp/jinzai/ics/core_human_resource/final_project/2022/ngi93u0000002kef-att/000100451.pdf（参照2024.02.29）

58　デジタルアーキテクチャ・デザインセンター, "企業間取引のデジタル化状況に関する調査", IPA, 2023, https://www.ipa.go.jp/digital/architecture/Individual-link/jod03a0000000pna-att/result_enq_20230130.pdf（参照2024.02.29）

59　第3回 企業間取引将来ビジョン検討会 事務局提出資料, "設計方針", デジタルアーキテクチャ・デザインセンター, 2023, https://www.ipa.go.jp/digital/architecture/Individual-link/ps6vr7000000ob3n-att/b2btransaction_futurevision_doc-appendix1_202302_1.pdf（参照2024.02.29）

60　デジタル庁, "包括的データ戦略", 2021, https://www.digital.go.jp/assets/contents/node/basic_page/field_ref_resources/63d84bdb-0a7d-479b-8cce-565ed146f03b/02063701/policies_data_strategy_outline_02.pdf（参照2024.02.29）

61　デジタル庁, "デジタル田園都市国家構想実現会議（第4回）データ連携基盤の整備について", 2022, https://www.cas.go.jp/jp/seisaku/digital_denen/dai4/siryou8.pdf（参照2024.02.29）

62　データ流通環境整備検討会, "AI, IoT 時代におけるデータ活用ワーキンググループ 中間とりまとめ", 2017, https://warp.ndl.go.jp/info:ndljp/pid/12187388/www.kantei.go.jp/jp/singi/it2/senmon_bunka/data_ryutsuseibi/dai2/siryou2.pdf（参照2024.02.29）

63　Dataswyft Ltd. https://www.dataswyft.io/（参照2024.02.29）

64　CozyCloud, https://cozy.io/en/（参照2024.02.29）

65　Dot to Dot, BIPROGY株式会社. https://biz.dot2dot.life/（参照2024.02.29）

66　パーソナルデータ利活用サービス, TIS株式会社, https://www.tis.jp/service_solution/Personal/（参照2024.02.29）

67　Personium, https://personium.io/ja/（参照2024.02.29）

68　パーソナルデータ連携モジュール, https://github.com/Personal-Data-Linkage-Module（参照2024.02.29）

69　Katie Costello, Sarah Hippold, "Gartner Hype Cycle for Data Management Positions Three Technologies in the Innovation Trigger Phase in 2018", Gartner, 2018, https://www.gartner.com/en/newsroom/press-releases/2018-09-11-gartner-hype-cycle-for-data-management-positions-three-technologies-in-the-innovation-trigger-phase-in-2018（参照2024.02.29）

70　経済産業省, "データ利活用のてびき", 2020, https://www.meti.go.jp/policy/economy/chizai/chiteki/pdf/A4_datatebiki.pdf（参照2024.02.29）

71　経済産業省, "データ利活用のポイント集", 2020, https://www.meti.go.jp/policy/economy/chizai/chiteki/pdf/A4_datapoint.pdf（参照2024.02.29）

72　デジタル庁, "地方公共団体オープンデータ推進ガイドライン", 2021, https://www.digital.go.jp/assets/contents/node/basic_page/field_ref_resources/8f4ecdeb-ff2d-4ebd-b6b7-31a44279f912/20210615_resources_guideline_doc_02.docx（参照2024.02.29）

73　内閣官房 情報通信技術（IT）総合戦略室, "オープンデータをはじめよう～ 地方公共団体のための最初の手引書 ～", 2021, https://www.digital.go.jp/assets/contents/node/basic_page/field_ref_resources/8f4ecdeb-ff2d-4ebd-b6b7-31a44279f912/20210615_resources_data_first_guide_04.pptx（参照2024.02.29）

74　AutoGPT, https://github.com/Significant-Gravitas/AutoGPT（参照2024.02.29）

75　デジタル庁, "自治体標準オープンデータセット（正式版）", https://www.digital.go.jp/resources/open_data/municipal-standard-data-set-test/（参照2024.02.29）

76　Code for Japan, "オープンデータ作成支援ツール（プロトタイプ版）", https://github.com/codeforjapan/OpenDataTools（参照2024.02.29）

77　Brown, Tom, et al, "Language models are few-shot learners.", Advances in neural information processing systems 33, 2020

78　Lewis, Patrick, et al, "Retrieval-augmented generation for knowledge-intensive NLP tasks.", Advances in Neural Information Processing Systems 33, 2020

79　Harnad, Stevan, "The symbol grounding problem.", Physica D: Nonlinear Phenomena 42.1-3, 1990

80　dim, https://github.com/c-3lab/dim（参照2024.02.29）

81　ckanext-feedback, https://github.com/c-3lab/ckanext-feedback（参照2024.02.29）

第3節
我が国のアーキテクチャ政策と ウラノス・エコシステム

北條 真史

1 我が国のアーキテクチャ政策

　近年の情報技術の発展、特に企業活動や産業構造の変革にもつながり得るデジタル技術の登場と普及を見据えて、政府はわが国の目指すべき未来社会の構想「Society 5.0」を提唱し、その実現に向けた取り組みを進めている。Society 5.0は、ICTやIoT等のデジタル技術やそれらを活用したイノベーションを最大限に活性化させ、サイバー空間とフィジカル空間が高度に融合した社会を実現することにより、さまざまな社会課題の解決と経済成長の両立を目指すものである（図表2-2-3-1[1]）。

　Society 5.0の実現に向けた取り組みの一環として、経済産業省の主導の下進められているのがアーキテクチャ政策である。この政策名が示す「アーキテクチャ」とは、いわゆるITシステムの全体構成や構築方針を示すものとは異なり、社会を構成する様々な要素やそれらの関係性を機能の観点で整理したコンセプトを指す。すなわち、ITシステムを構成するソフトウェアやハードウエアのみならず、産業構造や制度、その上で活動する様々なステークホルダーを包含した社会システムのあるべき姿を設計し、産業においてそれを共有することによりSociety 5.0の実現に向けた官民の役割分担を明確にするとともに、投資の重複を排除することで業界横断のデジタルト

ランスフォーメーション（DX）を目指す取り組みである（図表2-2-3-2[2]）。

　アーキテクチャ政策は、経済産業省および関係省庁のほか、独立行政法人情報処理推進機構（IPA）に設置されたデジタルアーキテクチャ・デザインセンター（DADC）および国立研究開発法人新エネルギー・産業技術総合開発機構（NEDO）によって、具体的なプロジェクトを組成して進められている（図表2-2-3-3[3]）。2024年4月現在、「人流・物流」および「商流・金流」の2つの分野におけるDXを先行的な取り組み領域に位置付けており、後述する「ウラノス・エコシステム」の下で具体的な成果の創出も進みつつあるほか、人流・物流DXに関するアーキテクチャ設計の成果等は、「デジタルライフライン全国総合整備計画」において2024年度に実施されるアーリーハーベストプロジェクトの土台としても活用される予定である。

　以下では、ウラノス・エコシステムの全体像や、先行的に進められている具体的なプロジェクトを紹介しながら、アーキテクチャ政策に基づく具体的な成果や今後の展望について述べる。

■図表2-2-3-1　日本政府が提唱するSociety 5.0

Society 1.0	Society 2.0	Society 3.0	Society 4.0
狩猟社会	農耕社会	工業社会	情報社会
Society 5.0			
サイバー空間とフィジカル空間を高度に融合させたシステムにより、経済発展と社会的課題の解決を両立する人間中心の社会			

出典：内閣府「Society 5.0」

■図表2-2-3-2　アーキテクチャの考え方

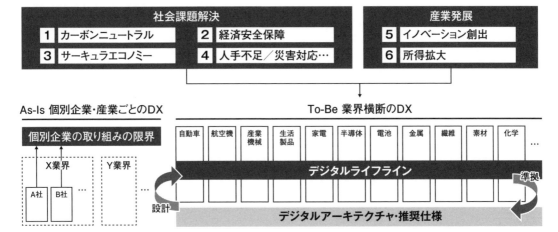

出典：経済産業省「アーキテクチャ政策」

■図表2-2-3-3　産業DXの取り組み領域と個別テーマ

人流・物流のDX	4次元時空間情報基盤	（「3次元空間情報基盤」から改称）多様なデータ形態の空間情報を効率的かつ相互運用的に流通させることで高度な利活用を実現するため、特定の空間領域を識別するための識別子を「空間ID」として定義し、空間IDを通じてデータを連携する基盤を構築する。
	システム全体の安全性確保	様々なシステムが複雑に相互接続した際の課題（事故の予見や原因特定が困難等）に対応するため、システム全体の安全性及び信頼性を確保するデータ連携基盤を構築する。また、複数の関係者が絡むユースケース実証を通じて、新たなガバナンスのあり方を研究する。
	スマートビル基盤	建物の価値を向上し、データドリブンなサービスを創出するため、ビル同士あるいはビルとIoT・AI・ロボットなどの多様なデジタルエージェント等とを連動するビルデータ基盤を構築する。
商流・金流のDX	次世代取引基盤	効率的な取引業務の遂行、取引データを活用した新たなサービス創出を行うため、受発注、請求、決済に関わる一連の企業間取引をデジタル完結可能な取引基盤を構築する。
	サプライチェーンマネジメント基盤	社会課題（カーボンニュートラル等）や経済課題（サプライチェーン断絶等）が複雑化している中、その解決を支えるため、企業間でデータ共有・利活用ができるデータ流通基盤を構築する。

出典：国立研究開発法人新エネルギー・産業技術総合開発機構（NEDO）「産業DXのためのデジタルインフラ整備事業」を基に筆者作成

2 ウラノス・エコシステムの全体像

2023年4月、日本を議長国として開催された主要国首脳会議（G7）群馬高崎デジタル・技術大臣会合に合わせて、経済産業省により「ウラノス・エコシステム」構想が発表された。ウラノス・エコシステムは、『人手不足や災害激甚化、脱炭素への対応といった社会課題を解決しながら、イノベーションを起こして経済成長を実現するため、企業や業界、国境を跨ぐ横断的なデータ共有やシステム連携の仕組みの構築』[4]を進める一連の取り組みを指す。その名称はギリシャ神話に登場する天空神から採られており、『様々なステークホルダが参画し、全体を俯瞰して見たときに最適な形でシステム連携して新たな価値を共に創出していくエコシステム』[5]を目指す意図が込められている。名称の由来や目的の類似性から、「欧州のGaia-X対日本のウラノス・エコシステム」という構図を彷彿とさせるものの、それらは覇権を巡って対抗するというよりも、それぞれの経済圏における最適な形でのデータ連携基盤の実装を目指しつつ、国際的な協調や相互のデータ連携の実現を探っていく関係性にあるという見方が適切であると思われる。

官民連携に基づく迅速な政策展開

ウラノス・エコシステムは、IPA DADCを官民連携の拠点としながら、アーキテクチャ設計からその実装までを一体的に進めていくスキームの下進められている（**図表2-2-3-4**）。その背景には、変化が激しいデジタル時代において、産業界における課題を同定し、政策の設計（法律等の策定）、政策の実施（法律等の適用）、政策効果の確認、というサイクルが有効に機能しない可能性が高まってき

▌図表2-2-3-4　ウラノス・エコシステムの官民連携スキーム

- デジタル技術特有の「想定外」への対応には、官民が一丸となってスピーディーな意思決定と政策推進が不可欠。
- 政府と業界団体の合意形成に基づき、IPA/DADCを官民連携の拠点として、産学官から専門家を結集させて政策の立案（アーキテクチャ設計）から展開（社会実装）までを一気通貫で実施。
- "公益デジタルプラットフォーム（公益DPF）"を通じてアーキテクチャの社会実装を戦略的に加速。

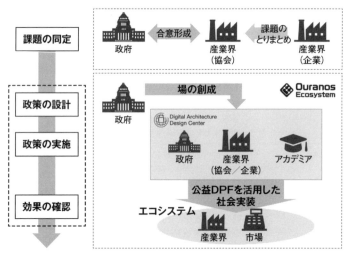

※事前に、競争領域、協調領域が正確に予見できないため、協調領域が機能せず、縦割りになってしまう。公益DPFで一旦競争領域も含むデータを管轄することで、市場変化に追従できるようにする。

出典：経済産業省「ウラノス・エコシステムの取組について」、IPA/DSAデータ未来会議

ているという事情がある。つまり、産業界の特定の課題を解決するための法律や規制を組み立てている途中で、生成AIに代表される新たなデジタル技術の登場等により課題そのものが変化してしまい、それに対応し切れないという課題である。そうしたデジタル時代の課題に対して、ウラノス・エコシステムでは、政策の設計（アーキテクチャ設計）から実施展開（実装）までをDADCを場としたイニシアチブで進めていき、その場を政府が創成する、という官民連携のスキームを採っている。

協調領域と公益デジタルプラットフォーム

ウラノス・エコシステムでは、個別の企業が競争領域に注力してグローバルな競争優位性を確立することを目指して、業界が抱える共通的な課題を解決するために、技術標準や共通サービス、共通ツール等を含む協調領域を中心としたアーキテクチャの設計を行っている。さらに、協調領域に位置付けられるルールやプラットフォーム等の運営を担う、公平性や中立性が担保された公益デジタルプラットフォーム事業者の認定制度も検討されている。こうした協調領域の仕組みを政府と産業界で整えることにより、例えば企業間のデータ連携において、ウラノス・エコシステムに基づく国内の基盤とGaia-X等に基づく国外の基盤との相互運用性の確保にもつながることになる。

ウラノス・エコシステムの下、前述の「人流・物流DX」および「商流・金流DX」の領域において、複数のプロジェクトを組成しながらアーキテクチャ設計や開発・実証が進められている。以下では、それぞれの領域で先行して進められているプロジェクト「4次元時空間情報基盤」と「サプライチェーンデータ

連携基盤」について紹介する。

3 人流・物流DXに関する事例：4次元時空間情報基盤

4次元時空間情報基盤プロジェクトは、現実世界の位置にひも付いたさまざまな情報をデジタル領域で統一的に利用するためのインデックス「空間ID」を定義し、空間に関する多様な情報（地形情報、空域情報、気象情報、人流情報等）を流通させ、複数のユースケースでの共同利用を可能とする「4次元時空間情報基盤」を整備する取り組みである（**図表2-2-3-5**）。本プロジェクトにおける設計・開発・実証等は2024年4月時点で進行中であるが、その途中成果をガイドラインやオープンソースソフトウエアとして公表し、成果を活用した実証実験も計画されるなど、社会実装に向けた進捗が確認できる。なお、2021年度の本プロジェクト開始当初は「3次元空間情報基盤」を実現していくとされていたが、2023年度に名称が変更され、3次元空間に時間軸を加えた、4次元時空間に関する共通基盤の実現を目指す取り組みに進化している。

4次元時空間情報基盤が取り組む課題

本プロジェクトを推進する背景には、例えば自動運転車によるデマンド交通サービス、ドローンを活用した物流、AIを活用した自律稼働ロボットの配備といった、現実世界の活動をデジタル技術により効率化・高度化する取り組みを社会実装するために必須となる、現実世界の空間に関する情報（空間属性情報）のデジタル化における課題認識がある。すなわち、国や自治体、民間企業においてさまざまなプロジェクトが進められる中、自律制御

システムやAI等に現実世界を適切に認識させるための空間属性情報の基準やフォーマットが個別に定義されてしまう場合、異なるサービス・ソリューションの間でのスムーズな空間属性情報の連携ができず、それらサービス等の普及に支障を来す可能性があるということである。

こうした課題認識の下、本プロジェクトでは、わが国の人流・物流DXを支える協調領域として4次元時空間情報基盤のアーキテクチャや技術仕様を定め、これを産業界で広く共通的に利用するためのプラットフォームとして提供することを目指している。

なお、本プロジェクトの2024年2月末時点の取り組み成果は、DADCより「4次元時空間情報基盤アーキテクチャガイドラインγ版[6]」として公表されているほか、4次元時空間情報基盤を実装するためのライブラリやツール群がオープンソースソフトウエアとしてGitHub上で管理・公表されている[7]。また、前者のガイドラインの別添資料として、4次元時空間情報基盤を活用したユースケース実証の事例集も公開されており、ドローン、地下埋設物管理、地図・GIS（地理情報システム）の3つの領域にわたって20を超える事例が収録されている。

▌4次元時空間情報基盤のアーキテクチャ

4次元時空間情報基盤は、地球上の空間領域を柔軟な粒度で一意に識別できる空間IDをインデックスとし、複数の空間情報サービスが提供する様々な空間属性情報を検索、利活用するためのルールと仕組みを設計している（**図表2-2-3-6**）。4次元時空間情報基盤のアーキテクチャに沿って空間情報を流通するためのデジタルインフラを整備することで、空間属性情報の利用者は複数のサービスからデータを取得・統合する作業がデジタル完結で実施でき、空間属性情報の提供者は自らのデータをより多くの利用者に提供できるという、データの利用者と提供者双方にメリットをもたらしながらDXを推進するという好循環を生むことを狙っている。

4次元時空間情報基盤に関する取り組み成

▌図表2-2-3-5　空間に関する情報の利活用イメージ

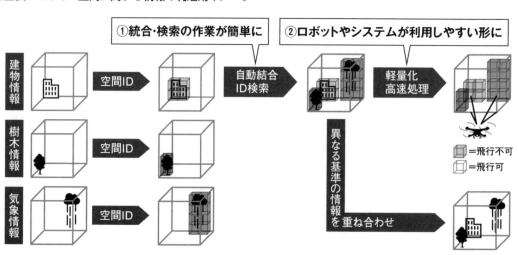

出典：独立行政法人情報処理推進機構「4次元時空間情報基盤アーキテクチャガイドライン γ版」

果は、「デジタルライフライン全国総合整備計画[8]」において2024年度に先行して実施される3つの「アーリーハーベストプロジェクト」―ドローン航路、インフラ管理DX、自動運転支援道―に係るデータ連携基盤の設計と構築で活用されていく予定である[9]。例えばドローン航路プロジェクトでは、さまざまな事業者がドローンを用いた空撮、測量、点検、輸送等を行うに当たり、その航路を画定するために必要な地形、障害物、気象情報、規制等の空間情報やそれに基づく機能等を、4次元時空間情報基盤のアーキテクチャに準拠して実装することを促すことにより、官民が連携した早期の社会実装ならびに投資における重複の排除を目指している。

4 金流・商流DXに関する事例：サプライチェーンデータ連携基盤

サプライチェーンデータ連携基盤プロジェクトは、カーボンニュートラルや資源循環型社会の実現、環境・人権デュー・デリジェンス等の社会的要請への対応に向け、サプライチェーン横断で企業間のデータ流通ができるようにする取り組みである[10]。その目的やアーキテクチャについて、Gaia-X構想等に基づいてデータスペースを構築する欧州の動きといくつかの類似点が見られることから、ウラノス・エコシステムのサプライチェーンデータ連携基盤プロジェクトは、しばしばGaia-XやCatena-X等と対比関係で語られる。

本プロジェクトでは、先行してサプライチェーンデータ連携基盤を構築していく業界およびユースケースを、自動車製造業における蓄電池のトレーサビリティー管理に決定し、2024年以降の早期に運用を開始する想定で構築と実証が進められている。具体的には、各種の電気自動車やハイブリッド車（BEVやPHEV等）に搭載される蓄電池を製造する過程において、製品カーボンフットプリント（CFP, Carbon Footprint of Products）情報や人権・環境に関するデュー・デリジェンス

■図表2-2-3-6　4次元時空間情報基盤の全体像

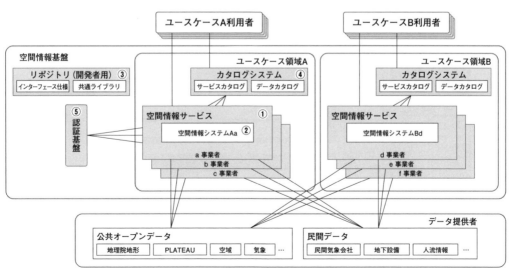

出典：独立行政法人情報処理推進機構「4次元時空間情報基盤アーキテクチャガイドライン γ版」

情報を、サプライチェーン上での企業間の発注・納品関係に基づいて受け渡していくユースケースを中心としている。本ユースケースを進める背景には、欧州理事会で採択、施行された欧州電池規則[11]がある。この規則により、欧州域内で上市される自動車に搭載される蓄電池については2025年にもCFP開示が義務付けられるため、国内の自動車・蓄電池製造サプライチェーンにおいてもCFP情報等を算出・流通させる基盤システムを構築する機運が高まっており、データ連携という抽象的な議論を具体化するために、本プロジェクトの最初のユースケースとして選定されている。

なお、本プロジェクトの2024年4月時点の取り組み成果は、先に紹介した4次元時空間情報基盤プロジェクトと同様に、DADCより「サプライチェーン上のデータ連携の仕組みに関するガイドラインβ版（蓄電池CFP・DD関係）[12]」として公表されているほか、今後、主に協調領域に関するライブラリやツール群がオープンソースソフトウエアとして公表される予定である。

サプライチェーンデータ連携基盤のアーキテクチャ

サプライチェーンデータ連携基盤は、ウラノス・エコシステムにおける協調領域と競争領域の考え方に基づき、企業間のデータ流通やサプライチェーン上でのトレーサビリティーを管理する際に、各社が利用するシステムやアプリケーションが自由に接続できるようにするための「データ連携システム」を中

▌図2-2-3-7　サプライチェーンデータ連携基盤のアーキテクチャ

データ連携基盤のシステムアーキテクチャ（蓄電池・自動車業界）　Ouranos Ecosystem

サプライチェーンデータ連携基盤は、アプリケーション、ユーザ認証システム、データ流通システム、蓄電池のトレーサビリティ管理システムの、それぞれのシステムが疎結合することで、サプライチェーン上のデータ連携を実現するアーキテクチャとする。

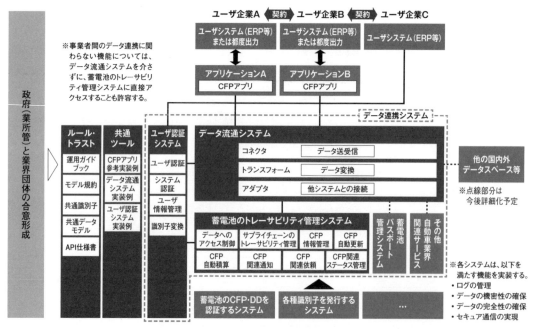

出典：独立行政法人情報処理推進機構「4次元時空間情報基盤アーキテクチャガイドライン γ版」

心とするアーキテクチャを策定している（**図表2-2-3-7**）。データ連携システムは、さまざまな分野のユースケースによらず企業間データ流通の基本機能を提供する「データ流通システム」と、「蓄電池のトレーサビリティ管理システム」のようなユースケースごとに必要となる業界共通機能を配置するシステムとをそれぞれ開発し、疎結合することで実現される。

データ連携システムの構築に当たっては、欧州データスペースの設計思想、具体的には、各社のシステム間でデータを受け渡す「コネクタ」[13]の考え方も踏まえつつ、各社のシステムやアプリケーションが統一的な手順でデータの送受信を行うための、識別子体系を含む各種データモデルやAPI仕様の設計を行っている（**図表2-2-3-8**）。こうしたルールと仕組みを、対象とするデータに対して共通的に備えることで、各社にとって他社への開示が望ましくない機密データは自社システムやアプリケーションで保持しつつ、自社製品のCFP算出結果など、企業間で受け渡す必要があるデータについてのみ必要な相手に共有できるようになるとともに、結果として、各社のデータ主権を確保するという狙いがある。

データ主権を確保しながら企業間データ流通を実現していく仕組みは、欧州データスペース、特に業界やユースケースが蓄電池のトレーサビリティー管理と類似したCatena-Xと近しい考え方とも言える。その一方で、本プロジェクトのサプライチェーンデータ連携基盤では、規制対応に向けたコスト低減や中小企業等の利便性確保にも考慮したデータ管理を可能としていることが特徴として挙げられる。具体的には、企業間の取引関係の情報や規制対応のために集約すべき証跡等のデータ、IT環境整備が不十分でサプライチェーン上の各社と直接のシステム連携が困難な企

▌図表2-2-3-8 サプライチェーンデータ連携基盤の主なポイント

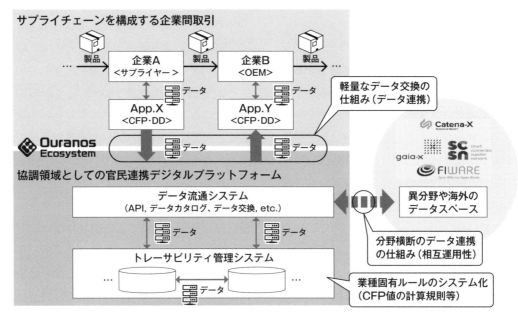

出典：独立行政法人情報処理推進機構「サプライチェーン上のデータ連携の仕組みに関するガイドラインβ版（蓄電池CFP・DD関係）」

業のデータ等については、データ連携システム（蓄電池のトレーサビリティー管理システム等）を介することで簡易に交換可能になるアーキテクチャとしており、こうした設計が業界全体でのプラットフォームの早期実現に貢献している。

▌国内外のデータスペース等との連携

本プロジェクトでは、まずは国内企業を中心とした企業間データ流通の仕組みの構築を目指しつつ、並行して、ユースケース等が類似する国外等のデータ連携基盤、例えばCatena-X等とのデータ交換についても検討が進められている。例えば、国外企業と取引がある国内のサプライヤー企業は、自社製品のCFPの算出をするに当たりCatena-Xの仕組みを通じたデータ共有が必要になる可能性があり、そうした企業にとっては、ウラノス・エコシステム（サプライチェーンデータ連携基盤）とCatena-Xの双方に対応するのではなく、普段接続しているウラノス・エコシステムを介してCatena-X側にもデータを共有できることが望ましい。

アーキテクチャ設計上では、データ流通システムに、国内企業がデータを流通させる際に用いるインターフェースを実装するとともに、外部のデータスペースとのデータ交換を担うインターフェースも併せて設け、データモデルや識別子体系、データ主権確保に関するポリシー等の内外の差分を吸収しながら相互のデータ交換を行う仕組みを実現する方針とされている。

本稿執筆時点では、国内外共に、自領域でのデータ連携基盤・データスペースの立ち上げが優先課題として取り組まれているが、複数の基盤が立ち上がるにつれ、その間での相互運用性の確保という課題も急速に顕在化してくる可能性がある。2019年に日本が提唱しG20各国を中心に支持を集めている「信頼性のある自由なデータ流通（DFFT, Data Free Flow with Trust）[14]」は、まさにこうした課題を見据えて掲げられたコンセプトであり、その実現に向けた具体的な活動[15]にも注目していく必要がある。

5 展望

本稿では、政府が進めるアーキテクチャ政策の全体像や、具体的なプロジェクトを組成して取り組まれている、ウラノス・エコシステムやデジタルライフライン全国総合整備計画について紹介した。こうした取り組みの中では、政府が官民連携の場を提供し、そこにユーザー企業や情報サービス事業者等が参画しながら、共通的な情報基盤やデータモデル、データ流通に関する仕組みや各社システム要件等の策定が進められている。

多くの読者が携わっているであろう情報サービス事業を営む企業としては、こうした「協調領域」の取り組みを意識した上で、競争領域でのイノベーション創出を目指していくことが重要となる。裏を返せば、1から10まで自社の取り組みで垂直的に作り込むのではなく、例えば1から3は国内や産業界単位での共通的な仕組みにのっとり、4から10の領域での創意工夫に一層注力するといった戦略が重要となる。政府が進めるアーキテクチャ政策には、長らく続いてきた縦割り型の産業構造の中で、本来であれば各社が共通的に使える土台とした方が効率的な領域までも競争的に個別の仕様で構築してきた歴史に対して、協調と競争の好循環を生むエコシステムの発

想で次のステップに進めていくべきという示唆が含まれるのではないかと、筆者は考えている。

ウラノス・エコシステムやデジタルライフライン全国総合整備計画の具体的なプロジェクトは、2024年4月時点ではいずれも進行中であり、各種のアーキテクチャ設計は今後もアップデートされていくことが見込まれる。議論や実証、社会実装の進捗は、情報ソースとしてはやや散在しているものの、各種の検討会の模様やガイドライン文書、オープンソースソフトウエアの公開等を通じて発信されているほか、検討会の模様がオンラインでリアルタイム配信される場面も増えている。本稿で示したような産業領域でのデジタル化に関わる活動をしている各社においては、それらの進捗に注目しながら、エコシステムに接続可能なサービス・ソリューションの検討を進めていくのもよいと考えられる。また、開かれた議論や実証に参画し、協調領域にあるべき機能やルールを多面的に検証する活動を通じて、自社の競争力強化にもつなげられる可能性がある。

注釈

1 内閣府「Society 5.0」https://www8.cao.go.jp/cstp/society5_0/
2 経済産業省「アーキテクチャ政策」https://www.meti.go.jp/policy/mono_info_service/digital_architecture/index.html
3 国立研究開発法人新エネルギー・産業技術総合開発機構（NEDO）「産業DXのためのデジタルインフラ整備事業」https://www.nedo.go.jp/activities/ZZJP_100218.html
4 経済産業省「Ouranos Ecosystem（ウラノス・エコシステム）」https://www.meti.go.jp/policy/mono_info_service/digital_architecture/ouranos.html
5 経済産業省「我が国のデータ連携に関する取組をOuranos Ecosystem（ウラノス エコシステム）と命名しました」https://www.meti.go.jp/press/2023/04/20230429002/20230429002.html
6 独立行政法人情報処理推進機構「4次元時空間情報基盤 ガイドライン」https://www.ipa.go.jp/digital/architecture/guidelines/4dspatio-temporal-guideline.html
7 Ouranos Ecosystem（ウラノス・エコシステム）4次元時空間情報基盤関連リポジトリhttps://github.com/ouranos-gex
8 経済産業省「デジタルライフライン全国総合整備計画の概要」https://www.meti.go.jp/policy/mono_info_service/digital_architecture/lifeline.html
9 国立研究開発法人新エネルギー・産業技術総合開発機構（NEDO）「「産業DXのためのデジタルインフラ整備事業」基本計画」https://www.nedo.go.jp/content/100947086.pdf
10 Gaia-XやCatena-Xやコネクタ技術、欧州電池規則については、本書"2-2-2 データエコシステムとデータプラットフォーム 2 データエコシステムのトレンド"も併せて参照されたい。
11 EUR-Lex（EU法データベース）「Batteries Regulation」https://eur-lex.europa.eu/eli/reg/2023/1542/oj
12 独立行政法人情報処理推進機構「サプライチェーン上のデータ連携の仕組みに関するガイドライン（蓄電池CFP・DD関係）」https://www.ipa.go.jp/digital/architecture/guidelines/scdata-guidline.html
13 International Data Spaces Association「Data Connector Report」https://internationaldataspaces.org/data-connector-report/
14 デジタル庁「DFFT」https://www.digital.go.jp/policies/dfft
15 デジタル庁「Institutional Arrangement for Partnership (IAP)」https://www.digital.go.jp/en/dfft-iap-en

第4節

DX時代のセキュリティ

木谷 浩、井上 克至、村井 武、中村 真一、坪井 正広、中村 典孝、矢儀 真也、溝尾 元洋

1 概況

脅かされるグローバル秩序とITセキュリティへの影響

1）武力による現状変更、能動的サイバー防御

ウクライナ侵攻、パレスチナ紛争の例を出すまでもなく、武力攻撃とサイバー攻撃は切り離せるものではなくなった。武力攻撃の以前に、圧力を高める狙い等で他国の重要インフラを含むITシステムへサイバー攻撃を仕掛けることには、それなりの効果がある。また東アジアにおいては、北朝鮮は外貨収入の半分を違法なサイバー攻撃（主に暗号通貨窃取）で獲得、核・ミサイル開発資金の約40%がこれによると国連組織の報告で言及されている[1]ほか、世界トップレベルのサイバー攻撃能力を持つとされている中国はGDPの伸びを上回るペースで国防予算を増やしており[2]、周辺国では警戒感が高まっている。これらを踏まえ、日本においては2022年12月に閣議決定された防衛3文書で、能動的サイバー防御の導入が明記された[3]。

いわゆるゼロデイ脆弱性の存在等を考慮すると、これまでの受動的サイバー防御だけでは限界があることは明らかであり、攻撃者のサーバーなど攻撃インフラに対しこれを無害化するような行動によって被害の未然防止を図ることはもはや避けて通れない。しかし、国際法を踏まえた上での国内法の整備が必要であることも明らかであり、産業界への影響もすくなからずあることから今後の動向に注視すべきであるといえる。さらに、能登半島地震の際にSNS上で大量の偽情報が拡散され混乱を招いたが、これらの多くが海外から発信されたとされている[4]。人々の不安をあおり救助活動の妨げになり得ることから対策が求められているが、国内法のみでどこまで対応できるのか。偽情報の拡散は例えば選挙において影響を与える恐れもあり、他国からの干渉にもなり得る等の点から国際的な対策が喫緊の課題だろう。

国際連携、AJCCBCへのCYDER演習等の提供

このような状況に鑑み、国際間での協力は今後も積極的に行われることになると思われる。例えばNICT（国立研究開発法人情報通信研究機構）は実践的サイバー防御演習（CYDER）を日ASEANサイバーセキュリティ能力構築センター（AJCCBC）に提供しており[5]、経済産業省は米国土安全保障省とサイバーセキュリティに関する協力覚書を締結している[6]。警察庁においてはLockbitランサムウエアグループに対する国際的共同捜査において回復ソフトウエアを提供した例[7]がある。

国連サイバー犯罪条約

サイバー犯罪に対して国際的協力が求められる中、ロシアらによって提案され国連で議論中のサイバー犯罪条約草案（「犯罪目的での情報通信技術の使用に対抗する：Countering the use of information and communications technologies for criminal purposes」）[8]については、サイバー犯罪の定義や監視・証拠保全に関する規定が広範すぎ、権威主義的国家による弾圧につながりかねないことや、サイバーセキュリティ研究者やエシカルハッカーが保護されないなど人権が損なわれる恐れもあるなどとしてGoogle、マイクロソフトや人権団体等が懸念を表明している[9, 10]。サイバー犯罪の抑止は重要な問題であるが、慎重に取り扱わねばならない側面もあり、難しい問題であることに留意しつつ前進していかねばならないといえる。

2）AIの安全性

2022年後半、誰でもプログラム作成なしで利用できるChatGPT[11]などのAIが相次いで公開され、わずか2年足らずでWindows 11標準機能[12]にも盛り込まれ、「日常的な言葉で指示できる」メリットを感じている人も増えてきているだろう。チャットや画像生成にとどまらずオフィスアプリ連動[13]で業務を自動化・効率化したり、財務管理[14]において推奨事項を提示させるなどビジネス活用にも浸透しつつある。ここでは生成AIを含むAI全般の安全性について各国ルールの状況、技術的な側面を交えて現状を見ていく。

米国

AIの開発と使用を安全かつ責任を持って管理しなければ、偽情報や詐欺、差別や安全保障などへのリスクが懸念されるとして、米国で2023年10月「人工知能の安全・安心・信頼できる開発と利用に関する大統領令[15]」が発令され、その3カ月後には実施担当者と具体的な対策を整理、さらに米政府のAI活用状況なども含めてai.gov[16]サイトにまとめている。対策を大きく3つの観点で整理してみると、①学習データ：トレーニングでのプライバシー保護、②利用者（の正しい利用）：福利厚生での差別対処や刑事司法制度における公平性、AI普及による労働者雇用への影響（職場監視、不当な評価）を軽減、③開発者：安全・信頼・セキュリティを確保する標準やツールの開発、安全性テスト実施と商務省への結果共有、AIが生成したコンテンツの検出手法、脆弱性を発見するAIツール開発といった項目が挙げられており、関連するガイドラインやツールを整備するとしている。制限するばかりでなく、AI専門家教育や教育者への資金提供、医薬品開発など医療分野でのAI利用促進といったイノベーションにも言及している。また、日本を含む同盟国と協力していくとする一方、米国クラウド上で海外の強力なAIモデルをトレーニングする場合は米政府に報告しなければならないといったものも含まれている。

欧州

欧州では、AIの急速な技術開発が安全性やEU基本的権利（人権など）に関する既存の法律の効果的な施行を妨げる恐れがあるとして、利益とリスクの両方に対応できる「AI法[17]」の整備を進めている。具体的な禁止事項として、個人の支払い能力などの信頼性をスコア化したり、人の弱みや脆弱性を探したりするようなAI利用を挙げており、これらは「あ

るべき原則」に従った 4 段階リスクの最上位に分類されている。さらに GPT-4[18] など汎用 AI モデルはさまざまな場面で利用でき、その影響範囲が広いため、一定の計算量（10の25乗FLOP）以上でトレーニングしたものは、そのプロバイダーにリスク評価やインシデント報告、サイバーセキュリティ対策などが義務付けられる。2023 年 3 月の本会議で採択[19]され、発効後 2 年で完全適用、GDPR などと同様に日本への影響も少なからずあると思われる。国連総会においても AI が平和や人権を損なうことがないよう、安全・安心・信頼できる AI システムを促進する決議を採択[20]している。

日本国内

　AI システムは仕組みや再現性など説明が困難な部分もあり、製品の品質保証も難しい。AI プロダクト品質保証コンソーシアムが 2024 年 1 月に公開した「AI プロダクト品質保証ガイドライン[21]」では、①学習データの質と量、②モデルの正答率や再現性、③プログラムとしての一般的な品質、④開発者が開発環境や手法に納得しているか、⑤ユーザーの期待と AI が実現できることのギャップ、の 5 つの観点で品質を担保する手法を提案している。AI の結果を基に連動するシステムに対する攻撃手法も実証[22]されており、AI 本体だけでなく周辺システム全体の安全を考慮すべきだ。

　次にガイドライン等の整備についてであるが、内閣府をはじめとする省庁・機関により 2024 年 2 月「AI セーフティ・インスティテュート[23]」が設立され、AI の安全性に関する評価手法や基準の検討・推進、国際連携に取り組むとしている。

　また、経済産業省と総務省はこれまで公表

してきた開発、利活用、ガバナンスに関する 3 つの AI ガイドラインを統合・アップデートした「AI 事業者ガイドライン（第 1.0 版）[24]」を取りまとめ、今後も民間企業や教育・研究機関および一般消費者も交えて議論しながら、社会や環境の変化に合わせた見直しを続けるとしている。この中で「共通の指針」が 10 項目あり、②安全性（生命・財産や環境への配慮）、⑤セキュリティ確保（不正操作による意図しない振る舞いを防ぐ）が含まれている。「共通の指針」に、AI の開発者、提供者、利用者それぞれの主体ごとに重要となる事項を加えた形で簡潔に整理されたものであるが、同ガイドラインへの意見募集結果を見ると「もっと具体的な記述が必要」との声も多く見られる。これからどのように肉付けされていくか期待が高まる。

　このような状況において今後も AI を安定して活用していくためには、①国際的な動向：本項で触れた米国や欧州のルール規制などのほか、ChatGPT を禁止し独自 AI の研究を進めている中国[25]の状況、②安全性の基準や考え方：あるべき論と技術論双方のアプローチが進んでいる状況が今度どうなるか、③国内のガイドライン動向、の 3 つの観点で幅広く注視していく必要があるだろう。

3) 日本政府の取組み
国内の半導体製造を強化

　DX の広がりや生成 AI の普及に伴い、大量の計算機処理が必要となってきた。国際情勢やコロナ禍の影響で半導体確保の重要性が高まる中、気候変動に対応するためのカーボンニュートラル実現も優先すべき取り組みになっており、計算量増大と消費電力削減を同

時に進めることが求められている。国内においては、社会のデジタル化に伴って増加しているOSライセンス料やクラウドサービス費といった海外からの輸入超過は「デジタル赤字」と言われ、解消すべき課題となっている。そこで政府は、全ての産業の根幹である半導体・デジタル産業基盤を整備確保することで日本の競争力を強化しようとしている。2023年度補正予算[26]では、半導体関係（既存基金残金含む）に1兆9,867億円を投じ、省エネに優れた次世代半導体の研究開発、国内生産拠点の整備による安定供給、さらに経済安全保障の観点で半導体製造装置・部素材・原料の製造能力強化によるサプライチェーン強靱化を図り、2030年国内半導体生産企業の合計売上高15兆円超を目指す（2020年は約5兆円）。加えて海外に先行されている生成AIモデル開発や、デジタル化社会に不可欠な蓄電池とその部素材設備にも予算を確保して、国際競争力を高めていくとしている。

グローバルなデータ流通への挑戦

　デジタル社会において価値のある「データ」は通貨と同じように扱われ、世の中に広く隅々まで平等に行き渡ることが経済成長や豊かな暮らしにつながるのではないだろうか。コロナ禍において、医療情報や個人データの連携・利活用の重要性を感じた人もいるだろう。日本が国際社会に提唱した「信頼のある自由なデータ流通（DFFT, 2019年）[27]」は、セキュリティ、プライバシー、著作権等を保護しつつ、国を越えた自由なデータ流通により生産性の向上やイノベーションを進めていこうとする概念で、2023年G7広島サミット[28]においても実現に向けた議論を継続している。

　実現を困難にしている課題は大きく①国に

よっては個人情報などを国外へ流通させることを制限している点、②個人や企業、行政機関などデータ保有者の立場によって流通リスクの考え方が異なる点、③パンデミック対応等において政府による医療・民間データのアクセスを実現するための信頼性の確保、が挙げられている。海外との自由なデータ流通が実現すると、さまざまな機器やセンサーから集められたデータをはじめ、医療、食料、教育などの有益なデータが国境を越えることで、国際社会共通の課題を解決し、地域格差を減少させ、社会を豊かにできることが期待される。特にAI分野では豊富な学習データが役立つことになるだろう。

　経済産業省は、データ流通が実現したときの実用性に注目して課題を解決しようと検討[29]を進めている。またJISA技術委員会ではデータ流通部会[30]を立ち上げ、業界全体でデータ流通を加速させビジネス創出につなげるための議論を始めている。

デジタル・現実の両方で使える個人証明

　総務省によるとマイナンバーカード保有率は73.7％[31]となり、転居届などの行政サービスやe-Taxへのログインだけでなく健康保険証や運転免許証との一体化も進められている。マイナンバー制度が始まった2015年当初は悪用リスクや罰則が目立ってしまい、カードを発行しても大事に保管しておかなければならないと考える人も多かったのではないだろうか。マイナ保険証に切り替えると、過去の健康・医療データを基に適切な薬剤処方ができるほか、震災のときカードを持参しなくても本人同意があれば避難先で薬を処方できる「災害時モード[32]」もあり、実際に活用されている。厚生労働省ではマイナンバーカード

を持ち歩いても個人番号を書き留めたり暗証番号を教えたりしなければ安全[33]であるとし、従来型の保険証が廃止となる2024年12月2日までに手続きするよう促している。また運転免許証とマイナンバーカードの一体化についても2024年度中の運用開始を目指しており、免許更新時講習で優良運転者はオンライン受講が可能[34]となる。

さらにデジタル庁は「デジタル認証・署名アプリ[35]」を2024年度中リリースに向けて検討している。従来はサービスやデバイスごとに個別開発が必要であったが、この共通アプリを使うとスマートフォンから公的個人認証を行い、サービス事業者のサーバーと連携することでECサイトやオンライン予約などでの本人確認機能が組み込みやすくなるという。マイナンバーカードの民間利用促進のために事実上無償となるよう検討されており、併せて必要な法改正[36]も進められている。国が個人を証明するこのような仕組みを活用することで、デジタル社会においても現実社会と同等あるいはそれ以上（紙の保険証を目視確認する場合との比較）の信頼を得ることができるようになるだろう。単に不正ログインやなりすまし対策としてだけでなく、デジタル社会では実現が難しかったサービスや現実社会と連動したサービスの登場にも期待したい。

なおマイナンバーカードにはカード自体の有効期限10年とは別に、カード内電子証明書にも有効期限5年があるため、有効期限通知書（2〜3カ月前）が届いたら市区町村窓口で更新[37]することを忘れないよう注意したい。

2026年には次期カードが検討[38]されており、券面デザインを見直して性別記載をなくし、電子証明書の有効期限を10年に延長してさらに暗号強度も高めるという。このように、

デジタル社会と実社会で共通の個人証明が安全に普及することでさらに便利になることを期待しつつ、一方でさまざまなサービスで使われた認証状況から特定個人の振る舞いが集約・識別されてしまうような新たなセキュリティリスクにならないよう注視したい。

4）法令・ガイドライン等

企業や組織は、サイバー攻撃による経済的損失、ブランドイメージの毀損、顧客データの漏えいといったリスクに常にさらされており、このような背景から、国や業界団体は、法令やガイドラインの策定、整備、更新を通じて、組織が適切な対策を講じるための指針を提供している。

その中で、組織は、サイバーセキュリティを単なる技術問題ではなく、経営戦略の一部として捉える必要がある。経営層は、リスク管理プロセスを主導し、セキュリティ対策への投資、社内文化の醸成、教育と訓練の実施など、包括的なセキュリティ体制の構築を担う責任がある。適切なガイドラインと法令の順守は、これらのリスクを軽減し、持続可能なビジネスの成長を支える基盤となる。以下、主だった法令やガイドラインを紹介する。

● NISC サイバーセキュリティ関連法令QAハンドブック2.0

サイバーセキュリティに関連する法律や規制についての質問と回答を集めたものであり、ビジネスや組織がサイバーセキュリティ法令の要件を理解し、適切に対応するための指針が紹介されている。また、サイバーセキュリティ関連法令の理解を深めることで、法的リスクを回避し、情報セキュリティの管理体制の強化を図るのに役立つ。

- 経済産業省 サイバーセキュリティ経営ガイドライン Ver.3.0 実践のためのプラクティス集 第4版

経営層がサイバーセキュリティ対策をビジネス戦略の一部として組み込むための具体的なアドバイスとプラクティスが提供されている。このガイドラインでは、経営者がサイバー攻撃から企業を守るために認識すべき「3原則」と、情報セキュリティ対策の実施責任者に指示すべき「重要10項目」をまとめている。主に、重要な情報資産の保護、インシデント対応計画の策定、リスク管理プロセスの統合など、サイバーセキュリティ経営の実践に必要なキーポイントを網羅し、ＤＸ推進をセキュリティ確保の観点からの仕組み作りや、「情報の共有・公表ガイダンス」を参考にしたCSIRTと社内外関係者との連携推進等を紹介している。

- IPA 中小企業の情報セキュリティ対策ガイドライン v3.1

中小企業向けに特化したこのガイドラインは、リソースが限られている環境下での情報セキュリティ対策の実践方法を説明している。効果的なセキュリティポリシーの策定、従業員への教育訓練、物理的および技術的対策の実装など、基本から応用まで幅広くカバーしている点が特徴だ。

- PCI DSS 4.0、クレジットカード・セキュリティガイドライン v4 (EMV 3DS)

Payment Card Industry Data Security Standard (PCI DSS) は、クレジットカード情報のセキュリティを保護するための国際的な基準である。バージョン4.0では、最新の脅威に対応するための要件を更新し、マルウ

エア対策に関する役割と責任の文書化、データ保護の強化、認証とアクセス制御における多要素認証（MFA）等が求められている。また、原則、全てのEC加盟店に、2025年3月末までにEMV3-Dセキュアの導入等のセキュリティ対策を求めている。

- 総務省 メタバースセキュリティガイドライン（第2版）

メタバースとそのコンポーネントのセキュリティに焦点を当てたこのガイドラインは、バーチャル空間における個人情報の保護、データのセキュリティ、ユーザー間の安全なやりとりを保証するための対策を説明している。ユーザー体験を損なうことなく、セキュリティとプライバシーを確保するためのバランスの取り方を説明している。

- 自工会サイバーセキュリティガイドライン v2.1

自動車産業向けに特化したこのガイドラインは、車載システムのセキュリティに関するものである。車両とその周辺のインフラストラクチャーをサイバー攻撃から保護するための実践的なアプローチを説き、自動車製造業者やサプライヤーが直面する特有のセキュリティ課題への対策を提示している。具体的には車載通信システムのセキュリティ強化、脅威検知システムの導入、事故後のインシデント対応計画などが含まれている。

- EUデジタル市場法

この法律は、デジタルサービス提供者とオンラインプラットフォームがEU域内で順守すべきルールと義務を定めている。消費者の権利保護、公正な競争の促進、デジタル市

場における透明性の向上を目的とし、特に大手テック企業に対する規制を強化している。データの流通とアクセスに関する新たな枠組みの提供、不正行為への対応策、ユーザーの権利強化などが主要な内容となっている。

これらのガイドラインや法律は、サイバーセキュリティとデジタル化が進む現代社会において、組織や個人が直面するリスクに対処し、安全なデジタル環境を構築するための重要な枠組みが提供されており、経営者からエンドユーザーまで、全てのステークホルダーがこれらのガイドラインと法律の理解を深め、適切に対応することが求められている。

2　脅威

サイバー攻撃および脆弱性概況

DX化が加速しデジタル活用が企業活動に必須となる中、国内のサイバー攻撃については、引き続きランサムウエアによる被害を中心に企業規模、業種を問わず被害発生が継続している。

警察庁がまとめている「令和5年におけるサイバー空間をめぐる脅威の情勢等について」[39]によると2023年は、行政機関、学術研究機関等において情報窃取を企図したとみられる不正アクセス等が多数発生したほか、インターネットバンキングに係る不正送金被害が発生件数、被害総額ともに過去最多を記録、ランサムウエア被害の件数も高水準で推移するとともに、データを暗号化することなくデータを窃取し対価を要求する手口（「ノーウエアランサム」＝後述）による被害が新たに30件確認されるなど、サイバー空間を巡る脅威については、極めて深刻な情勢が続いている。

重要インフラ等に影響及ぼした攻撃

国内でも見られるようになってきた事例として、重要インフラ等の機能に障害を発生させ、社会経済活動に影響を及ぼすサイバー攻撃も発生している。2023年7月には名古屋港運協会が、名古屋港のコンテナターミナルにおけるコンテナの船積み・船卸しや搬出入の作業等を一元的に管理するシステムがランサムウエアに感染し、同システムのサーバーのデータが暗号化され、システム障害が発生したと発表した。これにより、同ターミナルにおけるコンテナの搬出入等が約3日間停止し、物流に大きな影響が生じた。ランサムウエアによるシステム障害としては比較的短期な3日間で業務復旧したものの、本事案を受け国土交通省は有識者を含めた「コンテナターミナルにおける情報セキュリティ対策等検討委員会」を設置。安全で安定的な物流サービスの維持・提供に資することを目的として、コンテナターミナルの運営に関する基幹的な情報システムに必要な情報セキュリティ対策、サイバーセキュリティ政策および経済安全保障政策における港湾の位置付け等の整理・検討が行われた。その結果、経済安全保障推進法に基づく重要な設備を導入する際に国の事前審査の対象となる基幹インフラ（社会基盤）に、「港湾運送」を追加する方針を固めた。基幹インフラへの対策強化も引き続き求められる状況は続くと予想される。

国家を背景としたグループによる攻撃

2023年9月に警察庁・内閣サイバーセキュリティセンター（NISC）が、「中国を背景とするサイバー攻撃グループBlackTechによるサイバー攻撃について」を発表し注意喚起した[40]。BlackTechは、2010年ごろから日本を

含む東アジアと米国の政府、産業、技術、メディア、エレクトロニクスおよび電気通信分野を標的とし、情報窃取を目的としたサイバー攻撃を行っていることが確認されている。本注意喚起ではBlackTechによるサイバー攻撃の手口が公表され、標的となる組織や事業者に脅威の認識、適切なセキュリティ対策を講じる必要があることが示されている。具体的には、初期侵入、海外子会社からの侵入、ルーターの侵害手口などに関する具体的な侵入方法についての説明およびそれらに対する対処例で構成されている。

また2023年5月には警察庁・内閣サイバーセキュリティセンター（NISC）の連名で2022年に政府機関のウェブサイトなどが一時的に閲覧できなくなったサイバー攻撃について、海外を発信元に大量のデータを送り付ける「DDoS攻撃」だったとする分析結果を公表している[41]。捜査途中での公表は異例で、民間事業者にも対策を呼び掛け、被害の防止につなげたいとしている。

2022年11月にも警察庁・内閣サイバーセキュリティセンター（NISC）から「学術関係者・シンクタンク研究員等を標的としたサイバー攻撃について」注意喚起が出され[42]、国家を背景としたサイバー攻撃グループなどの脅威の認識、対策の必要性が重要な状況が続いている。

インターネットバンキングに係る不正送金事犯による被害の急増

2023年1月から9月までのクレジットカード不正利用被害額は、同期比で過去最多（401.9億円）となった。同年のインターネットバンキングに係る不正送金被害についても発生件数、被害総額ともに過去最多（5578件、約87.3億円）となった。2023年12月に金融庁と警察庁はフィッシングとみられる手口によってネットバンキングのIDとパスワードが盗まれ、預金を不正に送金される被害が広がっているとして連名で「フィッシングによるものとみられるインターネットバンキングに係る不正送金被害の急増について（注意喚起）」を行った[43]。2022年8月下旬から9月にかけて被害が急増して以来、落ち着きを見せていたが、2023年2月以降、再度被害が急増しており、2023年12月時点で、被害件数、被害額がいずれも過去最多を更新している状況が背景としてある。

また2023年におけるフィッシング報告件数は、フィッシング対策協議会によれば、119万6390件（前年比で22万7558件増加）であり過去最多となった。フィッシングで多くを占めたのは、クレジットカード事業者、EC事業者をかたるものとなっている。

警察、金融庁、各事業者それぞれにフィッシング対策などへの取り組みは進んでいるものの、被害が減らない。この現状を踏まえて、金融庁、一般社団法人全国銀行協会および一般財団法人日本サイバー犯罪対策センター（JC3）が連携し、国民に対し「不正送金被害にあわないために［一斉注意喚起］」が発表され、メールやSMSに記載されたリンクからアクセスしたサイトにIDおよびワンタイムパスワード・乱数表等のパスワードを入力しないよう注意喚起が行われている。当面は個人としても脅威の認識や対策が必要な状況となっている。

ノーウエアランサムによる被害

ノーウエアランサムとは、データの暗号化を行わず、データを盗み出し、それを公開し

ないことと引き換えに身代金を要求する手口である。ランサムウエアによる暗号化を行わないことから、ノーウエアランサムと呼ばれている。2023年9月に警察庁から発表された「令和5年上半期におけるサイバー空間をめぐる脅威の情勢等について」[44]において、データを暗号化する（ランサムウエアを用いる）ことなくデータを窃取し対価を要求する手口として「ノーウエアランサム」が説明されており、国内での被害が6件確認されたことが報告された。その後、2024年3月に同じく警察庁から発表された「令和5年におけるサイバー空間をめぐる脅威の情勢等について」においてはその件数が30件と報告されており、下半期だけで24件と上半期に比べる4倍増加し被害が拡大している実態が明らかとなった。従来のランサムウエア攻撃は、ランサムウエアによりデータを暗号化し、復号化と引き換えに身代金を要求する手法や、窃取したデータを公開しないことと引き換えに、追加で身代金を要求する「二重恐喝（ダブルエクストーション）」が一般的であったが、ノーウエアランサムでは、ランサムウエアを用いたデータの暗号化・窃取は行わずに、何からの手法で企業側から窃取した個人情報、内部情報などのデータを公開するという脅迫を行い、身代金を狙う点が異なる。ランサムウエア対策としてバックアップ・リカバリの仕組み導入が企業に広がったことで、暗号化による効果が低くなったこと、攻撃側としては手間が掛かり防御側に検知の機会を与えてしまう暗号化より、データ窃取による手法が効率的である点などが広がりの背景として考えられる。防御側としてはバックアップ・リカバリの対策に加えて、多層防御の徹底など従来から有効とされている対策を確実に導入し、運用し続

けていく必要がある。

ランサムウエアによる被害はIPA発表の「情報セキュリティ10大脅威 2023」[45]の組織編においても4年連続1位になるなど被害が減少する傾向にはなく、サプライチェーン全体でのリスク管理、インシデントの早期検知、バックアップも含めたインシデント発生時の適切な対処・回復への取組が継続して求められる。

サポート詐欺被害の急増

昨年から被害が大きく増加しているものとしてサポート詐欺被害がある。IPAの「情報セキュリティ10大脅威 2024」の個人編でも「偽警告によるインターネット詐欺」として、2020年より5年連続選出されている。本手法はインターネット閲覧中にウイルス感染やシステム破損に関する偽の警告画面（偽警告）を表示させ、被害者にその内容を信じさせ、最終的に不要なソフトウエアのインストールやサポート契約を結ばせ、修復費用等として金銭をだまし取る手口である。

IPA 安心相談窓口によると、偽のセキュリティ警告に関する相談件数が2023年は4145件となり、2022年の2365件と比較して約1.75倍と大きく増加している。個人の被害だけでなく、企業での被害も発生しており手口に関する周知など従業員教育なども求められる状況となっている。IPAはこのような状況を踏まえて、2023年11月にサポート詐欺で表示される「偽セキュリティ警告画面の閉じ方」[46]を公開している。

脆弱性の概況

米国NVD脆弱性データベースを見ると、2023年に新たに発見された脆弱性は2万8829

件（一日当たり78件）、前年比15％増であった。自社のセキュリティへの取り組みをアピールする目的で自ら発見した自社製品の脆弱性を積極的に報告するケースも考えられるため、必ずしも件数増加を悲観的に捉える必要はないが、全てに対処するのはますます難しくなっているといえる。米国CISAが2022年に日常的に悪用された脆弱性をまとめたもの[47]によると、新しい脆弱性は公開から最初の2年以内に最も悪用され、その後対策が進むにつれて徐々に使われなくなっていることから、やはり最新の脆弱性にいかに早く対処するかが重要となる。

一方で、特に注意すべき12件の中には2018年に報告されたVPN機器もあり、パッチが公開されているにもかかわらず長期間適用されていない状況が見て取れる。パッチに不具合解消以外の機能追加が含まれている場合、新たな動作検証や機器の処理能力低下リスクもあるため即座に適用できないケースもあると思われるが、攻撃を受けてしまってからでは遅い。最新パッチの適用とともに、「悪用された既知の脆弱性カタログ（KEV）」[48]なども参照し、実際に悪用されているものから優先対処するとコスト効果の高い対策が期待できる。

またCISAは開発者に向けて、脆弱性の根本原因の特定や対策を分析するためのCWE（共通脆弱性タイプ一覧）[49]の確認を推奨している。前述のVPN機器の場合はCWE-22（パス・トラバーサル）すなわち「非公開とすべきディレクトリに攻撃者がアクセスできてしまう」タイプであり、2023年に悪用されたCWEトップ10[50]にも含まれている。開発者が悪用されやすいタイプの改善に注力することで、脆弱性のまん延を減らせるとしている。

ある攻撃に対する対策が広まると、攻撃者は別の手段を考える。ランサムウエア対策は実施済みだと思い込み過信してしまうと、このような新たな攻撃を防ぎ切れないかもしれない。

PC以外の電子機器への攻撃と情報漏えい
IoT機器へのサイバー攻撃と対策

パソコンのようにモニターやキーボードがつながれていなくても、プログラムが動作しネットにもつながるIoTは家電製品や玩具から乗り物や建築物に至るまでさまざまなところで活用されている。国土交通省「川の水位情報[51]」は豪雨災害時に安全に避難できるように河川の水位やカメラ映像をウェブサイトで提供している。2020年から太陽電池と携帯電話回線を使ったケーブル配線不要の簡易型カメラを投入し全国で5000台以上が稼働していたが、不正アクセスの疑いがあるものを含めて合計337台に対してサービス停止と対策を講じたという[52]。攻撃などの詳細は不明であるが、対策として通信ポートの閉塞とパスワード再設定を実施していることから、機器が出荷時設定のまま設置されていた可能性が考えられる。特に出荷時の初期パスワードがマニュアルなどに記載されてる場合は誰でも知ることができ、すぐに変更しなければ所有者でなくとも同タイプの機器は全てアクセスできてしまう。

NICTおよび総務省ではインターネット接続事業者等と連携した、IoT機器を悪用したサイバー攻撃を予防するためのプロジェクトNOTICE[53]を2023年度末以降も延長し、これまで行っていた「推測されやすいパスワード」が設定されている機器の発見と、新たに「脆弱性のあるファームウエア」と「既にマルウエア感染している機器」も観測対象に加えた。

問題のある機器を発見した場合は、通信事業者を通じてその利用者に通知し対応を促す。併せて「さあ！ネットにも戸締まりを。」をコンセプトに、安全管理の必要性や具体的な対策などを周知する活動を行っている。2024年2月時点で月1.12億件の機器を対象に観測[54]を行い、そのうち問題があったものはパスワード1万472件、ファームウエア3498件、攻撃踏み台1万5500件、さらにマルウエア感染している機器は最大1244件／日あり、特にルーターなどのパスワードは改めて見直すよう注意を促している。

米国CISAはシステム設計段階からセキュリティを組み入れる原則「セキュア・バイ・デザイン[55]」の中で、共通の初期パスワードは完全に排除して、設定中に管理者が強力なパスワードに必ず置き換えるようにさせること、または機器ごとに異なるパスワードで出荷することを求めている。つまり利用者側に注意を促すだけでなく、どんな操作をしても常にセキュリティが高い状態となるように考えることは開発者側の責任であるという。国内では重要生活機器連携セキュリティ協議会[56]（CCDS）がIoT機器のセキュリティ基準を3階層[57]（レベル1：つながる機器として最低限のマナー、レベル2：車載・決裁などの製品分野別の要件、レベル3：生命・財産に関わる要件）で整理し、要件を満たした製品には消費者に分かりやすいマークを付与している。そのセキュリティ要件はガイドラインとして公開されており、マークを取得するか否かにかかわらず参考となるだろう。なお、CCDSマーク付与の製品はサイバー保険が自動付帯される。

ネット接続しない機器やその廃棄も注意

ネットに常時接続するような機器だけでなく、個人情報や機密情報が保存される可能性のある機器にも注意が必要である。カメラで撮影した顔画像から発熱した人を検知するサーマルカメラは、人の出入りが多い飲食店や病院などで設置が進んだとみられる。しかし不要となった中古品から顔写真が復元できる可能性があり、そのような顔画像を入手・保存する機器を扱うには個人情報保護法を順守しなければならないとして個人情報保護委員会が注意喚起[58]を行っている。カメラを使用する事業者に対しては、顔画像を取得していることを利用者に示すことや機器を廃棄するときデータ削除できない場合は物理破壊することなどを求めている。また製造販売する事業者に対しては個人情報を扱うのかどうかを明示し保存されたデータの確認と削除ができるように求めている。

海外セキュリティベンダーによる報告[59]では、中古のルーターから元の所有者のネットワーク情報や暗号キーなどが取得できたとして、これらの情報をサイバー犯罪者が売買したり実際の攻撃に使われたりするリスクがあると注意を促している。世の中にはコンピューターの仕組みを持つ製品が多く存在し、全てが情報漏えいのリスクを抱えていると考えて注意すべきだ。

スマートウォッチやフィットネス機器など身に着けて心拍を計測したり運動量や位置情報を記録分析したりする製品も利用が広まっているが、これらのヘルスケア情報・行動情報も個人のプライバシー懸念となり得る。生活習慣や行動パターンが意図せず他人に知られたり、それらの情報を元に勝手な推測で利用されたりすることは好ましくないだろう。

体とネットを接続するようなデバイスはIoB（Internet of Bodies/Behavior）と呼ばれ、今後セキュリティリスクの議論が必要となる。

狡猾なフィッシング手口

フィッシング（Phishing）とは実在する組織をかたって、ユーザーネーム、パスワード、アカウントID、ATMの暗証番号、クレジットカード番号といった個人情報を詐取することである（**図表2-2-4-1**）。

独立行政法人情報処理推進機構（IPA）の情報セキュリティ10大脅威「個人」向け脅威に6年連続でリストアップされており、個人情報などの詐取手段としては、幅広く認識されるようになった。

攻撃者は銀行など金融機関からの偽のメールやショートメッセージサービス（SMS）を用いたメッセージをユーザーに送り付ける。

トラブルや緊急を装い「情報確認のため」などと巧みにメール本文に記載のリンクをクリックさせ、本物そっくりの偽サイトにユーザーを誘導する。

応答画面も「確認が完了しました」「サイトの利用が再開できるようになりました」といった文言により詐欺に気付くのを遅らせるなど、巧妙に仕組まれたものになっている。

攻撃者は偽サイトに入力されたクレジットカード番号、口座番号やIDとパスワードなどを用いて本物のサイトに入り、住所、氏名のほか預金額など重要な情報をさらに窃取する。

偽のメール、SMSはほとんどが他の攻撃と同様に海外発のもので、翻訳ソフトを用いたたどたどしい日本語だったのは過去のことであり、AI技術を活用した大規模言語モデル（LLM）を用いたフィッシング文面は実用レベルにまで洗練され、本物と見分けがつきにくいものも散見するようになった。

これまで通常のフィッシングについての説明を行ってきたが、フィッシングによって得たID等の認証情報からさらに不正送金などの金銭窃取までを広い意味でフィッシング被害と呼ぶケースもある。金融機関などのサイト

▌図表2-2-4-1 通常のフィッシング攻撃フロー

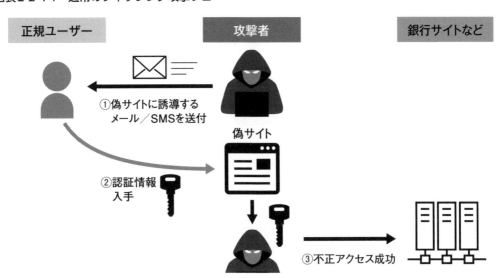

正規ユーザー　　攻撃者　　銀行サイトなど

①偽サイトに誘導するメール／SMSを送付

偽サイト

②認証情報入手

③不正アクセス成功

では、ID等の認証情報に加え、ソフト（ハード）トークンや生体認証を用いた別媒体、別システムを用いた多要素認証（MFA：Multi-Factor Authentication）などを導入することにより、容易に金銭窃取まで至らないよう対策をしているが、以下ではこれらをも突破する狡猾なフィッシング手法を紹介する。

• MFA-Fatigue攻撃（多要素認証疲労攻撃）

モバイル携帯へのSMSやメール送付に応答する多要素認証方式の場合、攻撃者が大量の認証試行を行うことにより、正規ユーザーのモバイル携帯等に対して大量の承認要求通知を送付する手法である（**図表2-2-4-2**）。

特に深夜帯などに行うことにより、正規ユーザーを根負けさせて、誤って承認ボタンを押させることで、多要素認証を成功させてしまうという手口である。

• SIM-Swap攻撃

多要素認証の方式としてSMSやボイスメッセージ等、正規ユーザーが所有するモバイル携帯等の電話番号に依存する仕組みの場合に、装着されているSIM（Subscriber Identity Module）カード情報を何らかの方法で窃取し、正規ユーザーになりすます手口（SIM-Swap）である（**図表2-2-4-3**）。

正規ユーザーは電話番号自体が攻撃者に

▌図表2-2-4-2　MFA-Fatigue攻撃のフロー

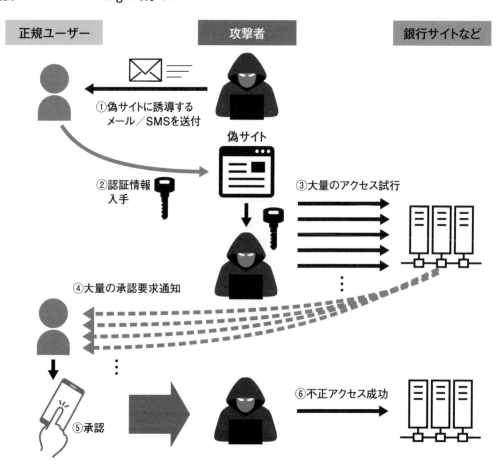

乗っ取られることにより通話やデータ通信が
できなくなるなど、異変に気付きやすいが、
モバイル携帯自体が攻撃者によって操作され
るため多要素認証突破の成功率が高い。

• 二次元バーコードによるフィッシング
　フィッシングメールにおいて、フィッシン
グサイトにアクセスさせるリンクの代わりに、
二次元バーコードを張り付け、スマートフォ

ンなどで読み込ませる手口である。
　メール受信時のセキュリティスキャンや振
る舞い検知がURLに比べて回避されやすく、
日本国内でも特殊詐欺方面にてにわかに攻撃
観測され始めている。
　メール以外ではパーキングメーターやレ
ストランなどに貼られている支払い用やキャ
ンペーンの二次元バーコードを、攻撃者の
フィッシングサイトへアクセスされる二次元

▍図表2-2-4-3　SIM-Swapによる攻撃フロー

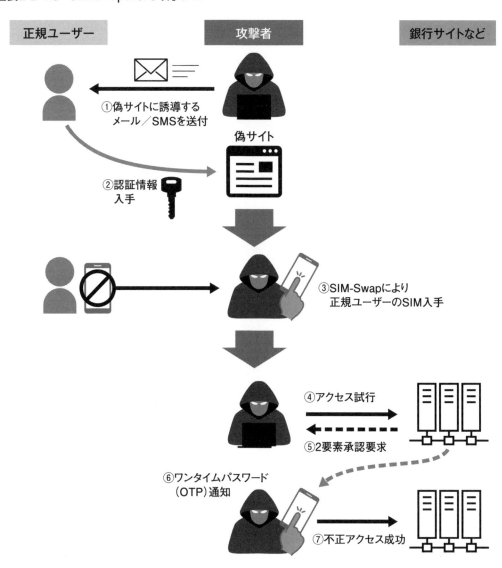

バーコードに差し替える手口なども確認されている[60]。

・対策について
　対策についてはさまざまな方法が存在しており、その全ては記載できないので、一部を紹介する。
　詳しくは、フィッシング対策協議会のサイトに述べられているので、こちらを参考にしていただきたい[61]。

サービス（システム）運営者側として
　フィッシング耐性のある方式は、生体認証などを利用してパスワードの入力操作をせずに認証が可能なFIDO（Fast Identity Online）とクライアント証明書のみ（米国の当局であるCISAによる）とされている。これらは他の認証端末への可搬が容易でない特性により第三者に乗っ取られにくいことからも合点がいくが、導入には相応の手間とコストがかかる。
　現実的に導入されている手法としては、通知メールの送信者が正しいことを証明するため用いる送信ドメイン認証や、メールに電子署名を付与するなどの対策が考えられる。

ユーザーとして
・利用するサイトが上記のような対策を実施しているかを事業者選定のポイントとする。
・入り口であるフィッシングメールやSMSのリンクを安易にクリックしない（例えば、個人で契約したバンキングサービスのメールが会社のアドレスに届くはずがない）。
・怪しいと感じたらその時点で中断する。
・もしパスワード等を入力してしまった後に気付いたら、速やかに対象サービスのサポート窓口に連絡するなどの対応が必要である。

3 環境の変化とリスク

自然災害とデマ

　2024年は元日に最大震度7を記録した「令和6年能登半島地震」が発生、石川県能登半島を中心に大きな被害が発生した。気象庁によると石川県で震度7を観測するのは観測史上初めてであり、石川県内では死者200名を超え、多くの大規模火災、住宅被害、断水などが発生し完全復旧までには相当期間が要することが予測されている。能登半島地震では大規模災害にて発生する情報インフラ関連被害やデマによる情報錯綜なども発生しており、本項ではその観点で振り返りを行う。

　SNS上では主にX（旧Twitter）を中心に、根拠不明な情報を元にした主張や偽の救助要請などが多数確認された。災害発生に乗じた偽情報を拡散する動きは2016年4月の熊本地震でも同様の事象が発生し逮捕者が出たケースもある。具体的には偽の救助要請や、能登半島地震とは直接関係のない画像を添付し救助を呼びかける投稿などが見られた。さらに志賀原子力発電所が地震の影響を受けたとして、NHKのロゴが掲載された画像も添付され投稿された。NHKはロゴを不正に使用した偽の投稿が行われているとして注意喚起を行った[62]。これらの状況に対処するため、政府は総務省を通じた注意喚起[63]、および事業者への適切な対応要請を行った。具体的にはXなどプラットフォーマー4社に対して、デマや偽情報の投稿について、各事業者が定める利用規約などに沿って適切に対応するよう求めた[64]。一部報道によると『総務相は「SNS上の

偽誤情報については迅速かつ円滑な救命救助活動の妨げになりかねないものであり、犯罪にもつながり得るものであることから、デジタルプラットフォーム事業者に対して利用規約などを踏まえた適正な対応を取るよう要請を行った』」ことが明らかになっている。さらに国内で義援金を募る動きが出る中、消費者庁は2024年1月に「令和6年能登半島地震に便乗した詐欺的トラブルにご注意ください！」[65]と地震に便乗した詐欺への注意喚起も行った。自然災害に便乗したこのような詐欺・デマは過去にも発生しており、情報の発信元の確認、自身がデマ・詐欺情報を拡散しないようにするなど、今後も注意が必要である。

広がり始めた偽動画、求められるファクトチェック

昨年1年間で脅威が増大しているものとして偽動画の拡散が挙げられる。これまでは一見して偽動画と分かるものが多く視聴者側も比較的容易に偽動画であることに気付けたが、ここ1年で主に生成AI技術の進化と利用の容易さを背景として、偽動画・偽音声の質が飛躍的に向上し、一見本物と区別がつかない状況となっている。昨2023年、注意喚起された事例について説明する。

2023年11月、日本テレビは同社のニュース報道番組の画面を模した偽動画が出回っていると報じた。問題の動画は、岸田首相が視聴者に語り掛ける偽動画であり、偽動画中の画面右上部には「日テレNEWS24 LIVE」というロゴが表示されており、あたかも日本テレビのニュース番組が速報で報じているかのように思わせる作りをしていた。日本テレビは偽動画に同社の番組ロゴが表示されていたこと受け、偽動画に用いられたことは到底許

すことはできず、しかるべき対応を行うとしている。このような、生成AIを使って著名人や政治家などが話していない内容を話したかのように見せる悪質な偽動画が国内外で増えている。海外では、イスラエルとパレスチナの軍事衝突に関連するディープフェイクも増えており、10月下旬には、アメリカのバイデン大統領が「大統領の権限で、徴兵法を発動する」と述べて、徴兵への協力を呼び掛けるという偽動画が動画投稿アプリ「TikTok」や「YouTube」で拡散する事件も起きている。これらの偽動画への対応としては、SNSなどで広がる動画を安易に信じない、動画を広めたアカウントの他の投稿を見る、投稿へのコメント欄や、Xのコミュニティノートで情報の正確性について疑義が指摘されていないか、信頼できるメディアの記事や行政機関の情報などで調べてみる、などの注意が必要である。

自身で避けられないリスク、個社で対応できないリスク

例年、上場企業の個人情報漏えい・紛失事故調査を行っている東京商工リサーチによると2023年は「個人情報漏えい・紛失事故」が過去最多の175件、流出・紛失情報も2014年の3615万1467人分を上回り最多の4090万人分となった[66]。事故件数は調査を開始した2012年以降の12年間で、3年連続で最多を更新、大型の事故が相次いだ。2023年に発覚した事案は、従業員が不正に大量の個人情報を持ち出し、第三者に流出させる事例が多く、ガバナンスの徹底に課題がある結果となっている。いくつか事例を振り返りたい。

2023年の最大の情報漏えい事案は、通信事業グループで発生した928万人分であり、グ

ループ会社が受託していたテレマーケティング業務で、長年にわたりクライアントの顧客情報を従業員が不正に持ち出していたことが発覚している。流出被害に遭ったクライアントは、民間企業のほか自治体など69団体にも及び、関係先が対応に追われ各所に波及した。不正な行為を行っていたのは2008年6月から派遣されていた元派遣社員で、コールセンターシステムの運用保守管理を担当しており、10年間で100回以上にわたって不正な取得行為を行っていた。元派遣社員は、自身の所有していた管理者用のアカウントを悪用して保守用ネットワークを通じて保管していたサーバーに接続し、運用保守用の端末にコピーを行っていた。業務用端末はサーバーからデータの持ち出しが可能だっただけでなく、外部記録媒体を接続して端末内のデータを持ち出すことも可能となっており、元派遣社員はUSBメモリーを用いてデータを持ち出していたとみられている。

　同事案の発生を受けて個人情報保護委員会は、関係グループ会社2社に対して個人情報保護法基づく勧告および指導等を行ったと公表。総務省も親会社に対して委託先の適切な監督を行うよう指導を行った。本通信事業グループでは今回の情報漏えい事案をきっかけに、グループ内のガバナンス体制の見直しやUSBメモリーの全面禁止など、今後の対策に着手することが報じられている。

　その他の事案では、2023年年11月に大手通信事業者が同社のシステムが不正アクセスを受け外部にユーザー情報などが流出したと公表。その後も調査が継続して進められ2024年2月には最終の調査報告の中で、今回の調査を通じて別の委託先2社を通じた不正アクセス事案も確認されたと発表した。その内容

は、親会社およびその子会社と委託関係にあった2社に払い出されていたアカウントが不正利用されたものであった。本事案は親会社がモニタリング強化を行ったことで発覚した。本事案を受け、総務省は2024年3月に当該通信事業者に対し行政指導を行ったと発表した。同社が提供するサービス利用者の通信情報や従業員情報が流出するなど度重なる情報漏えい事案に対し、再発防止など必要な措置を講じるとともに、その実施状況の報告などを求めた。

　社内で抱える個人情報を守るためには、巧妙化するサイバー犯罪に対するセキュリティ強化が不可欠であるが、同時に、不正防止を目的としたガバナンスの徹底も求められ、個人情報の取り扱いルールの厳格化を通じた従業員の意識付けも重要になっている。個人情報の漏えい事案は、受注喪失や賠償請求などの経済的損失だけにとどまらず、長年築いてきた信用を一瞬で失いかねないリスクも併せ持つ。事業価値の維持のためにも、個人情報の適切な取り扱いは一層優先して取り組むべき経営課題で、改めて情報保護に対する取り組み強化が求められる状況となっている。

　委託先へのサイバー攻撃、内部不正による情報漏えいへの対策は個社で対応し切れていない現状があり、ガバナンスの問題も含めてセキュリティ対応を組織としてどのように構築し、運用を回していくかが課題となる。ここではその検討の際に参考となる教科書について紹介しておく。

　日本セキュリティオペレーション事業者協議会（Information Security Operation providers Group Japan 略称：ISOG-J）は2023年10月に『セキュリティ対応組織の教科書 第3.1版[67]』をリリースした。「セキュリティ対

応組織の教科書」は、2016年に初版が公開されて、日本の企業とセキュリティベンダー双方が、セキュリティにおけるオペレーションの内容や特性について共通理解を持つことを目的に、米国MITRE社が公開したSOCの構築・運用に関する文書「Ten Strategies of a World-Class Cybersecurity Operation Center」の要素を日本に適用するための教科書として作成され、SOCやCSIRTを中心としたセキュリティ対応を行う組織を、どのように構築・運用するのかについて方向性を示したものである。これからセキュリティに取り組む組織に向けた基本的な考え方や、すでに実施しているセキュリティを見直したい組織に向けた現状把握の方法や改善ポイント、グローバル対応の際の共有課題等を説明されており、組織のセキュリティ担当者や管理者だけでなく、セキュリティ投資を経営戦略として取り組むことが求められる経営層にも理解しやすい内容となっている。

　本書では組織構築の考え方についても説明されており、セキュリティ組織に必要な各機能を、自組織で行うのか、専門組織へお願いするのか、その「線引き」についての考え方も記載されているのでその内容について紹介しておく。

　機能タイプとしては、「インソース」「アウトソース」「併用」「未割り当て」の4種類が定義されている。「インソース」は、組織内のチームでサービスを実現し、責務を負う担当を明確にする。「アウトソース」は、組織外のチームでサービスを実現し委託先を明確にする。「併用」はインソースとアウトソースを併用し、責務を負う担当と委託先を明確にする。「未割り当て」は組織に存在すべきサービスはあるが、割り当てられていないことを明確

にする。これらの機能タイプの定義を活用することにより、自組織の現状分析および、自社で対応するのか外部委託するのかの判断基準、対策の強化、責任分担の明確化にも役立つ内容となっており、ぜひ活用していただきたい。

■自動運転の実現とセキュリティ

　ドライバーや運転士の不足により物流が滞ることが懸念されている。その対策の一つとして自動運転が考えられるが、人に代わってAIやロボットが既存の乗り物を運転するイメージではなく、自動運転を実現するためのセンサー類を搭載した車両、人が立ち入れない専用軌道など関連設備を丸ごと整備するのが現実的だ。ここでは、トラックなどの貨物輸送および鉄道分野における課題やガイドライン、自動運転の現在地を見ながら新たなセキュリティリスクを考察する。

トラック貨物輸送の課題

　国内貨物輸送量を輸送手段別に見ると約9割が自動車で、輸送距離を含めた割合でも約5割が自動車となり、長距離輸送が得意と思われる内航海運の約4割を上回っている。トラックが日本の物流を支えている状況といえるが、ドライバーの働き方改善のため2024年4月から時間外労働の上限（年間960時間）が適用されることにより物流が滞る「物流2024年問題[68]」が社会課題となっている。国土交通省の取りまとめによると、ドライバー不足への対策など物流事業者側の努力だけでなく、消費者側も再配達を減らす、荷物を依頼する側も荷物積み下ろしや待ち時間を減らすといったように、社会全体で解決すべきとしている。物流事業者側は複数ドライバーで輸

送を分担する「中継輸送」で長時間労働を減らすほか、業務効率のための標準化を進める。標準化には2つの観点があり、①無駄な確認や待ち時間を減らすために荷物の外装や運搬台といったハード面の標準化、②配送伝票の記載項目や輸送する商品のデータ（賞味期限など）などソフト面の標準化がある。これらを実現した後に、次の段階として自動運転に取り組んでいくとしている。さらに数理技術による配送最適化のほか、今後はAIを活用した支援なども有効だ。このような取り組みが進められることによって、情報資産やシステム、すなわち守るべき対象が増えることが新たなリスクの一つといえる。

物流分野を取り巻くセキュリティの現状

　国土交通省は、重要インフラにおける情報セキュリティ確保に係るガイドライン[69]を示している。物流分野においては、事業継続に必要なシステムとして「集配管理システム」「倉庫管理システム」「貨物追跡システム」を挙げており、サイバー攻撃などへの対策が必要としている。また「貨物自動車運送」事業は基幹インフラでもあるため、重要な設備の導入や維持管理を委託しようとする際には、事前に国への届け出と審査が必要となる（2024年5月17日から制度運用）。これは経済安全保障推進法[70]による審査[71]であり、具体的には「配車計画や運行計画を作成する機能等を有するシステム」「車両や貨物の動態を管理する機能等を有するシステム」の2つの特定重要設備のサーバーやアプリケーション等の機能変更において、不正プログラムやマルウエアなどが混入しないよう管理することを求めている。

　このような社会基盤を支える重要システムは、予測し得ないような非平常時においてもサービスを止めずに運用継続できる「自律性」が求められる。IPAが重要情報を扱うシステム管理者に向けた「重要情報を扱うシステムの要求策定ガイド Ver1.0[72]」を公開し、システム特性を考慮した上での対策を選択方式で策定できるようにしている。このガイドは一般的なシステムにおいても大変参考となる。

鉄道分野は添乗員付き自動運転を実現

　ゆりかもめ等の新交通システムでは古くから自動運転を実現[73, 74]している。これは、専用の軌道を確保して人や他の車等が侵入できないようにし、ブレーキ制御がしやすいゴムタイヤを採用、ホームドアなどの整備を行うことで乗務員なしでも安全運行できるようにしたものだ。自動車等と違い、走行範囲を限定かつ専用とすることで自動運転を実現できたと考えられるが、既存の鉄道路線を自動運転化する挑戦も進んでいる。2024年3月、踏切のある一般的な鉄道路線JR九州香椎線（西戸崎駅〜宇美駅間25.4km）で、初めて運転免許を有する運転士が乗務しないGoA2.5自動運転が開始[75]された。GoA2.5とは自動化レベルのことで、GoA2（運転士が列車起動や緊急停止を行う半自動運転）と、GoA3（モノレールなどで見られる避難誘導のための添乗員付き自動運転）の中間に位置し、運転免許を持たない乗務員が緊急停止装置の操作や避難誘導を行う。専用軌道ではないため、踏切や線路内に障害がないかを監視するカメラや立ち入り防止柵といった地上設備、車両側にも支障検知カメラやセンサーなどを備え、GoA2.5係員は通常の運転装置の操作ができないようになっている（操作ミスの防止）。設備面以外では、実現

までのプロセスとして安全性を確保するための要求仕様をまとめ、それを満たす装置と安全評価を行い、さらに現行運転士の役割を分析して免許を持たないGoA2.5係員の役割を定め、実証運転での検証を重ねている。国土交通省では鉄道分野での係員不足等に対応するため「鉄道における自動運転の検討[76]」において留意点や必要な技術をまとめている。

セキュリティの考察

社会課題となっているドライバー不足に対して、①既存業務自体の効率化と標準化による全体最適化、②技術的に実現可能な方法での自動運転の実現、といった対策が進んでいる状況であるが、いずれもITやシステムと密接に関連があると考えられる。単に守るべき資産が増えるだけでなく、それらのセンサーやシステムをつなぐネットワーク、関連するサプライチェーンなどセキュリティを考慮すべき範囲は広い。例えばネットワークに関しては、JR東日本が取り組んでいる無線式列車制御システム[77]のように、インターネットとは異なる独自の通信網での暗号化やなりすまし対策が進んでおり、このような鉄道向けの無線回線設計ガイドライン[78]も整備されている。また、これらのシステムは停止してしまうと生活に大きな影響を及ぼす。法令やガイドラインへの留意、安全性を確保するプロセス確立のほか、サイバーとフィジカルをつなぐ全体的な視点でのセキュリティ対策[79]がますます重要となる。物流業界の取り組みを見てきたが、ほかの様々な分野でも参考とすべき点も多いのではないだろうか。

4 見えてきた課題・新たな対策

クラウドセキュリティ

2024年2月に東京都から公開された「テレワーク実施率調査結果（令和6年1月）」（**図表2-2-4-4**）によると、新型コロナウイルス感染症（以下「新型コロナ」）の感染症法上の5類移行により、多くの企業が採用していたテレワークは減少傾向にあるといえる[80]。

一方、新型コロナの流行を機にテレワークを本格的に導入し、5類移行後もテレワークを継続している企業もあることから、流行前とは異なり、多様な働き方が定着していくことが考えられる。

テレワークの形態は、在宅勤務、サテライトオフィス勤務、およびモバイル勤務と多様である。セキュリティ対策が十分に施されたオフィス環境とは異なり、テレワーク環境では、情報資産はマルウエア（ウイルス）などの感染やインターネット経由でのサイバー攻撃、テレワーク端末や記録媒体の紛失・盗難、通信内容の窃取やのぞき見などの「脅威」にさらされやすいといえる（**図表2-2-4-5**）[81]。

情報資産を守るためには、「ルール」「人」「技術」のバランスが取れた対策を実施し、全体のレベルと落とさないようにすることが重要である（**図表2-2-4-6**）。

テレワークの実施などワークスタイルの変革により、メール、チャット、オンライン会議、およびファイル共有などクラウドで提供されるSaaS（Software as a Service）を活用する割合が増えている。

2023年5月に総務省が公開した「令和4年通信利用動向調査の結果」によると、クラウドサービスを活用する組織は7割を超え年々増加しており、今後もさらに拡大することが

考えられる（**図表2-2-4-7**）[82]。

クラウドサービスの活用においては、メリットとデメリットが表裏一体であること（**図表2-2-4-8**）を理解し、セキュリティを確保することも大切である。

また、クラウドサービスにおける主なセキュリティリスクとしては、サイバー攻撃、不正アクセス、情報漏えいが挙げられる。

特に、クラウドサービスの利用を急ぎ、セキュリティ対策やガイドライン・教育の整備が間に合わずに見切りで利用を開始した組織は、サイバー攻撃の格好のターゲットとなっている。セキュリティインシデントの事例としても、クラウドサービスのアクセス権限の設定誤り、アカウント管理の不備などによる不正アクセスや情報漏えいなどが後を絶たない状況である。このクラウド設定のミスや矛盾点などを見つける仕組みとして、CSPM（Cloud Security Posture Management＝クラウドセキュリティ体制管理）がある。

▍図表2-2-4-4　テレワーク実施率調査結果（令和6年1月）

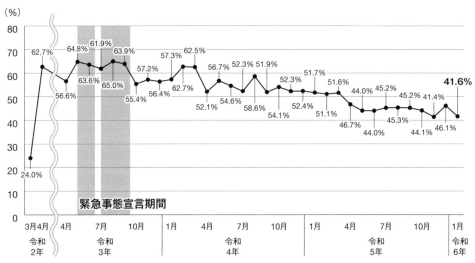

出典：東京都「テレワーク実施率調査結果（令和6年1月）」

▍図2-2-4-5　脅威、脆弱性および事故の関係性

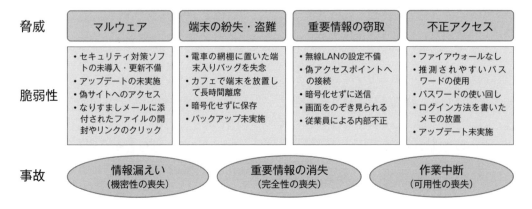

出典：総務省「テレワークセキュリティガイドライン第5版」

■図表2-2-4-6　ルール、人および技術のバランス

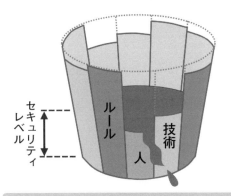

バランスが悪いセキュリティ対策

「ルール」・「人」・「技術」のバランスが悪いと、
対策として不十分になり、全体のセキュリティ
レベルは低下してしまう。

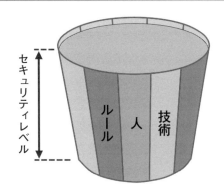

バランスがとれたセキュリティ対策

「ルール」・「人」・「技術」の対策がバランスよく
保たれていると、高いセキュリティレベルを維
持できる。

出典：総務省「テレワークセキュリティガイドライン第5版」

■図表2-2-4-7　クラウドサービスの利用状況

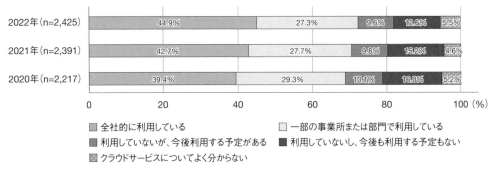

	全社的に利用している	一部の事業所または部門で利用している	利用していないが、今後利用する予定がある	利用していないし、今後も利用する予定もない	クラウドサービスについてよく分からない
2022年(n=2,425)	44.9%	27.3%	9.6%	12.6%	5.5%
2021年(n=2,391)	42.7%	27.7%	9.8%	15.2%	4.6%
2020年(n=2,217)	39.4%	29.3%	10.1%	16.0%	5.2%

■ 全社的に利用している　　　　　　　　□ 一部の事業所または部門で利用している
■ 利用していないが、今後利用する予定がある　■ 利用していないし、今後も利用する予定もない
▨ クラウドサービスについてよく分からない

出典：総務省「令和4年通信利用動向調査」をもとに作成

■図表2-2-4-8　クラウドサービス活用のメリットとデメリット

インターネットを通じて どこからでもアクセスできる！	→	常に全世界の攻撃者にも さらされている（リスク）
さまざまな最新のサービスを選んで 使うことができる！	→	常に変化するサービスと共に実施すべき設定、 あるいはそれに伴う脆弱性も変わる（リスク）

利用するクラウドサービスの応じたセキュリティ対策への理解が必要

第2部

第2章　情報サービス産業を取り巻く環境の動向

139

CSPMの活用により、組織内で一貫したガバナンスの適用、適切なセキュリティ設定の適用、セキュリティ設定の定期的な見直しなどが可能となり、人手では難しいリアルタイムかつ継続的なセキュリティの維持を期待できる。

また、組織の保有するさまざまな資産（ウェブサーバー、クラウドサービス、アカウント・メールアドレスなど）を特定・管理し、インターネットからアクセス可能であるかを調査することで、脆弱性を継続的に評価する手法として、ASM（Attack Surface Management）がある。脆弱性を調査する手法としては、ペネトレーションテストもあるが、これは、既知の資産のみが対象であり、ASMは組織の把握していない未知の資産も対象として評価できるという違いがある。

テレワーク、クラウドサービスの活用などにより、攻撃対象となる資産が増加することが考えられるため、ASMの重要性は高まると考えられる。

▎自治体ChatGPT普及に学ぶセキュリティ

自治体でChatGPT導入が進む背景

総務省が進めている自治体DX[83]の『自治体におけるAI活用・導入ガイドブック（2022年6月）』によると、少子高齢化の中で行政職員も減少、安定した住民サービス提供のためにAIを活用・単純作業の自動化を進めることで「人間でないと遂行できない業務」に専念できる環境が必要だとしている。同じく総務省の『情報通信白書令和5年版[84]』（データはChatGPT発表以前のもの）で機能別AI導入状況を見ると、音声認識・テキスト化、文字認識、チャットボットによる行政サービス案内が多く、2021年までの4年間で5〜10倍以上に増加している。この時点の利用方法としては、需要と供給の調整や最適解、数値予測などの機能の導入は少ない。

ChatGPT発表後、AIを国民へのサービス向上や働き方改革につなげたいとの期待が高まる中、総務省は地方自治体に向けて業務で生成AIを利用するための技術的な助言[85]を行っている。ChatGPTのような約款型外部サービスでは要機密情報を取り扱ってはいけないこと、機密を扱わない場合も職員らが組織の承認なく外部サービスを利用しないよう周知している。

先駆的な横須賀市と神戸市の事例

2023年4月、全国の自治体に先駆けて横須賀市役所がChatGPT活用実証を発表した[86]。機密情報や個人情報は取り扱わず、入力した情報がAI学習などに二次利用されない方式（自治体専用ビジネスチャットツールの背後で再学習を無効化したChatGPTと連動）とした。半年後のまとめ[87]によると8割以上の職員が、効率が向上すると回答している。特に間接業務での「文章案の作成や要約、校正」での利用が伸びており、「アイデア出し、案出し」にも利用されている。一方で「知りたい情報の検索、調査」は徐々に使われなくなってきている。「検索」では正しくない答えが返される可能性があることを利用者に周知していたことも影響しているようである。利用者スキルや業務内容によっても利用差が生じ、使う人と使わない人の二極化が進んでいるという。また同市は「自治体AI活用マガジン[88]」サイトを立ち上げて他の自治体とも知見を共有し、住民も職員も幸せになる未来を目指すとしている。

2023年5月、神戸市ではAI利活用を進め

るためにまず全国自治体初となる生成AI利用ルールの条例改正[89]を行い、職員に対し「安全性が確認されていない生成AI」へ個人情報や機密情報の入力を制限することで情報漏えいなど住民への不安を払拭した。2024年には「神戸市におけるAIの利活用等に関する条例」を可決[90]、安全かつ公平に効果的なAI利活用を進めようとしている。市の利用ガイドライン[91]を見てみると、禁止事項およびそれがどの条例項目とひも付いているかが詳しく記載されているほか、AI利用における注意として虚偽回答の可能性と職員の判断責任、有効な利用方法（AIに与える指示例）などが具体的に記述されており、これからAIに取り組みたい企業はガイドライン作成の参考となるはずだ。また一般社団法人日本ディープラーニング協会がガイドラインのひな形[92]を公開している。AIの進化がとても速いため、導入後もガイドラインを頻繁に見直す必要があるかもしれない。

ガイドラインを作った後の実施

このように、生成AIは利用者側のメリットが分かりやすく利用も簡単なことから急速に普及が進んでいるとみられ、必要なガイドラインが整備されている一方で、具体的なセキュリティ対策としては「個人情報は入力しない」「注意して使う」といった利用者頼みとなっている点には不安もある。今後は、ガイドラインの記載内容を確実に実行するための仕組みやシステムが求められるだろう。電子メールの情報漏えい対策にあるような禁止語句チェック、利用履歴保存と監査などに近いものか、あるいはAI自身が禁止するものを見つけて止めてくれる時代が来ることに期待したい。

■ソフトウエア部品表
SBOMとは

例えば食品原料が原因で健康被害が発生すると、その原料を使用している製品全てに自主回収などの影響が及ぶ。原料の製造元はどのメーカーに卸したか、メーカーは自社製品にどの原料が含まれているかを示さなければ製品を特定できないばかりか、消費者が混乱し類似した関係のない製品まで風評被害を受けてしまう。同様の問題はソフトウエア分野にも起こり得る。そこでソフトウエア部品表（SBOM）を活用し、部品が製品に及ぼす影響が分かるようにする取り組みが進んでいる。開発を外部委託する場合など、一つの製品に複数社の部品が階層的に組み込まれることも少なくない。またオープンソースソフトウエア（OSS）は、ソースコードを開示して誰もが自由に開発に参加できるようにすることで革新的で有益なものが部品として数多く流通する反面、基本的に無保証であり法的責任を追及することが難しい。従って最終製品ベンダーは、自社製品にどのような部品が組み込まれているかを正しく把握し、部品の脆弱性やライセンス違反等に素早く的確に対応することが求められる。

SBOM普及に向けた取り組み

経済産業省では米国や欧州でのSBOM必須化の流れを注視しつつ、国内での普及啓発を継続[93]しており、デジタル庁や総務省でのSBOM取り組み状況なども共有している。2023年7月発表の『ソフトウエア管理に向けたSBOMの導入に関する手引きVer 1.0[94]』ではSBOM書式や項目などの基本的な情報を整理した上で、担当部門向けには環境構築・体制整備〜SBOM作成・共有〜運用・管理まで

を実施するためのポイント、経営層に向けては効果・メリットおよび理解を深めるための「誤解と事実」を提供しSBOM導入の意思決定を促す。発行準備中の同書Ver2.0[95]では、SBOMと脆弱性情報の突き合わせ方や、産業分野ごとにどの程度対応実装すべきかのレベル感目安、さらにサプライチェーンにおけるSBOM作成コストや責任の考え方等を盛り込み、SBOMライフサイクル全体を網羅した内容拡充を予定している。

現状は十分に認知されているとは言えない

　IPAの調査[96]によると、国内ユーザー企業、ベンダー企業およびエンジニア個人へのアンケートで「SBOMを導入または検討している」と回答したのはいずれも1割程度で、その理由としては「脆弱性対策」が最も多い。国内のSBOM普及はまだこれからといった状況であるが、SBOMファイルは単に作成することが目的ではなく、脆弱性対応等で活用できてこそ意味のあるものであり、「つかう側」としての視点で「知見の共創」に取り組むコンソーシアム[97]も設立されている。また、国の行政機関および独立行政法人等の情報セキュリティ水準を定める「統一基準群」へのSBOM言及も議論が始められており[98]、SBOMに取り組まない理由がなくなりつつある。まずは前述の導入の手引を読むことをお勧めする。

▮IPv6普及に伴う見落とされがちなリスク
IPv4の背景と課題

　インターネットで世界中と通信できるのは、接続する機器を見分けるための重複しない番号（アドレス）を割り振り、大きなデータも小さな固まりにしてやりとりするといった共通の決まり事＝インターネット・プロトコル（IP）に従うことで成り立っている。現在も多く使われているIPバージョン4（IPv4）は40年以上前に策定[99]されたもので、重複せずに表現できるアドレス数は約43億通り（2進数32桁）と当時の世界人口44億人[100]より少なかった。やがて一人で複数デバイスが当たり前となり、アドレス数不足の危機を解消するため1995年に策定されたIPv6ではアドレス数が340澗通り（2進数128桁）に拡張され、さらにセキュリティ面や伝送効率も考慮されている[101]。2011年にはアジア太平洋地域での新規IPv4アドレス在庫がなくなり[102]、現在は返却済みのものから分配している状況である。

　ところが総務省[103]によると、2023年国内のWebコンテンツ事業者が運営するウェブサイトのIPv6対応済みの割合はわずか9.8%で、いまだIPv4を利用している人が多いとみられる。その理由は、①IPv4自体の改良でアドレス変換が可能になったため実質的にアドレス不足問題が顕在化していない点、②IPv6移行には設備費用やトラブルなどのリスクが伴うと考えられているの2点である。アドレス変換について補足すると、IPv4で使える一部のアドレスをインターネットに直接つなげてはいけないこととし、そのアドレスを社内で重複しないように割り振った上で、インターネットと通信するときだけ別の代表のアドレスに相互変換するようなNAT（Network Address Translation）技術がある。

IPv6が生む新たなリスク

　IPv4とIPv6は直接通信できないが中継や変換が可能で、同じネットワーク上に混在もできる。段階を踏んだ移行作業では両バージョンが共存することとなり、その前提での

セキュリティ対策が必要となる。

米国NSAのIPv6セキュリティガイダンス[104]（2023年1月）では、初めてIPv6を利用する場合や移行する際の注意事項をまとめている。主なものを3つあげると、①IPv6アドレスの自動割り当ては非推奨（アドレスに機器が特定される情報が含まれてしまいプライバシー問題となる）であること、②IPv6アドレスは1つのインターフェースに複数割り当てできるためアクセス制限漏れがないよう注意する、③既存ネットワーク上でIPv4に変換されたIPv6通信を意図せず中継してしまうことでインターネットと社内が直接つながってしまうトンネリングに注意、といったように従来から指摘されていたIPv6固有のリスクと混在環境でのリスクと対策を整理している。

IPv6移行を予定していない、あるいは全く意識していない人の方が、注意が必要である。基本的に現在出荷されている機器はIPv6に対応している。ルーター等の機器を新しいものに入れ替えたり、OSアップデートによって気付かないうちにIPv6が有効になっていないか確認すべきだ。意識的にIPv6を使わないのであればインターネット境界で遮断したり、社内ネットワーク上にIPv6通信が流れていないか監視する必要があるかもしれない。仮想環境でネットワークを構築している場合、仮想環境を構築するためのソフトウエアの不具合にも注意が必要である。IPv6を無効設定にしているにもかかわらず、無効にならない脆弱性[105]も報告されている。

IPv6の今後

今後のIPv6普及については、米国政府のネットワークセキュリティ強化に取り組むTIC[106]（Trusted Internet Connections）が

IPv6への完全移行に向けた戦略的取り組みを拡大するとしており、国内でも「IPv6普及・高度化推進協議会[107]」がIPv6移行ガイドライン等を公開し、産官学での取り組みを継続している。これらの状況も注視しつつ、セキュリティ・構築ノウハウの蓄積や技術者のスキル育成も考慮して、この機会にIPv6を検討してみてもよいだろう。

DMARC対応のカウントダウン

DMARC（Domain-based Message Authentication, Reporting and Conformance）は、なりすましやメール改ざんなどの迷惑メール対策に有効な送信ドメイン認証技術である。DMARCは送信ドメイン認証技術であるSPF（Sender Policy Framework）やDKIM（DomainKeys Identified Mail）と併用して利用される。SPFは自ドメインのDNSサーバー上に外部にメールを送る可能性のあるIPアドレスをSPFレコードとして公開し、受信側のサーバーが検証することで認証する。DKIMは送信側のメールサーバーで電子署名を作成してメールに付与し、受信側のメールサーバーが検証することで認証する。DMARCはSPFやDKIMの認証結果を利用してメールの取り扱いを決定する。

DMARC登場の背景としては、SPFやDKIMだけでは迷惑メール対策として不十分という点が挙げられる。このようにDMARCは迷惑メール対策を強化する技術ではあるものの普及には時間を要すると考えられていたが、2023年になって、DMARCの普及率が急速に伸びてきている。TwoFiveの調査[108]によると、日本の日経225企業内でDMARCを使っている企業は2023年5月調査では62.2%だったものの、2024年2月調査では85.8%と

大幅に増えている（**図表2-2-4-9**）。

普及のきっかけは2023年2月1日に経済産業省[109]、警察庁および総務省がクレジットカード会社に対してフィッシング対策の強化を同時に要請したことである。具体的には、利用者向けに公開する全てのドメイン名（メールの送信を行わないドメイン名を含む）について、DMARCを導入することおよびDMARC導入に当たっては受信者側でなりすましメールの受信拒否を行うポリシーでの運用を行うことを要請している。

また、2023年2月に一般財団法人日本データ通信協会の迷惑メール対策推進協議会が『送信ドメイン認証技術導入マニュアル第3.1版』[110]を公開し、具体的な導入手順を記載している。

2023年7月4日には内閣サイバーセキュリティセンター（NISC）が「政府機関等の対策基準策定のためのガイドライン」[111]にDMARCの記載を盛り込み、関心が高まっている。

2023年10月に、DMARC対応加速の決め手となった出来事が起こる。Googleが2024年2月1日からフィッシング対策強化を発表したことである。この対策に伴いDMARCを導入していない企業からのメール受信を拒否する可能性が高まり、必要なメールを受け取れない等の影響が出ている。これに伴い2024年1月から2月の間にDMARCの導入が急増し、ようやく諸外国の導入率に並ぼうとしている。

DMARCの導入は進みつつあるものの、現状では有効性に乏しい環境が多い。DMARCにはモニタリング（None）、隔離（Quarantine）、拒否（Reject）の3つのポリシーがある。モニタリングはDMARCの検査で認証に失敗してもそのままメールを受信する。隔離は認証に失敗したメールを隔離し、必要なメールを手動で解放する。拒否は認証に失敗したメールの受信を拒否する。

2023年12月の日本プルーフポイントの調

■**図表2-2-4-9　日経225企業DMARC導入状況**

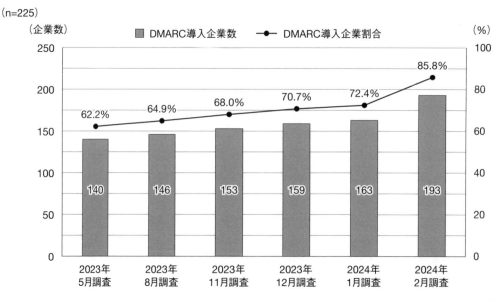

（n=225）

出典：TwoFive「日経225企業DMARC導入状況」

査[112]では日本ではDMARCを導入している企業でもモニタリングの割合が最も多いとの結果が報告されている（**図表2-2-4-10**）。このため、迷惑メール対策に対する実効性に乏しいといえる。

一方、海外では西欧諸国を中心に半数以上が隔離、拒否のポリシーを設定しているという調査結果が出ている。

なぜ日本では隔離や拒否の設定にしない環境が多いのだろうか。海外に比べて日本でモニタリングの設定が多いのは、コミュニケーション手段としてメールを重要視していることや慎重な国民性が関係しているのかもしれない。送信側がメールを利用しているシステムの洗い出しができていない状態でポリシーを隔離、拒否に設定した場合、正規のメールが届かなくなる恐れがあることから慎重に対応を進めていると思われる。

このため、日本では今後DMARCの普及が進んだとしても、迷惑メール対策として十分に機能するのは少し先の話かもしれないが、外部環境の変化に乗じて導入が加速していく流れは今後も止まらないだろう。

5 まとめ

▌これからの生成AIとの関わり方

これまで見てきたように、情報サービス産業界において生成AIとの関わりは今後ますます大きくなると考えられる。どんな道具でも利用者の使い方ひとつで効果や利便性が変わってくる。そこで、本稿では生成AIの出力

▌図表2-2-4-10　主要18カ国のDMARCポリシー導入率（2023年12月調査）

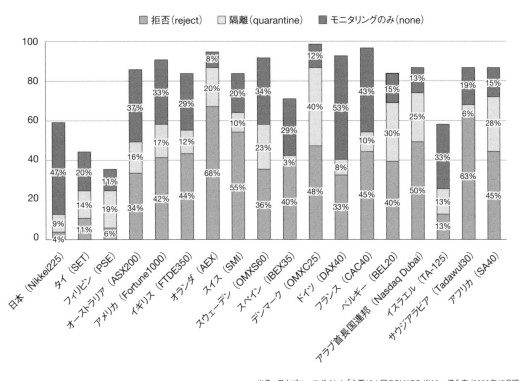

出典：日本プルーフポイント「主要18か国のDMARCポリシー導入率（2023年12月調査）」

を利用していないが、具体的なケースとして本稿を作成する場面を想定してどんな課題があり、何を備えておくべきかを考察する。

最新の正確な情報を得る

まず「最新のセキュリティ情報が得られるのか?」という点であるが、ChatGPTトレーニングデータは半年程度で更新されておりGPT-4-0125版[113]には2023年12月の情報が含まれている。さらにプラグイン[114]を用いることで、ユーザーが欲しい最新の専門情報を外部サイトから、あるいは組織内情報を社内ソースから見つけて提示することも可能である。次に「内容の正確性と求める形で出力できるか?」については質問文の与え方など利用者側スキルに依存する部分も多く、結果の正確さを判断するためには文献やネット検索が欠かせないため調査工数の削減は期待できない。

筆者が利用できたのは最新情報を収集できないGPT-3.5であったが、「最近のサイバーセキュリティトピックを、経営層に分かりやすいように……」と投げ掛けたところ、当たり障りのない平準化されたような回答が得られた。また、それぞれの文章の言い回しはどこのベンダーサイトから切り取ったような印象を受けた。そこで気になるのが「出力結果は著作権上問題がないものか?」という点である。

現状の著作権の考え方

文化庁「AIと著作権[115]」講演資料によると、AI開発における学習用データについては、それ自体を鑑賞するなどしない限りは著作権者への不利益が通常生じないとし、2018年の著作権法改正により原則としてAI学習においては著作権者の許諾なく利用できることとなった。また、人が作ったかAIが生成したかに関わらず、既存の著作物に対して類似性・依拠性が認められる場合は著作権侵害となる考え方を示した。既存の著作権法の考え方との整合性を考慮した検討の必要と、クリエーターらの関係者からの懸念の声を受けて2024年2月に「AIと著作権に関する考え方について(素案)」に関するパブリックコメント結果[116]を公開、文化庁相談窓口を通じてAIによる著作権侵害の実例・被疑事例を集めてさらに精緻な法解釈の検討を進めている。

AI進化の速さに法制度が追い付いていない感もあるが、現時点ではAIの生成物に対して類似性・依拠性がないことを利用者が判断・対処しなければならないため、今回は生成AI出力を用いることを見送った。少なくとも自分で考えたものではないものが、他の誰かのものかどうか調べるすべがないからだ。だが今後はアイデア出しや、文書校正において生成AIの力を借りることが当たり前になっていくと予想される。その時のために法令やガイドラインの動向を注視しつつ、質問文の与え方のスキルを磨いておきたい。

SIer業界として取り組むべきこと

2023年11月、経済産業省から「サイバー攻撃による被害に関する情報共有の促進に向けた検討会」の最終報告書が公開された[117]。本報告書は、サイバー攻撃が高度化する中、単独組織による攻撃の全容解明は困難となっていることを踏まえて、被害組織を支援する専門組織を通じた情報の速やかな共有とその手法について提案したものである。

そして、2024年3月には、本報告書の補完文書として、「攻撃技術情報の取扱い・活用手引き」および「秘密保持契約に盛り込むべき攻撃技術情報等の取扱いに関するモデル条

文」が策定されている[118]。本文書では、速やかな情報共有の対象となる技術情報の解説や、被害組織を特定されないようにするユースケース、さらに攻撃情報の共有に当たりユーザー組織と事前に合意するための秘密保持契約に盛り込むべき条文案などが示されている。被害情報や攻撃情報の共有における課題を認識しながら、その課題を解消するための取り組みがユーザー企業も含め日本企業全体で進みつつある。

SIベンダーを筆頭に、情報サービス産業の中核を担う企業が多く集うJISA会員企業内においても、各社間の情報の格差や、攻撃者に対する情報の非対称性がある現実はあるが、個社の利益や競合関係などの課題を解消しながら業界全体、サプライチェーン全体の防御力を高めることがDX時代のサイバーセキュリティ対策には必須であると考えている。

そのためにもJISAとして平時から我々のお客様を守る情報発信に取り組み、それらの情報を活かしながらお客様のシステムを安全・安心に提供し続けることで、日本企業全体のセキュリティ対策の底上げ、レベルの維持に貢献していきたい。

参考文献

1 NHK NEWS WEB "北朝鮮は外貨収入の半分を違法なサイバー攻撃で獲得" 国連 (2024年3月22日)
https://www3.nhk.or.jp/news/html/20240322/k10014398631000.html

2 NHK NEWS WEB 中国 ことしの国防費 日本円で34兆8000億円余 昨年比7.2%増 (2024年3月5日)
https://www3.nhk.or.jp/news/html/20240305/k10014379411000.html

3 内閣官房 国家安全保障戦略 (2022) パンフレット —日本語版—
https://www.cas.go.jp/jp/siryou/221216anzenhoshou/national_security_strategy_2022_pamphlet-ja.pdf

4 NHK NEWS WEB能登半島地震の偽情報 海外から多く "インプレゾンビ"が (2024年2月2日)
https://www3.nhk.or.jp/news/html/20240202/k10014341931000.html

5 総務省 日ASEANサイバーセキュリティ能力構築センター (AJCCBC) における新プロジェクトの開始 (2023年6月19日)
https://www.soumu.go.jp/menu_news/s-news/01cyber01_02000001_00166.html

6 経済産業省 米国国土安全保障省とのサイバーセキュリティに関する協力覚書に署名しました (2023年1月7日) https://www.meti.go.jp/press/2022/01/20230110002/20230110002.html

7 警察庁 ランサムウェアによる暗号化被害データに関する復号ツールの開発について
https://www.npa.go.jp/news/release/2024/20240214002.html

8 United Nations General Assembly Adopts Resolution Outlining Terms for Negotiating Cybercrime Treaty amid Concerns over 'Rushed' Vote at Expense of Further Consultations (2021年5月26日)
https://press.un.org/en/2021/ga12328.doc.htm

9 Google Security Blog UN Cybercrime Treaty Could Endanger Web Security (2024年2月1日)
https://security.googleblog.com/2024/02/un-cybercrime-treaty-could-endanger-web.html

10 LinkdIn We need to fight cybercrime, not increase state surveillance
https://www.linkedin.com/pulse/we-need-fight-cybercrime-increase-state-surveillance/

11 OpenAI ChatGPT
https://openai.com/chatgpt

12 Microsoft Copilot in Windows and new Cloud PC experiences coming to Windows 11
https://techcommunity.microsoft.com/t5/windows-it-pro-blog/copilot-in-windows-and-new-cloud-pc-experiences-coming-to/ba-p/3933653

13 マイクロソフト Microsoft Copilot for Microsoft 365の概要
https://learn.microsoft.com/ja-jp/microsoft-365-copilot/microsoft-365-copilot-overview

14 マイクロソフト Microsoft Copilot for Finance を発表
https://news.microsoft.com/ja-jp/2024/03/01/240301-introducing-microsoft-copilot-for-finance-the-newest-copilot-offering-in-microsoft-365-designed-to-transform-modern-finance/

15 Executive Order on the Safe, Secure, and Trustworthy Development and Use of Artificial Intelligence
https://www.whitehouse.gov/briefing-room/presidential-actions/2023/10/30/executive-order-on-the-safe-secure-and-trustworthy-development-and-use-of-artificial-intelligence/

16 Making AI Work for the American People
https://ai.gov/

17 EU Artificial Intelligence – Questions and Answers
https://ec.europa.eu/commission/presscorner/detail/en/QANDA_21_1683

18 OpenAI GPT-4 is OpenAI's most advanced system, producing safer and more useful responses
https://openai.com/gpt-4

19 欧州議会 Artificial Intelligence Act: MEPs adopt landmark law
https://www.europarl.europa.eu/news/en/press-room/20240308IPR19015/artificial-intelligence-act-meps-adopt-landmark-law

20 国連 General Assembly Adopts Landmark Resolution on Steering Artificial Intelligence towards Global Good, Faster Realization of Sustainable Development
https://press.un.org/en/2024/ga12588.doc.htm

21 AIプロダクト品質保証コンソーシアム
https://www.qa4ai.jp/

22 ComPromptMized: Unleashing Zero-click Worms that Target GenAI-Powered Applications
https://sites.google.com/view/compromptmized

23 AIセーフティ・インスティテュート (AISI)
https://aisi.go.jp/

24 経済産業省 「AI事業者ガイドライン (第1.0版)」を取りまとめました

https://www.meti.go.jp/press/2024/04/20240419004/20240419004.html

25　総務省　情報通信白書令和5年版　AIを巡る各国等の動向
https://www.soumu.go.jp/johotsusintokei/whitepaper/ja/r05/html/nd249200.html

26　経済産業省　令和5年度補正予算の概要
https://www.meti.go.jp/main/yosan/yosan_fy2023/hosei/index.html

27　デジタル庁　DFFT
https://www.digital.go.jp/policies/dfft

28　デジタル庁　G7群馬高崎デジタル・技術大臣会合の開催結果　附属書1「DFFT具体化のためのG7ビジョン及びそのプライオリティに関する附属書」
https://www.digital.go.jp/news/efdaf817-4962-442d-8b5d-9fa1215cb56a

29　経済産業省　データの越境移転に関する研究会
https://www.meti.go.jp/shingikai/mono_info_service/data_ekkyo_iten/index.html

30　一般社団法人情報サービス産業協会　令和5年度委員会（技術委員会、データ流通部会）
https://www.jisa.or.jp/activity/committee/tabid/3598/Default.aspx

31　総務省　マイナンバーカード交付状況について（2024年4月30日時点）
https://www.soumu.go.jp/kojinbango_card/kofujokyo.html

32　厚生労働省　オンライン資格確認等システムの「災害時医療情報閲覧機能」
https://www.mhlw.go.jp/content/10200000/001187225.pdf

33　厚生労働省　マイナンバーカードの健康保険証利用について
https://www.mhlw.go.jp/stf/newpage_08277.html

34　警察庁　令和4年版警察白書　3国民の利便性向上・負担軽減に向けた取組
https://www.npa.go.jp/hakusyo/r04/honbun/html/yf123000.html

35　デジタル庁　2023年デジタル庁年次報告　生活者、事業者、職員にやさしいサービスの提供
https://www.digital.go.jp/policies/report-202209-202308/friendly-public-service#new-certification

36　e-gov　電子署名等に係る地方公共団体情報システム機構の認証業務に関する法律施行規則の一部を改正する命令案に対する意見募集について
https://public-comment.e-gov.go.jp/servlet/Public?CLASSNAME=PCMMSTDETAIL&id=290310311&Mode=0

37　地方公共団体情報システム機構　マイナンバーカード総合サイト　更新手続きについて
https://www.kojinbango-card.go.jp/card/renewal/

38　デジタル庁　次期個人番号カードタスクフォース
https://www.digital.go.jp/councils/mynumber-card-renewal

39　警察庁　令和5年におけるサイバー空間をめぐる脅威の情勢等について
https://www.npa.go.jp/publications/statistics/cybersecurity/data/R5/R05_cyber_jousei.pdf

40　内閣サイバーセキュリティセンター（NISC）　中国を背景とするサイバー攻撃グループ BlackTech によるサイバー攻撃について（注意喚起）
https://www.nisc.go.jp/pdf/press/20230927NISC_press.pdf

41　内閣サイバーセキュリティセンター（NISC）　DDoS 攻撃への対策について
https://www.npa.go.jp/bureau/cyber/pdf/20230501.pdf

42　警察庁　学術関係者・シンクタンク研究員等を標的としたサイバー攻撃について（注意喚起）
https://www.npa.go.jp/bureau/cyber/pdf/R041130_cyber_alert_1.pdf

43　警察庁、金融庁　フィッシングによるものとみられるインターネットバンキングに係る不正送金被害の急増について（注意喚起）

https://www.fsa.go.jp/ordinary/internet-bank_2/13.pdf

44　警察庁　令和5年上半期におけるサイバー空間をめぐる脅威の情勢等について
https://www.npa.go.jp/publications/statistics/cybersecurity/data/R05_kami_cyber_jousei.pdf

45　IPA　情報セキュリティ10大脅威 2023
https://www.ipa.go.jp/security/10threats/10threats2023.html

46　IPA　サポート詐欺で表示される偽のセキュリティ警告画面の閉じ方
https://www.ipa.go.jp/security/anshin/doe3um0000005cag-att/20231115173500.pdf

47　CISA　2022 Top Routinely Exploited Vulnerabilities
https://www.cisa.gov/news-events/cybersecurity-advisories/aa23-215a

48　CISA　Known Exploited Vulnerabilities Catalog
https://www.cisa.gov/known-exploited-vulnerabilities-catalog

49　IPA　共通脆弱性タイプ一覧CWE概説
https://www.ipa.go.jp/security/vuln/scap/cwe.html

50　MITRE　2023 CWE Top 10 KEV Weaknesses
https://cwe.mitre.org/top25/archive/2023/2023_kev_list.html

51　国土交通省　川の水位情報
https://k.river.go.jp/

52　国土交通省　配信を停止している簡易型河川監視カメラの再開について
https://www.mlit.go.jp/report/press/mizukokudo03_hh_001168.html

53　NOTICE
https://notice.go.jp/

54　NOTICE　最近の観測状況
https://notice.go.jp/status

55　CISA　Secure-by-Design
https://www.cisa.gov/resources-tools/resources/secure-by-design

56　重要生活機器連携セキュリティ協議会
https://www.ccds.or.jp/

57　重要生活機器連携セキュリティ協議会　サーティフィケーションプログラムにおけるセキュリティ要件
https://www.ccds.or.jp/certification/requirements.html

58　個人情報保護委員会　サーマルカメラの使用等に関する注意喚起について
https://www.ppc.go.jp/news/careful_information/230913_alert_thermal_camera/

59　イーセットジャパン　ESET調査レポート：破壊されずに廃棄された古いルーターから企業の機密情報の流出が多発
https://www.eset.com/jp/blog/welivesecurity/discarded-not-destroyed-old-routers-reveal-corporate-secrets/

60　Federal Trade Commission Consumer Advice"Scammers hide harmful links in QR codes to steal your information"
https://consumer.ftc.gov/consumer-alerts/2023/12/scammers-hide-harmful-links-qr-codes-steal-your-information

61　フィッシング対策協議会　https://www.antiphishing.jp/

62　旧TwitterのXなどのSNSで地震や原発、津波関連の"偽・ウソ情報"の投稿がNHKのロゴを使った投稿も 注意を | NHK | フェイク対策（2024年1月4日）
https://www3.nhk.or.jp/news/html/20240104/k10014309071000.html

63　総務省　「能登半島地震に関する偽情報がインターネット上で発信・拡散されております。インターネット上の偽・誤情報にはご注意ください。総務省で取り組んでいる以下もご覧ください。
https://twitter.com/MIC_JAPAN/status/1742029852201672808

64　朝日新聞デジタル　能登地震の偽投稿、総務省がXなどプラットフォーマー4社に対応要請（2024年1月6日）
https://www.asahi.com/articles/ASS163TF2S16ULFA002.

html

65 独立行政法人国民生活センター　令和6年能登半島地震に便乗した詐欺的トラブルにご注意ください！一義援金や寄付を集めるという不審な電話・訪問に注意—
https://www.kokusen.go.jp/news/data/n-20240112_2.html

66 株式会社東京商工リサーチ　2023年の「個人情報漏えい・紛失事故」が年間最多　件数175件、流出・紛失情報も最多の4,090万人分 | TSRデータインサイト | 東京商工リサーチ
https://www.tsr-net.co.jp/data/detail/1198311_1527.html

67 日本セキュリティオペレーション事業者協議会　活動成果 | ISOG-J：セキュリティ対応組織の教科書 第3.1版
https://isog-j.org/output/2023/Textbook_soc-csirt_v3.html

68 国土交通省　持続可能な物流の実現に向けた検討会
https://www.mlit.go.jp/seisakutokatsu/freight/seisakutokatsu_freight_mn1_000023.html

69 国土交通省　情報セキュリティ
https://www.mlit.go.jp/sogoseisaku/jouhouka/sosei_jouhouka9999.html

70 内閣府　基幹インフラ役務の安定的な提供の確保に関する制度
https://www.cao.go.jp/keizai_anzen_hosho/infra.html

71 国土交通省　経済安全保障（基幹インフラ役務の安定的な提供の確保に関する制度）
https://www.mlit.go.jp/sogoseisaku/jouhouka/sosei_jouhouka_fr1_000028.html

72 IPA　重要情報を扱うシステムの要求策定ガイド
https://www.ipa.go.jp/digital/kaihatsu/system-youkyu.html

73 神戸新交通株式会社　新交通システムの特徴
https://www.knt-liner.co.jp/company/system/

74 ゆりかもめ　設備・しくみ・システム
https://www.yurikamome.co.jp/feature/comfortable/system.html

75 九州旅客鉄道株式会社　ニュースリリース2024年02月22日　2024年3月16日より2つの自動運転開始します～香椎線GOA2.5自動運転開始、鹿児島本線 自動列車運転装置の実証運転開始～
https://www.jrkyushu.co.jp/news/__icsFiles/afieldfile/2024/02/22/240222_jidouunten_2.5_2.0.pdf

76 国土交通省　鉄道における自動運転技術検討会
https://www.mlit.go.jp/tetudo/tetudo_fr1_000058.html

77 東日本旅客鉄道株式会社　JR東日本ニュース2021年12月7日　首都圏の輸送システムの変革を進めます
https://www.jreast.co.jp/press/2021/20211207_ho03.pdf

78 国土交通省　都市鉄道向け無線式列車制御システムの　無線回線設計ガイドライン
https://www.mlit.go.jp/common/001394021.pdf

79 経済産業省　サイバー・フィジカル・セキュリティ対策フレームワーク（CPSF）とその展開
https://www.meti.go.jp/policy/netsecurity/wg1/wg1.html

80 東京都「テレワーク実施率調査結果（令和6年1月）」
https://www.metro.tokyo.lg.jp/tosei/hodohappyo/press/2024/02/15/28.html

81 総務省「テレワークセキュリティガイドライン第5版」
https://www.soumu.go.jp/main_sosiki/cybersecurity/telework/

82 総務省「令和4年通信利用動向調査」
https://www.soumu.go.jp/menu_news/s-news/01tsushin02_02000164.html

83 総務省　自治体DXの推進
https://www.soumu.go.jp/denshijiti/index_00001.html

84 総務省　情報通信白書令和5年版地方自治体におけるAI導入状況（AIの機能別導入状況）
https://www.soumu.go.jp/johotsusintokei/whitepaper/ja/r05/html/datashu.html#f00341

85 総務省　ChatGPT等の生成AIの業務利用について
https://www.soumu.go.jp/main_content/000879561.pdf

86 横須賀市　自治体初！横須賀市役所でChatGPTの全庁的な活用実証を開始
https://www.city.yokosuka.kanagawa.jp/0835/nagekomi/documents/yokosuka-chatgpt.pdf

87 横須賀市　月2000万文字！数字で見る横須賀市のChatGPT利用状況
https://govgov.ai/n/nea9f04389f69

88 note 自治体AI活用マガジン（運営：横須賀市）
https://govgov.ai/

89 神戸市　神戸市情報通信技術を活用した行政の推進等に関する条例
https://www1.g-reiki.net/city.kobe/reiki_honbun/k302RG00001318.html

90 神戸市　2024年 第1回定例市会【2月議会】
https://www.city.kobe.lg.jp/z/shikaijimukyoku/giann_etc/r6/2gatsukaigikekka.html

91 神戸市　生成AIの利活用
https://www.city.kobe.lg.jp/z/kikakuchose/digitalsenryaku/seiseiai.html

92 一般社団法人日本ディープラーニング協会　資料室
https://www.jdla.org/document/

93 経済産業省　サイバー・フィジカル・セキュリティ確保に向けたソフトウェア管理手法等検討タスクフォース
https://www.meti.go.jp/shingikai/mono_info_service/sangyo_cyber/wg_seido/wg_bunyaodan/software/index.html

94 経済産業省　「ソフトウェア管理に向けたSBOM（Software Bill of Materials）の導入に関する手引」を策定しました
https://www.meti.go.jp/press/2023/07/20230728004/20230728004.html

95 経済産業省　第12回 サイバー・フィジカル・セキュリティ確保に向けたソフトウェア管理手法等検討タスクフォース　参考資料 ソフトウェア管理に向けたSBOMの導入に関する手引Ver2.0（案）
https://www.meti.go.jp/shingikai/mono_info_service/sangyo_cyber/wg_seido/wg_bunyaodan/software/pdf/012_s01_00.pdf

96 IPA　「2023年度ソフトウェア開発に関するアンケート調査」調査結果データの公開と分析レポートの募集
https://www.ipa.go.jp/digital/chosa/software-engineering/result_software-engineering2023.html

97 セキュリティ・トランスペアレンシー・コンソーシアム
https://www.st-consortium.org/

98 経済産業省　第12回 サイバー・フィジカル・セキュリティ確保に向けたソフトウェア管理手法等検討タスクフォース　議事要旨
https://www.meti.go.jp/shingikai/mono_info_service/sangyo_cyber/wg_seido/wg_bunyaodan/software/pdf/012_gijiyoshi.pdf

99 IETF RFC 791 INTERNET PROTOCOL
https://datatracker.ietf.org/doc/html/rfc791

100 総務省統計局　世界の統計2024 2-1世界人口の推移
https://www.stat.go.jp/data/sekai/0116.html

101 IETF RFC1884 IP Version 6 Addressing Architecture
https://datatracker.ietf.org/doc/html/rfc1884

102 JPNIC　IPv4アドレスの在庫枯渇に関して
https://www.nic.ad.jp/ja/ip/ipv4pool/

103 総務省　IPv6の普及促進（4）我が国のIPv6対応状況
https://www.soumu.go.jp/menu_seisaku/ictseisaku/ipv6/index.html

104 NSA Publishes Internet Protocol Version 6（IPv6）Security Guidance
https://www.nsa.gov/Press-Room/News-Highlights/Article/Article/3270451/nsa-publishes-internet-protocol-version-6-ipv6-security-guidance

105 CVE-2024-32473 Moby IPv6 enabled on IPv4-only network interfaces
https://www.cve.org/CVERecord?id=CVE-2024-32473

106 CISA Trusted Internet Connections（TIC）
https://www.cisa.gov/resources-tools/programs/trusted-

internet-connections-tic

107　IPv6普及・高度化推進協議会
https://www.v6pc.jp/

108　TwoFive なりすましメール対策実態調査 2024年2月版
https://www.twofive25.com/news/20240209_dmarc_report.
html

109　経済産業省 クレジットカード会社等に対するフィッシング対策の
強化を要請しました
https://www.meti.go.jp/press/2022/02/20230201001/
20230201001.html

110　一般社団法人日本データ通信協会　迷惑メール対策推進協議会 送
信ドメイン認証技術導入マニュアル第3.1版
https://www.dekyo.or.jp/soudan/data/anti_spam/meiwakuma
nual3/manual_3rd_edition.pdf

111　内閣サイバーセキュリティセンター（NISC）政府機関等の対策基
準策定のためのガイドライン（令和5年度版）
https://www.nisc.go.jp/pdf/policy/general/guider5.pdf

112　日本プルーフポイント【DMARC導入率グローバル調査 2023】日
本はようやく60%が対応に着手するも実効性ではいまだ最下位
https://www.proofpoint.com/jp/blog/email-and-cloud-threats/
Global-DMARC-Adoption-Rate-Survey-2023

113　OpenAI　GPT-4 and GPT-4 Turbo
https://platform.openai.com/docs/models/gpt-4-and-gpt-4-

turbo

114　OpenAI　ChatGPT plugins
https://openai.com/blog/chatgpt-plugins

115　文化庁　令和5年度著作権セミナー「AIと著作権」の講演映像及び
講演資料を公開しました。
https://www.bunka.go.jp/seisaku/chosakuken/93903601.
html

116　文化庁　文化審議会著作権分科会法制度小委員会（第7回）
https://www.bunka.go.jp/seisaku/bunkashingikai/chosakuk
en/hoseido/r05_07/

117　経済産業省　産業サイバーセキュリティ研究会「サイバー攻撃によ
る被害に関する情報共有の促進に向けた検討会」の最終報告書等
を取りまとめました
https://www.meti.go.jp/press/2023/11/20231122002/
20231122002.html

118　経済産業省　産業サイバーセキュリティ研究会「サイバー攻撃によ
る被害に関する情報共有の促進に向けた検討会」の最終報告書の
補完文書として「攻撃技術情報の取扱い・活用手引き」及び「秘密
保持契約に盛り込むべき攻撃技術情報等の取扱いに関するモデル
条文」を策定しました
https://www.meti.go.jp/press/2023/03/20240311001/
20240311001.html

改革の担い手デジタル人材の動向と課題

河野 浩二、角田 千晴、松田 信之

1 デジタル人材の動向

デジタル人材需要の概況

デジタル活用による業務の効率化、製品・サービスの高付加価値化や事業創造を実現するデジタル・トランスフォーメーション（DX）の担い手であるデジタル人材[1]の不足が、ITサービスを提供する情報サービス企業のみならずITを活用するユーザー企業双方で顕在化し、DX推進のボトルネックの一つとなっている。

国際的なシンクタンクIMDが2023年11月に公表した「デジタル競争力ランキング」[2]によると、わが国の人材（タレント）の競争力は64カ国中49位、デジタル・技術スキルは63位にとどまり、欧米先進国のみならず、シンガポール、韓国、中国等、アジア諸国にも劣後する状況にある。総合人材サービス会社によるレポート[3]によれば、わが国のデジタル人材（同レポートにおけるITエンジニア）数は、米国445.1万人、インド343.1万人、中国328.4万人に次いで144.0万人の4位であるが、日本の全就業者に対するIT技術者の割合は、調査対象国109カ国中37位にとどまり、北欧、米国、韓国等に比べ低いことが報告されている。

2020年に実施された国勢調査[4]によると、わが国におけるデジタル人材（同調査における情報処理・通信に携わる人材）の人数は約125万人であり、2015年の国勢調査結果に比較して約21万人増加した。所属の内訳を見ると、情報サービス業を含むIT関連企業とユーザー企業に所属する人数の比は、74対26であり、IT関連企業に所属している人材の割合が高い。前回の国勢調査と比較するとIT関連企業、ユーザー企業に所属する人材の双方で人材数が増加したため、この割合に大きな変化は見られない。他方、米国の職業別雇用・賃金統計[5]によると、IT関連企業、ユーザー企業に所属する人数の比は35対65であり、ユーザー企業に所属する割合が高い。この違いの背景として、米国では、ユーザー企業が雇用する人材によりデジタル化を進める（内製）傾向が高いことや、人材の流動性が高くユーザー企業がデジタル化投資に応じて柔軟に人材を確保しやすいことなどが挙げられる。

独立行政法人情報処理推進機構（IPA）の「DX白書2023」（2023年3月）[6]によると、わが国におけるDXを推進するデジタル人材（同白書における「DXを推進する人材」）の確保状況は、「大幅に不足している」と回答している企業の割合が過半数に及ぶ。前回「DX白書2021」と比較すると「やや不足している」割合が減少する一方、「大幅に不足している」割合が増加し、人材不足がより顕在化している（**図表2-2-5-1**）。

デジタル人材は職種によらず全般的に不足しているが、DX白書2023によると、データ利活用を担う「データサイエンティスト」、デジタルに係る事業創出等を担う「ビジネスデザイナー」「プロダクトマネージャー」の不足感が強い。

業種別には、情報サービス企業が分類される情報通信業では、「大幅に不足している」「やや不足している」を合わせた企業の割合が7割を超え、「やや不足している」企業の割合が4割を占める。これに対し、ユーザー企業の他業種では、「大幅に不足している」割合が5割を超える業種が多く、デジタル人材の育成確保が遅れてきたユーザー企業における人

材不足が顕在化していることがうかがわれる（**図表2-2-5-2**）。

ユーザー企業におけるデジタル人材需要が増加する中、情報サービス企業等のIT企業に人材流動の動きが見られる。IPAが個人を対象に調査した結果[7]によると、直近2年にIT企業から転職した人材のうち、ユーザー企業への転職が51%、IT企業への転職（同業種間）が38%、その他（スタートアップ企業、他）が10%であり、IT企業からユーザー企業への転職が半数を超える。

デジタル人材の獲得競争に伴いデジタル人材の処遇引き上げの動きも見られる。日経コンピュータ記事[8]によれば、大手IT企業の平

▌図表2-2-5-1　日本のデジタル人材──量の確保

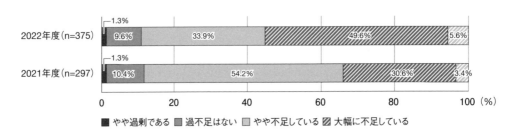

出典：情報処理推進機構「2023年度ソフトウェア開発に関するアンケート調査」

▌図表2-2-5-2　業種別に見たデジタル人材の量の確保

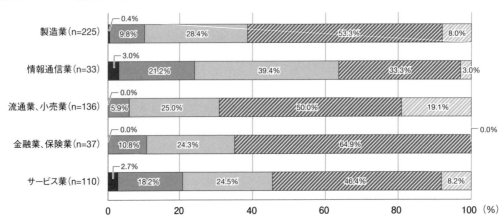

出典：情報処理推進機構「2023年度ソフトウェア開発に関するアンケート調査」

均給与は、過去10年で100万円程度上昇している。また、JISA基本統計調査[9]によれば、会員企業の2022年の年収平均値（35歳、残業を含まない）は、517万円と2020年から17万円上昇している。近年、優秀なデジタル人材の新卒・中途採用を行う際に、従来の給与・処遇体系に縛られず、高い報酬水準を設定する例が見られ、高いデジタル技術を持つ新卒人材に対して1,000万円以上の年収の可能性を提示する企業等の事例も出ている[10]。

しかしながら、総合人材サービス会社が世界各国のITエンジニアの平均給与で比較した調査[11]によると、約6割の国で前年より年収上昇が見られる一方、日本では、昨今の円安の影響を受けて、米ドルベースでは前年比5.9%の減少（日本円ベース0.4%の微増）と調査対象72カ国中26位にとどまり、海外諸国に比較して、日本におけるデジタル人材（同調査におけるITエンジニア）の処遇水準やその伸びが低いと指摘している。

▌デジタル人材確保・育成の取組状況

DXを推進するデジタル人材の獲得・確保の方法に関しては、日本企業では、社内人材の育成、既存人材の活用、外部採用（中途採用）等の割合が高い。日米企業を比較すると米国企業では「日本企業に比べ特定技術を有する企業や個人との契約」「リファラル採用[12]」の割合が高く、多様な人材獲得手段が活用されていることが分かる（**図表2-2-5-3**）。

人材確保の課題に関しては、「戦略上必要なスキルやそのレベルが定義できていない」、「採用したい人材のスペックが明確でない」とする企業の割合が4割を超える。デジタル人材の確保においては、情報サービス企業においては提供する情報サービスの内容や事業

ポートフォリオ、ユーザー企業においては、自社のDXの戦略や取組に必要なデジタル人材の人材像設定が出発点となるが、「DX白書2023」によると、DXを推進するデジタル人材の人材像を「設定し、社内に周知している」割合は日本では18.4%にとどまる。自社に必要なデジタル人材を設定していない企業等は、どのような人材が必要なのか明確化しないまま、デジタル人材を漠然と不足と捉えている可能性がある。

前述の日本企業のデジタル人材の「量」の確保を、デジタル人材像の設定別に比較すると、人材像を設定している企業は、充足（「やや過剰である」「過不足はない」を合計した割合）が25.4%、「大幅に不足している」が30.7%であるのに対して人材像を設定していない企業は充足が5.1%、「大幅に不足している」割合が59.6%と不足が顕著であり、人材像の明確化と人材確保状況との間に相関が見られる（**図表2-2-5-4**）。

▌デジタルリテラシー向上の取組状況

組織的にDXを推進する上では、専門的スキルや知識を持つデジタル人材に限らず、経営層から現場までの従業員全体のデジタルリテラシーを向上することが重要である。デジタルリテラシー向上の取組に「全社的に取組んでいる」「一部の部門において取組んでいる」「部署ごとに独自、個別に取組んでいる」企業の合計は、日本は80.5%、米国は94.0%である。日米企業ともにDXに取組んでいる企業は積極的に従業員のデジタルリテラシー向上に取組んでいる姿勢がうかがえるが、日本は「取組んでいない」企業が17.6%あり、大部分の企業が取組む米国企業との間に差異が見られる。デジタルリテラシーは、デジタル

▌図表2-2-5-3　デジタル人材（DXを推進する人材）の獲得・確保の方法

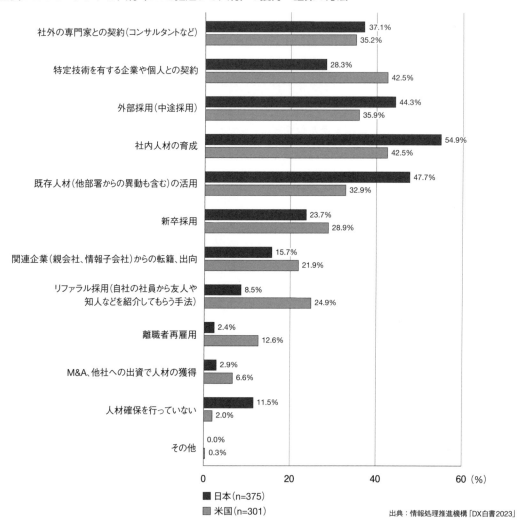

出典：情報処理推進機構「DX白書2023」

▌図表2-2-5-4　人材像設定状況別に見たデジタル人材の量の確保の状況

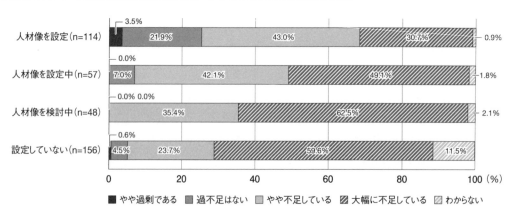

※DXを推進する人材像を「設定し、社内に周知している」と「設定しているが、社内に周知していない」を「人材像を設定」とし、「設定していない」「わからない」を「設定していない」とした。

出典：情報処理推進機構「DX白書2023」

時代において必要不可欠な能力であること、AI技術の進展等、デジタルリテラシーの内容も変化することから、企業では、全ての従業員に対し継続的なデジタルリテラシー向上の取り組みを実施することが求められる。

▌デジタル人材確保に向けた今後の方向性

DXの取り組みが本格化する中、ユーザー企業、情報サービス業双方でデジタル人材不足が続いているのはこれまで述べてきた通りだが、わが国の労働人口が減少傾向にある中で、不足を叫んでいるだけでは解消できない。まず、自社のDX戦略を具体化し、真に必要な人材やスキル・知識を明確化した上で、必要な人材確保のための育成、獲得方法の多様化や雇用の柔軟性の確保、処遇向上等の取り組みを加速することが求められる。また、限られたデジタル人材が適材適所で活躍するためには人材流動が促進されることも必要であろう。こうした人材育成や確保、能力の適性評価等においてスキル・知識の可視化は特に重要であり、後述するデジタルスキル標準の活用も期待される。

わが国におけるデジタル人材の圧倒的な不足を考えると、デジタル人材の供給源として教育機関によるデジタル人材教育のさらなる充実、海外デジタル人材の獲得も人材確保の手段の一つとなる。前者については、情報系の専門教育に加え、文理や専攻を問わないデジタルに関する教育の充実、後者については、海外のデジタル人材の給与水準が上がる中、日本での処遇に同等あるいはそれ以上の水準が求められる可能性があることから、海外人材の採用目的の明確化や適切なスキル評価が不可欠となる。また、優秀なデジタル人材のグローバルな獲得競争に対処していくた

めには、わが国のデジタル人材の処遇水準をグローバル水準に引き上げていく必要があるため、デジタルによる付加価値創出、情報サービス業の一層の生産性向上、競争力強化を図るための事業モデル改革を進める必要がある。さらに、日本全体としてデジタルへの対応力を底上げするという観点からは、広く社会人のデジタルに対応するためのリスキリング、学びの機会の拡充を加速させていくことも重要であろう。

IT関連企業に従事するデジタル人材の割合が高いわが国では、情報サービス業等のIT関連企業がユーザー企業のパートナーとして機能し、わが国のデジタル化をリードすることが、引き続き期待される。他方、AIをはじめとしてデジタル技術の進展やコモディティー化、ユーザー企業のDXの進展に伴い、情報サービス企業に対するデジタル技術やサービスのニーズが変化すると見込まれる。情報サービス企業に従事するデジタル人材は、変化するユーザー企業のニーズや技術変化に対応した専門性を高めて一層の高付加価値化を提供し、わが国のデジタル化やDXをリードする存在としての役割を高めることが求められる。情報サービス産業界には、デジタル人材育成や環境づくりの取り組み一層推進することが期待される。

2 デジタル人材育成施策の動向

▌デジタル人材育成施策策定の背景

2021年、岸田文雄首相の下で「デジタル実装を通じて地方が抱える課題を解決し、誰一人取り残されずすべての人がデジタル化のメリットを享受できる心豊かな暮らしを実現する」ことを目的に「デジタル田園都市国家

構想[13]」が公表された（2022年6月7日閣議決定）。

「新しい資本主義」の重要な柱の一つであり、構想実現に向け、次の4つの取り組み方針が掲げられている。

- デジタルの力を活用した地方の社会課題解決
- 構想を支えるハード・ソフトのデジタル基盤整備
- デジタル人材の育成・確保
- 誰一人取り残されないための取り組み

当該方針の一つである「デジタル人材の育成・確保」では、施策をさらに4種に分類している。そのうちの一つ「デジタル人材育成プラットフォームの構築」について、経済産業省とIPAが各種施策を検討し策定したものを後述の「デジタル人材プラットフォーム（p.161）」にて簡単に触れる。

▎デジタルスキル標準

1）デジタルスキル標準とは

「デジタルスキル標準[14]（DSS）」は、デジタル化の担い手がITに特化した人材から広くデジタル人材に変化しつつあることを踏まえ、DX時代の人材像を整理し、新たなスキル体系として可視化すべく、2022年12月に策定し公表された。

これまでにもITに関する知識・スキルの標準としては、ITスキル標準（以下、ITSS）があったが、これは、IT企業等の技術者を対象とした標準であった。非IT企業の事業戦略をITによって実現し、運用していくための標準として、情報システムユーザースキル標準（UISS）もあったが、これは企業の情報システム部門要員向けであり、デジタル技術の活用が身近な時代にあっては、ビジネスパーソン全てに適用できるような内容が求められ、DSSが誕生した。

デジタルスキル標準で扱う知識やスキルは、共通的な指標として転用しやすく、かつ内容理解において特定の産業や職種に関する知識を問わないことを狙い、可能な限り汎用性を持たせた表現としている。そのため、個々の企業・組織への適用に当たっては、各企業・組織の属する産業や自らの事業の方向性に合わせることが求められる。

DSSは全てのビジネスパーソンを対象とした「DXリテラシー標準（DSS-L）」と、専門性を持ってDXを進める人材を対象とした「DX推進スキル標準（DSS-P）」の二つで構成されている。

それぞれの標準がどのようなものかについて次に示す。

（1）DXリテラシー標準（DSS-L）

ビジネスパーソン一人一人がDXを自分の事と捉え、変革に向けて行動できるようになることを目的に策定され、次の指針およびそれぞれの指針において学習が期待される項目（学習項目例）を定義している。

- DXに関するリテラシーとして身に付けるべき知識の学習の指針
- 個人が自身の行動を振り返るための指針かつ、組織・企業が構成員に求める意識・姿勢・行動を検討する指針

DXリテラシー標準（DSS-L）は次の4要素で構成されている。

- 社会環境などの背景としての『Why』
- データや技術に関する『What』
- 利活用に関する『How』

- 必要な意識や姿勢、行動を定めた『マインド・スタンス』

それぞれの構成要素の学習のゴールと含まれる項目は**図表2-2-5-5**の通り。項目ごとに内容が定義され、学習項目例も示されている。

＊マインド・スタンス
- 学習のゴール：社会変化の中で新たな価値を生み出すために必要なマインド・スタンスを知り、自身の行動を振り返ることができる
- 項目：変化への適応、コラボレーション、顧客・ユーザーへの共感、常識にとらわれない発想、反復的なアプローチ、柔軟な意思決定、事実に基づく判断

＊Why（DXの背景）
- 学習のゴール：人々が重視する価値や社会・経済の環境がどのように変化しているか知っており、DXの重要性を理解している
- 項目：　社会の変化、顧客価値の変化、競争環境の変化

＊What（DXで活用されるデータ・技術）
- 学習のゴール：DX推進の手段としてのデータやデジタル技術に関する最新の情報を知った上で、その発展の背景への知識を深めることができる
- 項目：データ（社会におけるデータ、データを読む・説明する、データを扱う、データによって判断する）、デジタル技術（AI、クラウド、ハードウエア・ソフトウエア、ネットワーク）

▌図表2-2-5-5　DXリテラシー標準の全体像

標準策定のねらい
ビジネスパーソン一人ひとりがDXに関するリテラシーを身につけることで、DXを自分事ととらえ、変革に向けて行動できるようになる

Why
DXの背景
✓DXの重要性を理解するために必要な、社会、顧客・ユーザー、競争環境の変化に関する知識を定義
→DXに関するリテラシーとして身につけるべき知識の学習の指針とする

What
DXで活用されるデータ・技術
✓ビジネスの場で活用されているデータやデジタル技術に関する知識を定義
→DXに関するリテラシーとして身につけるべき知識の学習の指針とする

How
データ・技術の利活用
✓ビジネスの場でデータやデジタル技術を利用する方法や、活用事例、留意点に関する知識を定義
→DXに関するリテラシーとして身につけるべき知識の学習の指針とする

マインド・スタンス
✓社会変化の中で新たな価値を生み出すために必要な意識・姿勢・行動を定義
→個人が自身の行動を振り返るための指針かつ、組織・企業がDX推進や持続的成長を実現するために、構成員に求める意識・姿勢・行動を検討する指針とする

出典：経済産業省／情報処理推進機構「DXスキル標準Ver.1.1」

＊How（データ・技術の利活用）
- 学習のゴール：データ・デジタル技術の活用事例を理解し、その実現のための基本的なツールの利用方法を身に付けた上で、留意点などを踏まえて実際に業務で利用できる
- 項目：活用事例・利用方法（データ・デジタル技術の活用事例、ツール利用）、留意点（セキュリティー、モラル、コンプライアンス）

（2）DX推進スキル標準（DSS-P）

　DXを推進する人材の役割や習得すべき知識・スキルを示し、それらを育成の仕組みに結び付けることで、リスキリングの促進、実践的な学びの場の創出、能力・スキルの見える化を実現する標準として、人材類型、役割（ロール）、スキル・知識、学習項目などを定義している。

　これにより、自社・組織に必要な人材が明確になり、確保や育成の取り組みに着手できるなど活用が期待できる。

　DX推進スキル標準は、5つの人材類型と、その下位区分であるロール、全ての人材類型・ロールに共通の共通スキルリストから構成されている。ロールとは、企業・組織や個人にとって活用しやすいように、人材類型を業務の違いによってさらに詳細に区分したものである。

　5つの人材類型は**図表2-2-5-6**の通り。

▌図表2-2-5-6　5つの人材類型とその定義

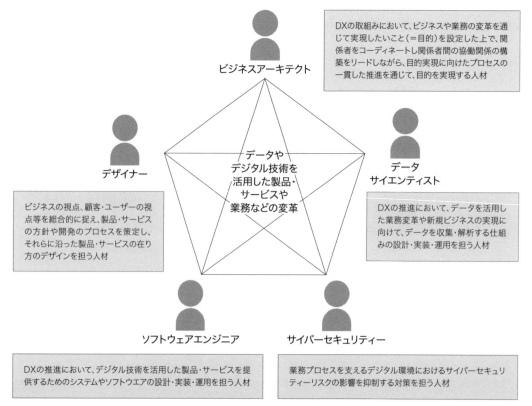

出典：経済産業省／情報処理推進機構「DXスキル標準Ver.1.1」

人材類型をさらに詳細に区分し、**図表2-2-5-7**の通りロールを設定している。

スキルについては、全人材類型に共通する「共通スキルリスト」設定し、DXを推進する人材に求められるスキルを49個のスキル項目で整理している（**図表2-2-5-8**）。

各サブカテゴリでは、主要な活動やそれを支える要素技術と手法として、スキル項目と説明、学習項目例を示す。

ロールごとに担う責任や主な業務を示し、必要なスキルは、「共通スキルリスト」のスキル項目一覧を踏まえ、求められるそれぞれの

▌図表2-2-5-7　人材類型別のロール一覧

人材類型	ロール	DX推進において担う責任
ビジネスアーキテクト	ビジネスアーキテクト（新規事業開発）	新しい事業、製品・サービスの目的を見いだし、新しく定義した目的の実現方法を策定した上で、関係者をコーディネートし関係者間の協働関係の構築をリードしながら、目的実現に向けたプロセスの一貫した推進を通じて、目的を実現する
	ビジネスアーキテクト（既存事業の高度化）	既存の事業、製品・サービスの目的を見直し、再定義した目的の実現方法を策定したうえで、関係者をコーディネートし関係者間の協働関係の構築をリードしながら、目的実現に向けたプロセスの一貫した推進を通じて、目的を実現する
	ビジネスアーキテクト（社内業務の高度化・効率化）	社内業務の課題解決の目的を定義し、その目的の実現方法を策定した上で、関係者をコーディネートし関係者間の協働関係の構築をリードしながら、目的実現に向けたプロセスの一貫した推進を通じて、目的を実現する
デザイナー	サービスデザイナー	社会、顧客・ユーザー、製品・サービス提供における社内外関係者の課題や行動から顧客価値を定義し製品・サービスの方針（コンセプト）を策定するとともに、それを継続的に実現するための仕組みのデザインを行う
	UX/UIデザイナー	バリュープロポジション※に基づき製品・サービスの顧客・ユーザー体験を設計し、製品・サービスの情報設計や、機能、情報の配置、外観、動的要素のデザインを行う
	グラフィックデザイナー	ブランドのイメージを具現化し、ブランドとして統一感のあるデジタルグラフィック、マーケティング媒体等のデザインを行う
データサイエンティスト	データビジネスストラテジスト	事業戦略に沿ったデータの活用戦略を考えるとともに、戦略の具体化や実現を主導し、顧客価値を拡大する業務変革やビジネス創出を実現する
	データサイエンスプロフェッショナル	データの処理や解析を通じて、顧客価値を拡大する業務の変革やビジネスの創出につながる有意義な知見を導出する
	データエンジニア	効果的なデータ分析環境の設計・実装・運用を通じて、顧客価値を拡大する業務変革やビジネス創出を実現する
ソフトウエアエンジニア	フロントエンドエンジニア	デジタル技術を活用したサービスを提供するためのソフトウエアの機能のうち、主にインターフェース（クライアントサイド）の機能の実現に主たる責任を持つ
	バックエンドエンジニア	デジタル技術を活用したサービスを提供するためのソフトウエアの機能のうち、主にサーバーサイドの機能の実現に主たる責任を持つ
	クラウドエンジニア/SRE	デジタル技術を活用したサービスを提供するためのソフトウエアの開発・運用環境の最適化と信頼性の向上に責任を持つ
	フィジカルコンピューティングエンジニア	デジタル技術を活用したサービスを提供するためのソフトウエアの実現において、現実世界（物理領域）のデジタル化を担い、デバイスを含めたソフトウエア機能の実現に責任を持つ
サイバーセキュリティー	サイバーセキュリティーマネジャー	顧客価値を拡大するビジネスの企画立案に際して、デジタル活用に伴うサイバーセキュリティリスクを検討・評価するとともに、その影響を抑制するための対策の管理・統制の主導を通じて、顧客価値の高いビジネスへの信頼感向上に貢献する
	サイバーセキュリティーエンジニア	事業実施に伴うデジタル活用関連のサイバーセキュリティーリスクを抑制するための対策の導入・保守・運用を通じて、顧客価値の高いビジネスの安定的な提供に貢献する

※バリュープロポジション：顧客が求める価値を把握した上で、ビジネスのケイパビリティーを踏まえて決定される、企業が製品・サービスを購入する顧客に提供する利益や、顧客がその製品・サービスを買うべき理由のこと。

出典：経済産業省／情報処理推進機構「DXスキル標準Ver.1.1」

スキル項目の重要度で定義する。

2) デジタルスキル標準の活用

DSSは、スキル項目ごとの学習項目についても例示するなど、個人の学習や組織の人材育成の指針として活用できることを狙いとしている。

「人材が不足しているからDXが進められない」という声や問題意識に対しては、DXを推進する上で必要となる人材の役割や、習得すべき知識・スキルが具体的に示されることで、何が不足しており、どう補うかについて方策を考えられる。

(1) DXリテラシー標準 (DSS-L) の活用

組織・企業、個人、教育コンテンツ提供事業者をDXリテラシー標準の主要なユーザーと想定し、それぞれの立場に合わせた活用方法やその具体例を示す。

＊組織・企業：社員がDX関連リテラシーを身に付けるための育成体系指針として、また、自社のDXの方向性を検討する材料として、さらに、DX関連リテラシー習得の必要性を示すために活用
＊個人：DXに関する多くの記事、書籍、学習コンテンツ等の中で、自ら学ぶ内容を選択し、学びを体系的に設計するための

▎図表2-2-5-8　共通スキルリストの全体像

カテゴリー	サブカテゴリー	スキル項目
ビジネス変革	戦略・マネジメント・システム	ビジネス戦略策定・実行
		プロダクトマネジメント
		変革マネジメント
		システムズエンジニアリング
		エンタープライズアーキクチャ
		プロジェクトマネジメント
	ビジネスモデル・プロセス	ビジネス調査
		ビジネスモデル設計
		ビジネスアナリシス
		検証 (ビジネス視点)
		マーケティング
		ブランディング
	デザイン	顧客・ユーザー理解
		価値発見・定義
		設計
		検証 (顧客・ユーザー視点)
		その他デザイン技術
データ活用	データ・AIの戦略的活用	データ理解・活用
		データ・AI活用戦略
		データ・AI活用業務の設計・事業実装・評価
	AI・データサイエンス	数理統計・多変量解析・データ可視化
		機械学習・深層学習
	データエンジニアリング	データ活用基盤設計
		データ活用基盤実装・運用

カテゴリー	サブカテゴリー	スキル項目
テクノロジー	ソフトウエア開発	コンピュータサイエンス
		チーム開発
		ソフトウエア設計手法
		ソフトウエア開発プロセス
		Webアプリケーション基本技術
		フロントエンドシステム開発
		バックエンドシステム開発
		クラウドインフラ活用
		SREプロセス
		サービス活用
	デジタルテクノロジー	フィジカルコンピューティング
		その他先端技術
		テクノロジートレンド
セキュリティー	セキュリティーマネジメント	セキュリティー体制構築・運営
		セキュリティーマネジメント
		インシデント対応と事業継続
		プライバシー保護
	セキュリティー技術	セキュア設計・開発・構築
		セキュリティー運用・保守・監視
パーソナルスキル	ヒューマンスキル	リーダーシップ
		コラボレーション
	コンセプチュアルスキル	ゴール設定
		創造的な問題解決
		批判的思考
		適応力

出典：経済産業省／情報処理推進機構「DXスキル標準Ver.1.1」

指針として活用

*教育コンテンツ提供事業者：DX関連リテラシーの教育コンテンツを整備し提供する上で、どんな内容を広くビジネスパーソンに伝えるべきか検討する指針として活用

(2) DX推進スキル標準 (DSS-P) の活用

DX推進に際しては、DSS-Pを組織内人材のアセスメントに用い、DX推進人材の分布状態を把握し、過不足を確認することで、人材の適切配置、不足材の育成・獲得など、DX実現のための有効な人材マネジメントが可能になる。

成功のポイントは次の3点。

- DSS-Pは、規模や産業を問わない共通指標として設定されているため、自組織のビジネス領域に合わせてカスタマイズや個別最適化して使う
- DSS-Pで定義された全ての人材をそろえる必要はなく、現状で確保可能な人材でスタートし、状況に応じ拡充していく（スピードが重要）
- 全ての人材を自組織内だけで賄おうとせず、外部の支援者（支援機関）に委ねるべき機能は、適宜調達し、内外合わせて整備した体制で臨む

DXは「アセスメント＞現状把握＞育成・確保（体制整備）＞実行＞評価＞アセスメント＞…」のサイクルを何度も回すことで無理・無駄・抜け漏れの少ない効果的な推進が行われるようになる。そのためのツールとしてDSSの活用が奏功することを期待したい。

3) 生成AIへの対応

急速に普及が進む生成AIがもたらす影響を考慮し、IPAは2023年8月にDSS-Lの改訂版を公開した。誰もが容易にビジネスに取り入れることができ、DX推進を加速させる生成AIの活用のポイントは**図表2-2-5-9**の通り。

▌デジタル人材育成プラットフォーム

デジタル人材育成プラットフォームの1つの仕組みとして、DX推進に必要な知識やスキルを効果的に学ぶためのポータルサイト「マナビDX（デラックス）」を設置している。

マナビDX[15]は、日本国内の教育事業者より提供されているデジタルに関する学習講座を網羅的に掲載するポータルサイトであり、基礎から実践、現場研修プログラムまで幅広く掲載している。各種スキル標準にも対応しており、DSS-LやDSS-Pに対応する学習講座を容易に検索できる。

また、掲載講座は、IPAの審査を通ったものなので、安心して利用できる。

▌スキル検定、スキル証明

IPAが担当するスキル検定、証明として、大きくは、「情報処理技術者試験」と「DX推進パスポート」があるが、情報処理技術者試験は、歴史もあり広く知れ渡っているので、本稿では、DX推進パスポートについて触れる。

内閣府が策定した「AI戦略2019」においては、AI時代に対応した人材育成や、それを持続的に実現する仕組みの構築が戦略目標に挙げられた。また、DX推進のためには、これまでの「デジタルを作る人材」だけでなく、「デジタルを使う人材」も含めた両輪の育成が必要となるため、ビジネスパーソン全てがデ

ジタル時代のコア・リテラシーを身に付けていくことが求められる。

　そこでITの利活用を推進するIPA、データサイエンティストのスキル定義や人材育成を支援する一般社団法人データサイエンティスト協会、ディープラーニング技術の産業活用を推進する一般社団法人日本ディープラーニ

ング協会が連携し、IT・データサイエンス・AIの三方面からデジタルリテラシーの向上を目指すデジタルリテラシー協議会が設立された。

　当協議会では全てのビジネスパーソンに求められる共通リテラシーを「Di-Lite」[16]として表記し、整備・普及に努めている。

図表2-2-5-9　DXリテラシー標準（DSS-L）の改訂ポイント

デジタルスキル標準の改訂＜概要＞（2023年8月）

- 急速に普及する生成AIは、各企業におけるDXの進展を加速させると考えられ、企業の競争力を向上させる可能性がある。あわせて、ビジネスパーソンに求められるスキル・リテラシーも変化し、より重要になる部分もあると想定される。
- その状況に対応するため、昨年末に策定したデジタルスキル標準（うち、DXリテラシー標準）に関する必要な改訂を実施。

標準策定のねらい

✓「DXを自分事ととらえ、変革に向けて行動できるようになる」という位置づけは不変

Why（DXの背景）

【考え方】
✓ 産官学全体で生成AIを利用した取り組みが進んでおり、**社会環境へ影響を与える可能性がある**

改訂箇所
▶ 社会の変化

What（DXで活用されるデータ・技術）

【考え方】
✓ 生成AIは、ビジネスの場で急速に普及・利用されている
✓ また、デジタル技術・サービスの進化に伴い、活用される**データの重要性がさらに増している**

改訂箇所
▶ データを扱う（**データ入力・整備等**）
▶ データによって判断する（**データの信頼性等**）
▶ AI（**生成AIの技術動向、倫理等**）

How（データ・技術の利活用）

【考え方】
✓ 生成AIは、**ツール等の基礎知識や指示（プロンプト）の手法**を用いて業務の様々な場合で利用できる
✓ **情報漏洩や法規制、利用規約等に正しく対処し**ながら利用することが求められる

改訂箇所
▶ データ・デジタル技術の活用事例（**生成AIの活用事例**）
▶ ツール利用（**生成AIツール、指示（プロンプト）の手法**）
▶ モラル（**データの流出の危険性等**）、コンプライアンス（**利用規約等**）

マインド・スタンス

【考え方】
✓ 他項目と比べてより普遍的な要素を定義しているため、その**本質は変わらず、生成AI利用においても重要となる**

改訂箇所
▶ 生成AI利用において求められるマインド・スタンスの補記
- 生成AIを「問いを立てる」「仮説を立てる・検証する」等のビジネスパーソンとしてのスキルと掛け合わせることで、生産性向上やビジネス変革へ適切に利用しようとしている
- 生成AI利用において、期待しない結果が出力されることや、著作権等の権利侵害・情報漏洩、倫理的な問題等に注意することが必要であることを理解している
- 生成AIの登場・普及による生活やビジネスへの影響や近い将来の身近な変化にアンテナを張りながら、変化をいとわず学び続けている
▶ 事実に基づく判断（**生成AIの出力等**）

出典：経済産業省／情報処理推進機構「DXリテラシー標準（DSS-L）概要」

「Di-Lite」とは、「デジタルを使う人材」が共通して身に付けるべきデジタルリテラシーの範囲であり、「ITソフトウェア」「数理・データサイエンス」「AI・ディープラーニング」の3領域として定義され、その学習すべき範囲として、「ITパスポート試験」「G検定」「データサイエンティスト検定」の3つの試験のシラバス範囲が推奨されている。

これら3試験の合格数に応じた最大7種類のデジタルバッジを、「DX推進パスポート」デジタルバッジと称し、DXを推進するプロフェッショナル人材に必要な基本的スキルの証明として発行している。

DX推進パスポート取得者は、DXを推進するプロフェッショナル人材となるために必要な基本的スキルを有し、DX推進を行う職場において、チームの一員として作業を担当する「DX推進人材」と定義される。

▌変革のためのヒント集

IPAは、デジタル時代における「変革」や「学び」への意識および行動変革の実践事例とパターン・ランゲージ（考えるヒント）として、「トランスフォーメーションに対応するためのパターン・ランゲージ（トラパタ）」と、「大人の学びのパターン・ランゲージ（まなパタ）」を報告している。

「トラパタ」は、2018年度から続けている調査で得られた知見を、さらに活用してもらうためにはどうすればよいか、IPA内で議論を重ねて生まれたもので、3分類（ビジョン、ストラテジー、マインド・カルチャー）、24のパターンで整理している。

「トラパタ」[17]を踏まえた、ある組織のDX推進PJが変革を目指す物語（フィクション）や、組織や個人の変革を支援している実践者から聞いた話をまとめた「変革のススメ」なども紹介している。

「まなパタ」[18]は、学ばない人が多いわが国の大人が学ぶためにはどのように取り組めばよいかを、4分類（マインド、学び方、実践、コミュニティー、社会）、30のパターンで整理している。

学び続けている実践者から話を聞いたものを「学びのススメ」としてもまとめている。

▌まとめに代えて

これまで、IPAで実施してきたデジタル人材育成施策を紹介してきたが、全てを紹介できないため、各所に関連のURLを示したので詳しくはそちらをご参照いただきたい。

これらを1枚にまとめたのが**図表2-2-5-10**である。

3 JISAのデジタル人材育成への取り組み

▌JISA2030「人が輝く社会」実現に必須な人材育成

一般社団法人情報サービス協会（JISA）は、『2030年にデジタル技術で「人が輝く社会」を実現する』というJISAビジョンを実現するために、2023年には「JISA Initiatives」の筆頭に「ITアスリート／同コミュニティの育成と社会的リスキリングの推進」を掲げている。また2025年度の委員会活動の重点項目の筆頭に「先端デジタル人材の育成」を挙げて活動計画を策定している。情報サービス産業を「個（人材）」および「組織（企業）」の両面から鍛え、当業界の人材が社会をリードし、世界と戦える集団に進化するためには、人材の育成は重要な施策である。

JISAの具体的な取り組み

1) JISAにおけるデジタル人材の定義と育成目標

人材委員会では、DXを「企業や社会の課題解決ニーズを基に、データとデジタル技術を活用して、製品・サービスや組織・業務プロセス、そしてビジネスモデルや企業文化を含む企業の在り方そのものを変革し、さらに は社会を変革し、新しいデジタル社会を創造すること」と定義している。そして必要となる人材を4つに類型化し、育成目標を設定している（2021年度）（図表2-2-5-11）。

また、変革の度合いと価値創造の度合いを両軸に置いて、現状の人材の割合と今後目指すべき人材の割合を示したのが図表2-2-5-12となる。

図表2-2-5-10　IPAにおけるデジタル人材育成・確保推進に関する取り組み

出典：情報処理推進機構

図表2-2-5-11　デジタル人材の定義と育成目標

類型	定義
Top ITアスリート	常に未来の創造にチャレンジし、デジタル化による社会や事業の価値創造をリードする人材
先端ITエキスパート	デジタル技術の先端開発や高度利活用を専門的に推進する人材
ITアスリート	社会や顧客の課題を発見の上、デジタル化による課題解決・価値創造を支援・推進する人材
デジタル人材	既存のICT技術に加えCAMBRIC他の先端デジタル技術の活用能力を身につけ、社会や顧客の課題解決プロジェクトを推進実行する人材

Top ITアスリート
先端 ITエキスパート
育成目標：500名〜1000名程度

ITアスリート
育成目標：全デジタル人材の5％〜10％

デジタル人材

ITエンジニア

2) 3つの実践的なデジタル人材育成研修を提供

JISAの役員懇談会や人材委員会でDX推進状況を尋ねると、「DX案件自体が少なくデジタル人材育成の機会が持てない」「デジタル人材育成の実践の場をつくってほしい」との声を多く頂いている。こうした声に応えるため、JISA人材委員会では下記3種類の実践的育成研修を創設してきた（JDICについては2024年度から開催予定）（**図表2-2-5-13**）。

3) ISOが制定するイノベーションマネジメントシステムを参照

ISO（国際標準化機構）はイノベーションに関する研究や実践的な知見を集めて2019年に「イノベーション・マネジメント・システ

図表2-2-5-12　今後目指すべき人材の構成

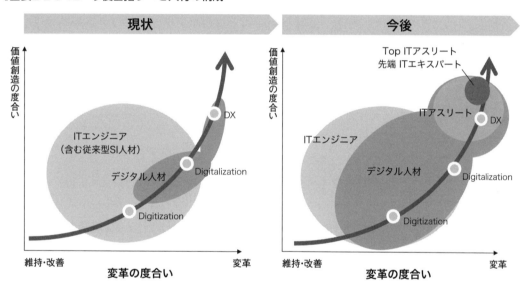

図表2-2-5-13　JISAデジタル人材育成の研修体系

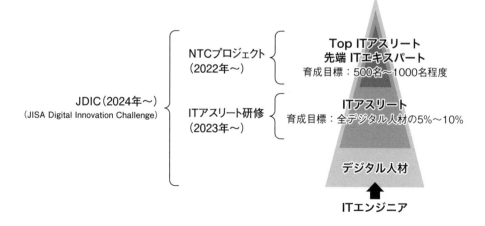

ムISO56002」を発行した。JISAが提供する3つの研修ではイノベーションプロセスや経営マネジメントの参考となるよう、これを参照・解説している。

ISO56002ではイノベーションを起こすための5つのプロセス「機会の特定」「コンセプトの創造」「コンセプトの検証」「ソリューションの開発」「ソリューションの導入」を定義している（**図表2-2-5-14**）。このステップは後半になるほどコストが増すため、前半を中心にノンリニア（試行錯誤）に繰り返すことにより、効率的に真の課題の探索し、最適なソリューションを作り出す。これはリーンスタートアップなどの概念を取り入れたものであり、試行錯誤を初めて国際標準にした。

また、イノベーションに取り組んでいる人は往々にして孤独感を感じたりモチベーションが下がったりしやすいが、こうしたことを防ぐためにトップのビジョン明示やイノベーターへの組織的な支援も定義している。

なお、JISAは制定中のISO56001認証規格（2024年発行予定）に国内審議委員として参画している。

NTCプロジェクト―リアルな社会課題探索とソリューション提案の実践―

1) 概要（2024年第3期）

NTC（National Training Center）プロジェクトはトップITアスリートとして社会や事業の価値創造をリードする人材の育成を狙う。座学で必要なビジネススキルを学んだ後、約3カ月間群馬県をフィールドに社会課題の探索と解決策を策定する実践的価値創造プロジェクトだ。新規事業開拓の知見を持つ有識者がメンターとして伴走する。ITスタートアップ企業関係者などとの意見交換を通じビジネス化などについても学ぶ。

2) 特色

NTCプロジェクトでは、ISO56002におけるノンリニア（試行錯誤）の概念を取り入れ、群馬県の実フィールドでの課題探索とソリュー

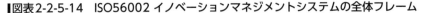

▌図表2-2-5-14　ISO56002 イノベーションマネジメントシステムの全体フレーム

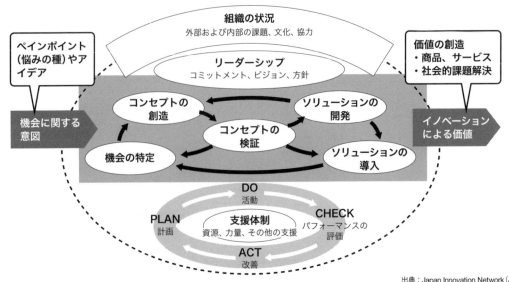

出典：Japan Innovation Network（JIN）

ションコンセプトの立案（イテレーションと言う）を3回繰り返すようにカリキュラムが組まれている（**図表2-2-5-15**／**図表2-2-5-16**）。効果的に試行錯誤を行い、得られたデータや顧客フィードバックを基に提案を行う研修は、参加者の熱意と時間、関係者の協力が必要であり、他に類を見ない研修となっている。

3) 受講者アンケート　一番学んだこと
　NTCプロジェクトの参加者アンケートでは、最も学んだこととして「価値創造の体験

とノウハウ」を9割超が挙げている。特に顧客から提示された課題ではなく、自ら真の課題を探索する経験を得られたことに多くの参加者が価値を見いだしている（**図表2-2-5-17**）。
　また、各社から選抜された人材との交流から多くを学んだことも評価されている。

4) 優秀賞と群馬県への協力
　各チームの最終提案について、群馬県庁関係者とJISA人材委員会が、課題の探索、課題解決のアプローチ、プレゼンテーション力

▎図表2-2-5-15　NTCプロジェクトカリキュラム

▎図表2-2-5-16　ISO56002のフレームワークとNTCプロジェクトの位置付け

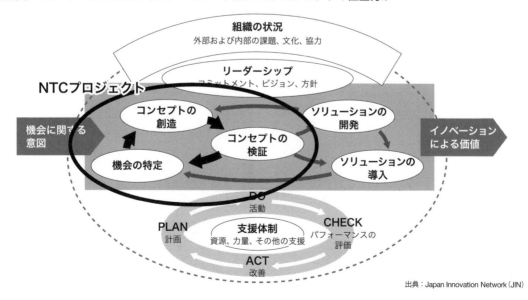

出典：Japan Innovation Network（JIN）

総合評価の3項目で評価し、優れた取り組みに優秀賞を授与した（**図表2-2-5-18**）。

＊（第1期）「人の目ではとらえきれない情報を使った保育の質の向上と、温泉観光地の回遊性と稼働率を高めるための温泉サブスクの仕組み構築」
澤登優（三井情報）／田中伸幸（SCSK）／早川智洋（中電シーティーアイ）

＊（第2期）「シェアTaaSのご提案-Sharing Taxi as a Service-」（**図表2-2-5-19**）
岡田真理（アイネス）／西尾実（サン・メルクス）／涌田裕規（DTS）

なお、本優秀賞「シェアTaaSのご提案-Sharing Taxi as a Service-」に対し、群馬県から提案内容の実現に向け、発表者との意見交換、群馬県への出向や起業等について相談があり、NTCプロジェクト参加企業と協議の上、可能な範囲で協力を行っている。

ITアスリート研修　－顧客や自社業務の真の課題を探索－

1）概要（第1期）

本研修はITアスリートとして課題解決・価値創造を支援・推進する人材の育成を目標にしている。真の課題を探索するため、文化人類学の研究技法であり、ISO56002での実践

▎図表2-2-5-17　NTCプロジェクト参加者アンケート（第2期）

NTCプロジェクトで学んだこと	人数	感想
価値創造の体験とノウハウ	13	顧客から提示された課題に単に解決策を示すのではなく、自ら課題を探索・分析・設定して示すチカラ
社外の優れた人材との出会い	6	高い志を持った方と一緒に活動できたこと
行動姿勢	4	真の課題は何かを常に探求する姿勢、失敗を恐れずに行動し続ける大切さ
考え方	4	このソリューションを展開して、誰がどのように幸せになるか
エスノグラフィー	3	現場に行き人の声を聴き、観察しないと課題は見えてこない
アイデア創出方法	3	先行事例をブラッシュアップしたり組み合わせたりしてでも新しい価値が生まれることを体感できた
その他	1	人の善意を随所に感じた

▎図表2-2-5-18　第2期NTCプロジェクト最終発表会の様子（第2期）

宇留賀敬一群馬県副知事のあいさつ

優秀賞を受賞したチームの発表

ツールやデザイン思考における一手段でもあるエスノグラフィーを習熟する。参加者は自社や顧客のリアルな課題について、エスノグラフィーを用いて人々の行動や認識の観察を行い、真の課題の探索と解決策の提案を体験的に学習する。また、新規事業開拓の知見を持つ有識者がチューターとして伴走する（**図表2-2-5-20**）。

NTCプロジェクトは約5カ月を要し、メンター伴走型のため育成人数も限られるが、本研修は週8時間×5週に短縮し参加しやすくしている。

2）特色

お客さまから提示された課題が、本当に解決へのソリューションにつながっているのかは受託側では判断できない。「機会の特定」における最も重要なことは、ITエンジニアが主体的にさまざまな事象の裏にある真の課題を探り、カスタマープロブレムフィット[19]を行うことである。これまでの日本のITエンジニアは顧客に直接向き合うコンサルタントを除き、このプロセスを経験できていない。本研修では参加者が課題と思う事象に対して現場での参与観察や関係者へのインタビューを繰り返し、真の課題に迫っていくプロセスを体験的に学習する。

3）受講者アンケート　満足度・推奨度と主な感想

第1回ITアスリート研修（2024年1～2月）の受講者の満足度・推奨度と主な感想は**図表2-2-5-21**の通り。

JDIC（JISA Digital Innovation Challenge）（計画中）

1）概要（2024年度予定）

本イベントは、自らが抱える職場や顧客の課題や社会課題について、解決のための

ソリューション提案やサービス化にチャレンジする実践の場を提供する（**図表2-2-5-22**）。

▌図表2-2-5-19「シェアTaaSのご提案—Sharing Taxi as a Service—」のエグゼクティブサマリー

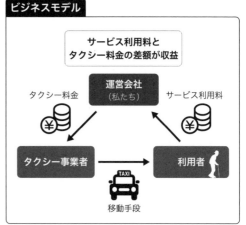

参加者／チームは、自らが抱える職場や顧客の課題や社会課題について、ISO56002のイノベーション活動プロセスにおける、「機会の特定」「コンセプトの創造」「コンセプトの検証」を繰り返したビジネスアイデア、または、上記を基にPOCなど「ソリューションの開発」まで取り組んだソリューションを応募する。

2）特色

本チャレンジはNTCプロジェクトおよびITアスリート研修の「学ぶ（learn＆try）」フェーズから実践する（challenge）フェーズへの誘導を図るものである。自らが抱える職場や顧客の課題や社会課題について機会の特定からソリューションの開発までを実践する。

また、参加者／チームの所属会社はISO56002イノベーション・マネジメント・システムを参考にトップのコミットメントやチャレンジャーへの支援（心理的安全性や就労時間への配慮、場合によってはPoC環境の提供など）も求められる。

図表2-2-5-23に３つの実践的なデジタル人材育成研修の位置付けを示す。

トップ人材の交流コミュニティ活動

NTCプロジェクトを修了した「Top ITア

図表2-2-5-20　ISO56002のフレームワークとITアスリート研修の位置付け

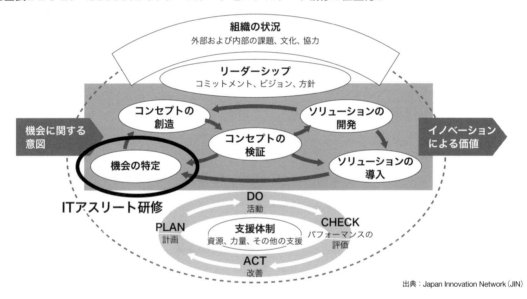

出典：Japan Innovation Network（JIN）

図表2-2-5-21　ITアスリート研修参加者アンケート

受講者平均満足度	受講者平均他社への推奨度	主な感想
4.3	4.5	私は50歳代後半なので、若いうちに受けたかったなと思いましたが、この経験を元に私の立場でしか進められないことも多いとも思いましたので今後も残された社会人人生およびその後の人生の中で何ができるか考えながら継続したいと思います。
		「こういう考え方もあるのか……」ということを複数教えていただき、勇気を得られる（わくわくするような？）研修でした。後輩にも薦めたいです。

スリート候補生」を中心に、意識の高いエンジニアが参加できるコミュニティー（場）を設置し、活動を通じて自律的な質の向上や、社会提言、人材育成活動などの社会貢献を目指して活動を行っている。

これまでにＮＴＣプロジェクト研修生へのアドバイスや新規事業経験者のセミナーなどを開催している。2024年4月には「生成AIによる開発プロセスの再定義 勉強会」と題したゲスト講演・パネルディスカッションを開催

▌図表2-2-5-22　ISO56002のフレームワークとJDICの位置付け

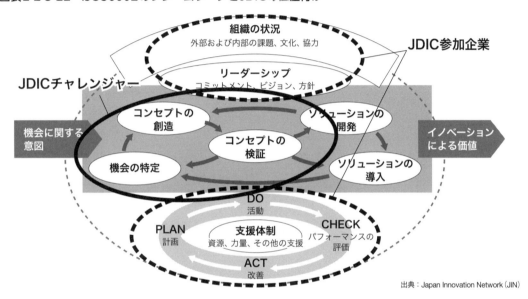

出典：Japan Innovation Network（JIN）

▌図表2-2-5-23　3つの実践的デジタル人材育成研修の位置付け

ステージ	学ぶ（learn & try）		実践する（challenge）
名称	ITアスリート研修	NTCプロジェクト	JISA Digital Innovation Challenge（JDIC）
対象	課題解決のための事業創出にチャレンジしたいが、手法が分からないJISA会員社員		解決したい課題を持ち、解決のための事業化にチャレンジしたいJISA会員社員チーム
概要	自社やお客さまの課題を探索し解決策（価値）の提案を行う体験的学習。講義（知識と演習）と自主学習を組み合わせ8時間／週×5週（40時間）	事業化に必要なビジネススキル研修と、群馬県の実フィールドでの課題解決プログラムを行う。5カ月で約400時間	応募者は期間中、現場観察等によりアイデア、顧客課題、ソリューションの検証を繰り返し事業計画書にまとめる。優秀賞には賞金をJISAから提供（**応募には所属企業の承認が必要**）
JISAの支援	講師による講義と自主学習におけるフォローなど	ビジネススキル研修、テクニカルスキル研修の実施。課題探索プログラムでのメンタリングなど	中間審査において有識者（NTCプロジェクトメンター）からのアドバイスを実施
スケジュール	年2回程度	6〜10月	4〜6月　説明会＆募集 9月　中間審査 12月　最終審査
募集定員	約30人×2回程度	15人	10組程度

予定であり、申込者は700人を超えている。

全ITエンジニアのマインドセットを価値創造型との両利きへ

日本の大量生産型高度経済成長をIT面で支えてきた多層アウトソーシング形態によるウオーターフォール開発は、高品質かつ詳細な要求に応えるソリューションの確実な提供方法として基幹系や組み込み系での評価は高く、現在でも当業界の主流を占めている。一方、このソリューション開発スキームはITエンジニアの思考スタイルに受け身的な影響を与えてきている。

日本でも数少ないCBAPである近藤氏は日米のITエンジニアのマインドセットの違いを**図表2-2-5-24**の通り指摘する。

近藤氏のこの指摘は、残念ながらJISAが実施する研修参加者のアンケートでも確認できる。図表2-2-5-17に示す通り、NTCプロジェクトで一番学んだことについて、多くの参加者が「顧客から提示された課題に単に解決策を示すのではなく、自ら課題を探索・分析・設定して示す」体験だったと答えている。また、ITアスリート研修（31人）でも自分のマインドセットは米国型だとする参加者はゼロで、未回答も複数いたが、ほとんどが日本型だと回答している。

日本のIT市場は（従来型がなくなるとは言わないが）デジタルオプティマイゼーションやデジタルトランスフォーメーションを主要ビジネスとする世界に変革していくものと思われる。さらには生成AIの進化やそれに続く汎用人工知能（AGI）の登場はビジネスモデルを変革させるとともに新たなビジネスや産業が生まれると予想され、よりコンサルティング的なアプローチや戦略的なビジネスパートナーとしての役割を志向していくことが必要である。従来の開発スキームの良さを守りながらも、「本当の要求は何かを常に考える」「仕様がビジネス価値を満たさないと判断したらすぐさまやり直す」「創造的にビジネス価値を探求する」といった価値創造型のマインドは非常に重要で、JISAが提供する3つの実践的研修はいずれもこのマインドの醸成も狙っている。

ISO56002では、イノベーション経営に必要な組織文化として「創造的な考え方・行動と、決まった活動を確実に行う考え方・行動が共存すること」としており、デジタルエンジニアだけではなく全てのITエンジニアに価値創造の考え方を持ってもらいたい。

▍図表2-2-5-24　日米ITエンジニアのマインドセット比較

日本のITエンジニア	米国のITエンジニア
多層請負構造＋ウオーターフォール開発	内製＋アジャイル開発
・与えられた仕様通りに物を作る ・仕様がビジネス価値を満たさないと判断しても指示された通り作る ・ビジネス価値の探求は私の仕事ではない	・本当の要求は何かを常に考える ・仕様がビジネス価値を満たさないと判断したらすぐさまやり直す ・創造的にビジネス価値を探求する

出典：近藤史人（CBAP／Certified Business Analysis Professional）「デジタルトランスフォーメーションのためのビジネスアナリシス」

注釈

1 本稿で引用した各種調査等では、DXに担い手となる人材に関し、ITエンジニア、情報処理・通信に携わる人材、DXを推進する人材等の名称が用いられるが、本稿では、それらを「デジタル人材」として称している。

2 World Digital Competitiveness Ranking 2023、（International Institute for Management Development：IMD）（2023年11月）

3 「データで見る世界のITエンジニアレポート vol.9」（ヒューマンリソシア株式会社）（2023年12月）

4 令和2年国勢調査（総務省）（2022年12月）

5 米国労働統計局、State Workforce Agencies、職業別雇用・賃金統計（2021年）

6 「DX白書2023」（独立行政法人情報処理推進機構）（2023年3月）

7 独立行政法人情報処理推進機構「デジタル時代のスキル変革等に関する調査（2021年度）」（2022年4月）

8 日経コンピュータ2023年11月23日号「ITエンジニア不足に立ち向かえ」（株式会社日経BP）

9 「情報サービス産業 基本統計調査」（情報サービス産業協会）（2002年版、2000年版）

10 デジタル時代の人材政策に関する検討会資料（経済産業省）（2021年）

11 「データで見る世界のITエンジニアリポート vol.10」（ヒューマンリソシア株式会社）（2024年1月）

12 自社社員や取引先などの人材紹介による採用手法。定着やマッチング、採用コストに利点。

13 デジタル田園都市国家構想：https://www.cas.go.jp/jp/seisaku/digitaldenen/index.html

14 デジタルスキル標準：https://www.ipa.go.jp/jinzai/skill-standard/dss/ps6vr700000083ki-att/000106872.pdf

15 マナビDX：https://manabi-dx.ipa.go.jp/

16 Di-Lite：https://www.dilite.jp/

17 「トラパタ」：https://www.ipa.go.jp/jinzai/skill-transformation/henkaku/torapata.html

18 「まなパタ」：https://www.ipa.go.jp/jinzai/skill-transformation/henkaku/manapata.html

19 顧客は本当に課題を抱えているのか、どれだけ深い課題なのか、競合が存在する場合は競合がこれまで解決できていない課題はなにかを検証する。（田所雅之「起業の科学 スタートアップサイエンス」株式会社日経BP、2017年）

データ編

第1章
情報システム化の現状と将来動向の調査
（ユーザー企業アンケート調査）

※四捨五入のため、合計が100.0％にならない箇所があります。

Q1　あなたのお勤め先の本社所在地として当てはまるものを一つ選択してください。

(n=1,081)

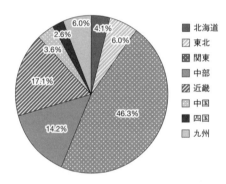

凡例：
- 北海道
- 東北
- 関東
- 中部
- 近畿
- 中国
- 四国
- 九州

4.1%
6.0%
6.0%
2.6%
3.6%
17.1%
14.2%
46.3%

Q2　あなたのお勤め先の主な業種として当てはまるものを一つ選択してください。

（n=1,081）

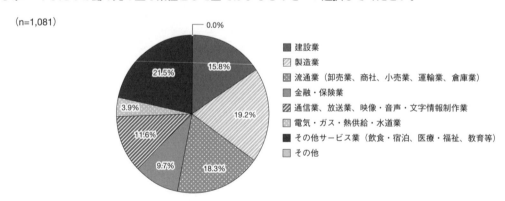

0.0%
15.8%
19.2%
18.3%
9.7%
11.6%
3.9%
21.5%

凡例：
- 建設業
- 製造業
- 流通業（卸売業、商社、小売業、運輸業、倉庫業）
- 金融・保険業
- 通信業、放送業、映像・音声・文字情報制作業
- 電気・ガス・熱供給・水道業
- その他サービス業（飲食・宿泊、医療・福祉、教育等）
- その他

▌Q3　あなたのお勤め先に在籍する常用従業員数（役員・事業主を除く。正社員・契約社員・派遣社員・パート・アルバイト・専従者を含む）として当てはまるものを一つ選択してください。

（n=1,081）

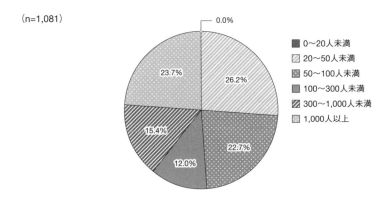

- 0〜20人未満
- 20〜50人未満
- 50〜100人未満
- 100〜300人未満
- 300〜1,000人未満
- 1,000人以上

▌Q4　あなたのお勤め先のDX（デジタル・トランスフォーメーション）の取り組み状況として当てはまるものを一つ選択してください。

（n=1,081）

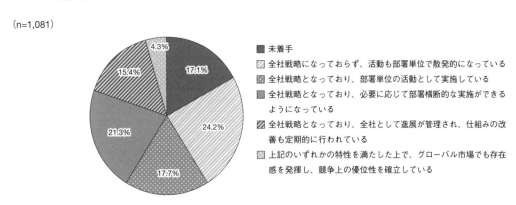

- 未着手
- 全社戦略になっておらず、活動も部署単位で散発的になっている
- 全社戦略となっており、部署単位の活動として実施している
- 全社戦略となっており、必要に応じて部署横断的な実施ができるようになっている
- 全社戦略となっており、全社として進展が管理され、仕組みの改善も定期的に行われている
- 上記のいずれかの特性を満たした上で、グローバル市場でも存在感を発揮し、競争上の優位性を確立している

▌Q5　あなたのお勤め先の売り上げの海外比率として当てはまるものを一つ選択してください。

（n=1,081）

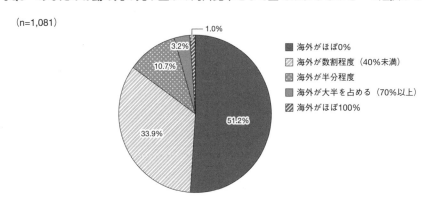

- 海外がほぼ0%
- 海外が数割程度（40%未満）
- 海外が半分程度
- 海外が大半を占める（70%以上）
- 海外がほぼ100%

▌Q6　以下に挙げる項目のうち、デジタル化の進展が強い影響を与えたと思われるものを全て選択してください。また、デジタル化の進展が最も強い影響を与えたと思われるものを一つ選択してください。

（n=1,081）

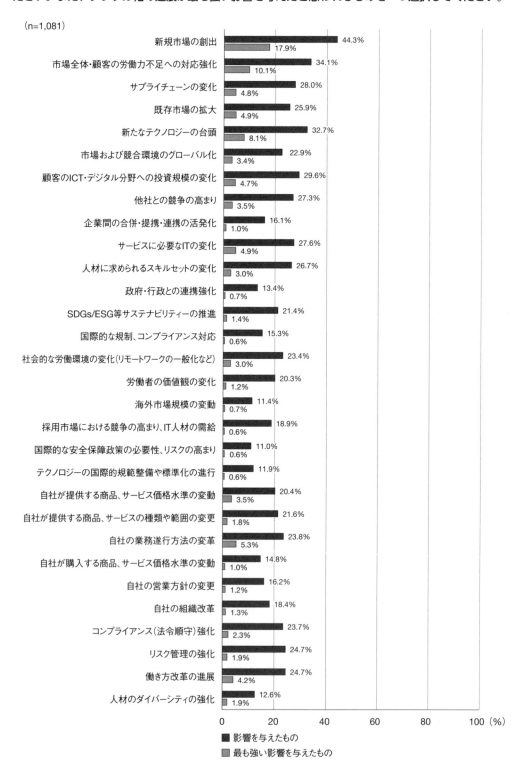

項目	影響を与えたもの	最も強い影響を与えたもの
新規市場の創出	44.3%	17.9%
市場全体・顧客の労働力不足への対応強化	34.1%	10.1%
サプライチェーンの変化	28.0%	4.8%
既存市場の拡大	25.9%	4.9%
新たなテクノロジーの台頭	32.7%	8.1%
市場および競合環境のグローバル化	22.9%	3.4%
顧客のICT・デジタル分野への投資規模の変化	29.6%	4.7%
他社との競争の高まり	27.3%	3.5%
企業間の合併・提携・連携の活発化	16.1%	1.0%
サービスに必要なITの変化	27.6%	4.9%
人材に求められるスキルセットの変化	26.7%	3.0%
政府・行政との連携強化	13.4%	0.7%
SDGs/ESG等サステナビリティーの推進	21.4%	1.4%
国際的な規制、コンプライアンス対応	15.3%	0.6%
社会的な労働環境の変化（リモートワークの一般化など）	23.4%	3.0%
労働者の価値観の変化	20.3%	1.2%
海外市場規模の変動	11.4%	0.7%
採用市場における競争の高まり、IT人材の需給	18.9%	0.6%
国際的な安全保障政策の必要性、リスクの高まり	11.0%	0.6%
テクノロジーの国際的規範整備や標準化の進行	11.9%	0.6%
自社が提供する商品、サービス価格水準の変動	20.4%	3.5%
自社が提供する商品、サービスの種類や範囲の変更	21.6%	1.8%
自社の業務遂行方法の変革	23.8%	5.3%
自社が購入する商品、サービス価格水準の変動	14.8%	1.0%
自社の営業方針の変更	16.2%	1.2%
自社の組織改革	18.4%	1.3%
コンプライアンス（法令順守）強化	23.7%	2.3%
リスク管理の強化	24.7%	1.9%
働き方改革の進展	24.7%	4.2%
人材のダイバーシティの強化	12.6%	1.9%

■ 影響を与えたもの
■ 最も強い影響を与えたもの

▍Q7　あなたのお勤め先でデジタル化を行う目的として該当するものを全て選択してください。

（n=1,081）

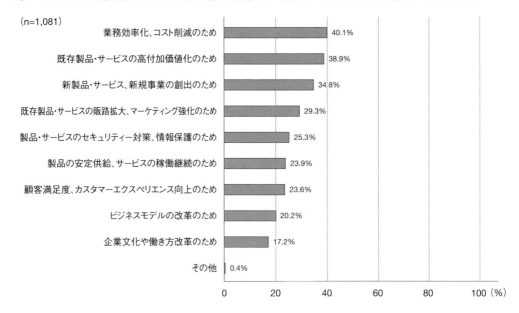

業務効率化、コスト削減のため	40.1%
既存製品・サービスの高付加価値化のため	38.9%
新製品・サービス、新規事業の創出のため	34.8%
既存製品・サービスの販路拡大、マーケティング強化のため	29.3%
製品・サービスのセキュリティー対策、情報保護のため	25.3%
製品の安定供給、サービスの稼働継続のため	23.9%
顧客満足度、カスタマーエクスペリエンス向上のため	23.6%
ビジネスモデルの改革のため	20.2%
企業文化や働き方改革のため	17.2%
その他	0.4%

▍Q8　あなたのお勤め先でデジタル化する際の社外連携先として該当するものを一つ選択してください。

（n=1,081）

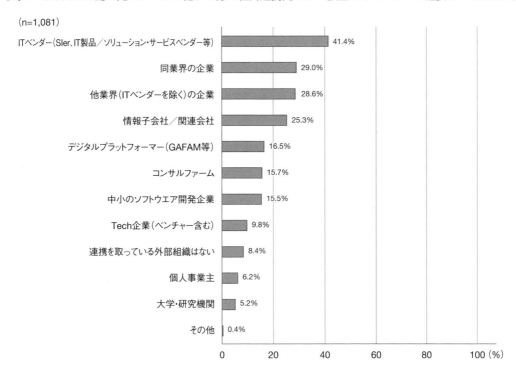

ITベンダー（SIer、IT製品／ソリューション・サービスベンダー等）	41.4%
同業界の企業	29.0%
他業界（ITベンダーを除く）の企業	28.6%
情報子会社／関連会社	25.3%
デジタルプラットフォーマー（GAFAM等）	16.5%
コンサルファーム	15.7%
中小のソフトウエア開発企業	15.5%
Tech企業（ベンチャー含む）	9.8%
連携を取っている外部組織はない	8.4%
個人事業主	6.2%
大学・研究機関	5.2%
その他	0.4%

第１章　情報システム化の現状と将来動向の調査（ユーザー企業アンケート調査）

Q9　新しいテクノロジーについて、あなたご自身の認知度、関心の度合いとして当てはまるものをそれぞれ選択してください。

（n=1,081）

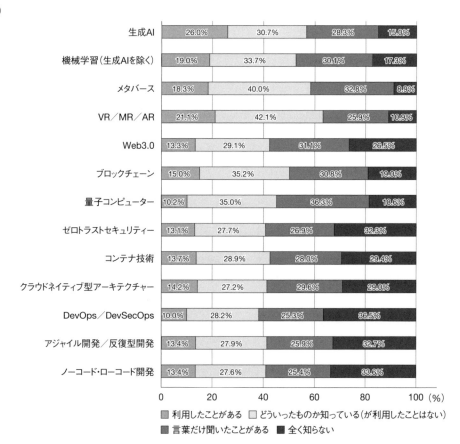

Q10 新しいテクノロジーの【社内業務への適用】について、あなたのお勤め先の全社的な活用意向の度合いとして当てはまるもの選それぞれ択してください。

（n=1,081）

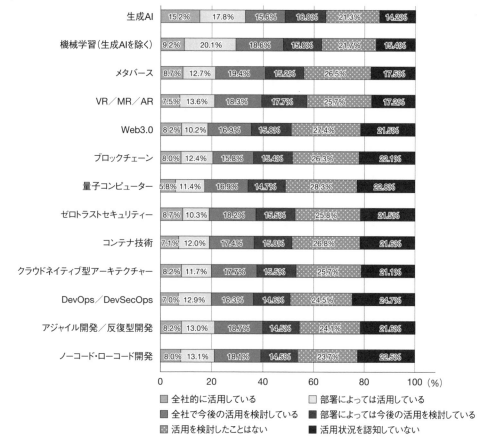

凡例：
- ■ 全社的に活用している
- □ 部署によっては活用している
- ■ 全社で今後の活用を検討している
- ■ 部署によっては今後の活用を検討している
- ▨ 活用を検討したことはない
- ■ 活用状況を認知していない

	全社的に活用している	部署によっては活用している	全社で今後の活用を検討している	部署によっては今後の活用を検討している	活用を検討したことはない	活用状況を認知していない
生成AI	15.2%	17.8%	15.6%	16.0%	21.3%	14.2%
機械学習（生成AIを除く）	9.2%	20.1%	18.6%	15.0%	21.7%	15.4%
メタバース	8.7%	12.7%	19.4%	15.2%	26.5%	17.5%
VR／MR／AR	7.5%	13.6%	18.3%	17.7%	25.7%	17.2%
Web3.0	8.2%	10.2%	16.9%	15.8%	27.4%	21.5%
ブロックチェーン	8.0%	12.4%	15.8%	15.4%	26.3%	22.1%
量子コンピューター	5.8%	11.4%	16.9%	14.7%	28.3%	22.8%
ゼロトラストセキュリティー	8.7%	10.3%	18.2%	15.5%	25.8%	21.5%
コンテナ技術	7.1%	12.0%	17.4%	15.0%	26.8%	21.6%
クラウドネイティブ型アーキテクチャー	8.2%	11.7%	17.7%	15.5%	25.7%	21.1%
DevOps／DevSecOps	7.0%	12.9%	16.3%	14.6%	24.5%	24.7%
アジャイル開発／反復型開発	8.2%	13.0%	18.7%	14.5%	24.1%	21.6%
ノーコード・ローコード開発	8.0%	13.1%	18.1%	14.5%	23.7%	22.5%

第1章　情報システム化の現状と将来動向の調査（ユーザー企業アンケート調査）

┃Q11　新しいテクノロジーの【自社サービス（顧客向けサービス）への適用】について、あなたのお勤め先の全社的な活用状況の度合いとして当てはまるものそれぞれ選択してください。

（n=1,081）

技術	全社的に活用している	部署によっては活用している	全社で今後の活用を検討している	部署によっては今後の活用を検討している	活用を検討したことはない	活用状況を認知していない
生成AI	15.6%	16.2%	16.1%	17.1%	20.5%	14.4%
機械学習（生成AIを除く）	8.3%	20.2%	17.9%	16.0%	22.2%	15.4%
メタバース	8.1%	12.3%	21.0%	14.8%	26.0%	17.8%
VR／MR／AR	7.3%	13.9%	17.8%	17.9%	25.2%	18.0%
Web3.0	6.6%	11.7%	18.9%	16.0%	26.0%	20.9%
ブロックチェーン	8.0%	11.3%	17.9%	14.3%	27.3%	21.1%
量子コンピューター	7.6%	10.0%	17.4%	14.3%	28.6%	22.1%
ゼロトラストセキュリティー	8.8%	10.8%	18.0%	15.1%	25.7%	21.6%
コンテナ技術	7.6%	11.6%	16.6%	15.2%	28.5%	20.6%
クラウドネイティブ型アーキテクチャー	7.9%	12.8%	17.9%	16.2%	25.0%	20.3%
DevOps／DevSecOps	7.0%	13.2%	15.6%	14.6%	27.2%	22.3%
アジャイル開発／反復型開発	9.3%	12.2%	17.4%	14.8%	25.4%	20.9%
ノーコード・ローコード開発	8.4%	11.7%	18.4%	14.5%	25.8%	21.2%

凡例：
■ 全社的に活用している　　□ 部署によっては活用している
■ 全社で今後の活用を検討している　　■ 部署によっては今後の活用を検討している
■ 活用を検討したことはない　　■ 活用状況を認知していない

Q12　新しいテクノロジーの登場があなたのお勤め先に与える影響についてどのように考えていますか。当てはまるものをそれぞれ選択してください。

（n=1,081）

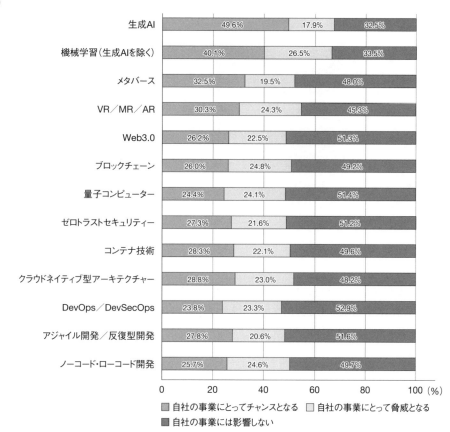

▌Q13　新しいテクノロジーのうち、生成AI以外の技術で、あなたのお勤め先の事業にとって代表的または最も重視する技術として該当するものを一つ選択してください。

（n=1,081）

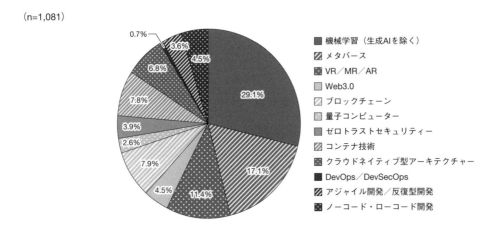

- 機械学習（生成AIを除く）
- メタバース
- VR／MR／AR
- Web3.0
- ブロックチェーン
- 量子コンピューター
- ゼロトラストセキュリティー
- コンテナ技術
- クラウドネイティブ型アーキテクチャー
- DevOps／DevSecOps
- アジャイル開発／反復型開発
- ノーコード・ローコード開発

▌Q14　Q10またはQ11で生成AIについて「全社的に活用している」または「部署によっては活用している」を選択した方にお尋ねします。あなたのお勤め先で生成AIを活用し始めた時期はいつ頃でしょうか。年と月でお答えください。

（n=425）

（件）

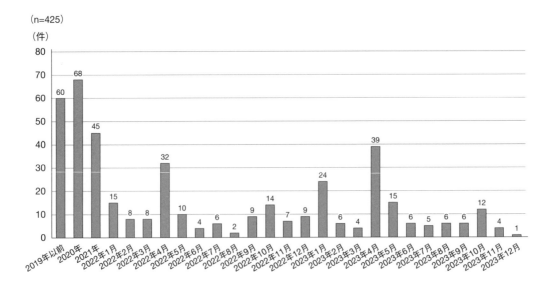

▌Q15　Q10またはQ11で生成AIについて「全社的に活用している」または「部署によっては活用している」を選択した方にお尋ねします。あなたのお勤め先で生成AIを活用する目的として該当するものを全て選択してください。

(n=425)

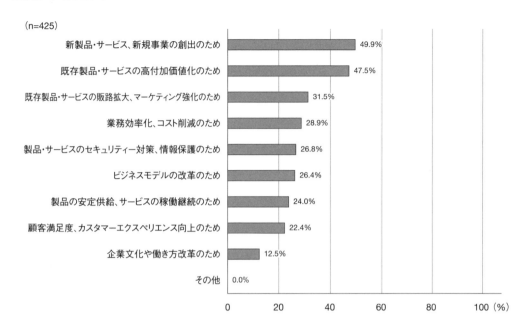

項目	割合
新製品・サービス、新規事業の創出のため	49.9%
既存製品・サービスの高付加価値化のため	47.5%
既存製品・サービスの販路拡大、マーケティング強化のため	31.5%
業務効率化、コスト削減のため	28.9%
製品・サービスのセキュリティー対策、情報保護のため	26.8%
ビジネスモデルの改革のため	26.4%
製品の安定供給、サービスの稼働継続のため	24.0%
顧客満足度、カスタマーエクスペリエンス向上のため	22.4%
企業文化や働き方改革のため	12.5%
その他	0.0%

▌Q16　Q10またはQ11で生成AIについて「全社的に活用している」または「部署によっては活用している」を選択した方にお尋ねします。あなたのお勤め先で生成AIの活用する際に内推進を担っている部門として該当するものを全て選択してください。

(n=425)

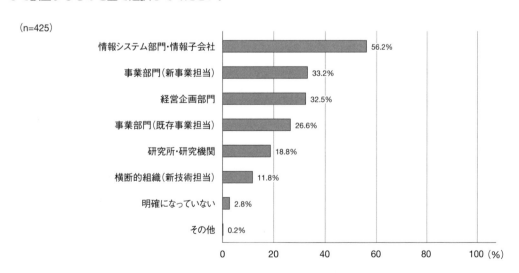

項目	割合
情報システム部門・情報子会社	56.2%
事業部門（新事業担当）	33.2%
経営企画部門	32.5%
事業部門（既存事業担当）	26.6%
研究所・研究機関	18.8%
横断的組織（新技術担当）	11.8%
明確になっていない	2.8%
その他	0.2%

▌Q17　Q10またはQ11で生成AIについて「全社的に活用している」または「部署によっては活用している」を選択した方にお尋ねします。あなたのお勤め先で生成AIを活用する際の社外連携先として該当するものを全て選択してください。

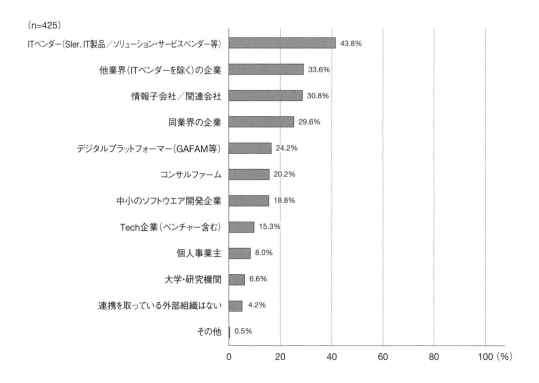

(n=425)

項目	割合
ITベンダー（SIer、IT製品／ソリューション・サービスベンダー等）	43.8%
他業界（ITベンダーを除く）の企業	33.6%
情報子会社／関連会社	30.8%
同業界の企業	29.6%
デジタルプラットフォーマー（GAFAM等）	24.2%
コンサルファーム	20.2%
中小のソフトウエア開発企業	18.8%
Tech企業（ベンチャー含む）	15.3%
個人事業主	8.0%
大学・研究機関	6.6%
連携を取っている外部組織はない	4.2%
その他	0.5%

▌Q18　Q17で「ITベンダー」を選択した方にお尋ねします。あなたのお勤め先で生成AIを活用する際のITベンダーの役割として該当するものを全て選択してください。

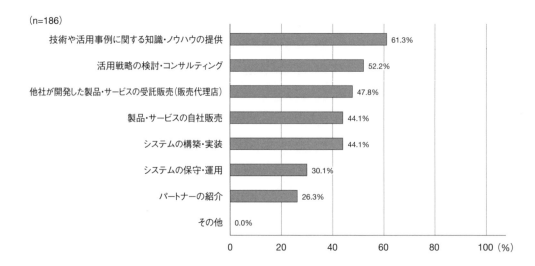

(n=186)

項目	割合
技術や活用事例に関する知識・ノウハウの提供	61.3%
活用戦略の検討・コンサルティング	52.2%
他社が開発した製品・サービスの受託販売（販売代理店）	47.8%
製品・サービスの自社販売	44.1%
システムの構築・実装	44.1%
システムの保守・運用	30.1%
パートナーの紹介	26.3%
その他	0.0%

▌Q19　Q10またはQ11で生成AIについて「全社的に活用している」または「部署によっては活用している」を選択した方にお尋ねします。あなたのお勤め先の生成AIの活用に関するあなたの評価として該当するものを一つ選択してください。

(n=425)

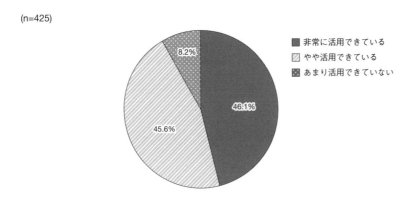

- ■ 非常に活用できている
- ▨ やや活用できている
- ▩ あまり活用できていない

▌Q20　Q10またはQ11で生成AIについて「全社的に活用している」または「部署によっては活用している」を選択した方にお尋ねします。あなたのお勤め先の生成AIの活用に関する今後の見通しとして該当するものを全て選択してください。

(n=425)

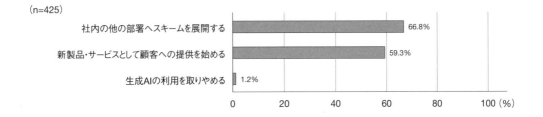

Q21　Q10またはQ11で生成AIについて「全社的に活用している」または「部署によっては活用している」を選択した方にお尋ねします。あなたのお勤め先で生成AIを活用するに当たって、活用目的を達成するために残された課題として該当するものを全て選択してください。また、そのうち、社外連携による解決を期待する課題を全て選択してください。

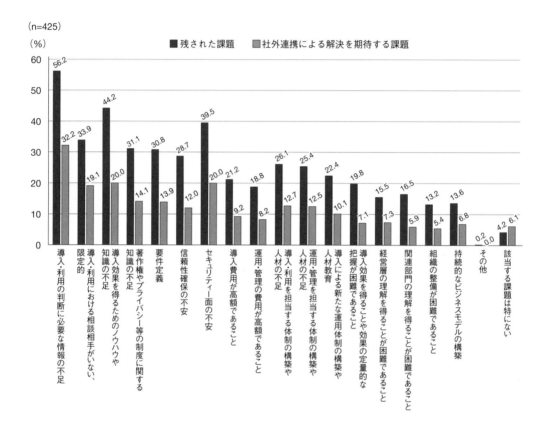

（n=425）

（%）

■ 残された課題　　■ 社外連携による解決を期待する課題

項目	残された課題	社外連携による解決を期待する課題
導入・利用の判断に必要な情報の不足	56.2	32.2
導入・利用における相談相手がいない、限定的	33.9	19.1
導入・利用効果を得るためのノウハウや知識の不足	44.2	20.0
著作権やプライバシー等の制度に関する知識の不足	31.1	14.1
要件定義	30.8	13.9
信頼性確保の不安	28.7	12.0
セキュリティー面の不安	39.5	20.0
導入費用が高額であること	21.2	9.2
運用・管理の費用が高額であること	18.8	8.2
導入・利用を担当する体制の構築や人材の不足	26.1	12.7
運用・管理を担当する体制の構築や人材の不足	25.4	12.5
導入による新たな運用体制の構築や人材教育	22.4	10.1
導入効果を得ることや効果の定量的な把握が困難であること	19.8	7.1
経営層の理解を得ることが困難であること	15.5	7.3
関連部門の理解を得ることが困難であること	16.5	5.9
組織の整備が困難であること	13.2	5.4
持続的なビジネスモデルの構築	13.6	6.8
その他	0.2	0.0
該当する課題は特にない	4.2	6.1

▌Q22　Q10またはQ11で生成AIについて「全社で今後の活用を検討している」または「部署によっては今後の活用を検討している」を選択した方にお尋ねします。あなたのお勤め先で生成AIの活用を検討する目的として該当するものを全て選択してください。

※複数の部署で活用を検討している場合は、最も先行している部署についてお答えください。

(n=438)

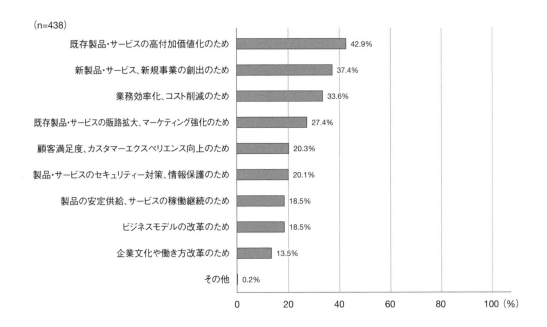

既存製品・サービスの高付加価値化のため	42.9%
新製品・サービス、新規事業の創出のため	37.4%
業務効率化、コスト削減のため	33.6%
既存製品・サービスの販路拡大、マーケティング強化のため	27.4%
顧客満足度、カスタマーエクスペリエンス向上のため	20.3%
製品・サービスのセキュリティー対策、情報保護のため	20.1%
製品の安定供給、サービスの稼働継続のため	18.5%
ビジネスモデルの改革のため	18.5%
企業文化や働き方改革のため	13.5%
その他	0.2%

▌Q23　Q10またはQ11で生成AIについて「全社で今後の活用を検討している」または「部署によっては今後の活用を検討している」を選択した方にお尋ねします。あなたのお勤め先で生成AIの活用を検討する際に、社外との相談状況として該当するものを一つ選択してください。

※複数の部署で活用を検討している場合は、最も先行している部署についてお答えください。

(n=438)

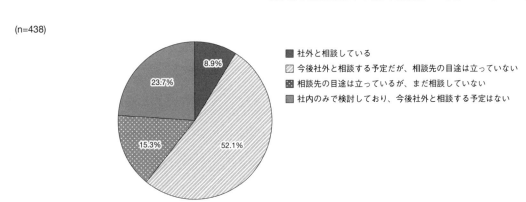

- 社外と相談している　8.9%
- 今後社外と相談する予定だが、相談先の目途は立っていない　52.1%
- 相談先の目途は立っているが、まだ相談していない　15.3%
- 社内のみで検討しており、今後社外と相談する予定はない　23.7%

データ編

第1章　情報システム化の現状と将来動向の調査（ユーザー企業アンケート調査）

189

Q24　Q23で「相談先の目途は立っているが、まだ相談していない」または「社外と相談している」を選択した方にお尋ねします。あなたのお勤め先で生成AIの活用を検討する際に、社外で相談する相手として該当するものを全て選択してください。

※複数の部署で活用を検討している場合は、最も先行している部署についてお答えください。

(n=106)

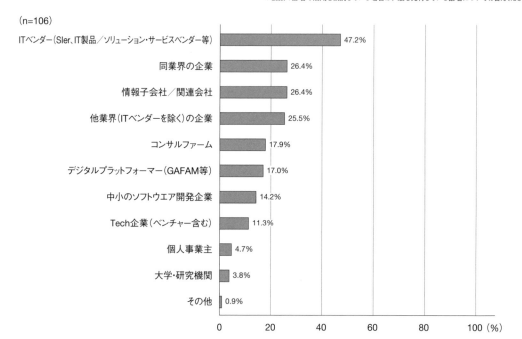

項目	割合
ITベンダー（SIer、IT製品／ソリューション・サービスベンダー等）	47.2%
同業界の企業	26.4%
情報子会社／関連会社	26.4%
他業界（ITベンダーを除く）の企業	25.5%
コンサルファーム	17.9%
デジタルプラットフォーマー（GAFAM等）	17.0%
中小のソフトウエア開発企業	14.2%
Tech企業（ベンチャー含む）	11.3%
個人事業主	4.7%
大学・研究機関	3.8%
その他	0.9%

◼Q25　Q10またはQ11で生成AIについて「全社で今後の活用を検討している」または「部署によっては今後の活用を検討している」を選択した方にお尋ねします。あなたのお勤め先で生成AIを活用する見通しとして該当するものを一つ選択してください。

※複数の部署で活用を検討している場合は、最も先行している部署についてお答えください。

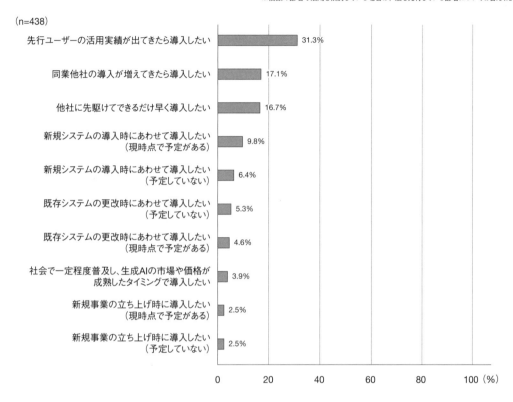

(n=438)

先行ユーザーの活用実績が出てきたら導入したい	31.3%
同業他社の導入が増えてきたら導入したい	17.1%
他社に先駆けてできるだけ早く導入したい	16.7%
新規システムの導入時にあわせて導入したい（現時点で予定がある）	9.8%
新規システムの導入時にあわせて導入したい（予定していない）	6.4%
既存システムの更改時にあわせて導入したい（予定していない）	5.3%
既存システムの更改時にあわせて導入したい（現時点で予定がある）	4.6%
社会で一定程度普及し、生成AIの市場や価格が成熟したタイミングで導入したい	3.9%
新規事業の立ち上げ時に導入したい（現時点で予定がある）	2.5%
新規事業の立ち上げ時に導入したい（予定していない）	2.5%

第1章　情報システム化の現状と将来動向の調査（ユーザー企業アンケート調査）

▌Q26　Q10またはQ11で生成AIについて「全社で今後の活用を検討している」または「部署によっては今後の活用を検討している」を選択した方にお尋ねします。あなたのお勤め先で生成AIを導入・活用する際の課題として該当するものを全て選択してください。

※複数の部署で活用を検討している場合は、最も先行している部署についてお答えください。

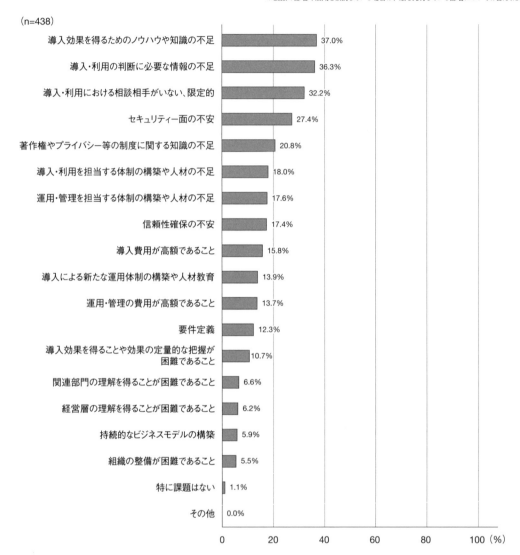

(n=438)

項目	割合
導入効果を得るためのノウハウや知識の不足	37.0%
導入・利用の判断に必要な情報の不足	36.3%
導入・利用における相談相手がいない、限定的	32.2%
セキュリティー面の不安	27.4%
著作権やプライバシー等の制度に関する知識の不足	20.8%
導入・利用を担当する体制の構築や人材の不足	18.0%
運用・管理を担当する体制の構築や人材の不足	17.6%
信頼性確保の不安	17.4%
導入費用が高額であること	15.8%
導入による新たな運用体制の構築や人材教育	13.9%
運用・管理の費用が高額であること	13.7%
要件定義	12.3%
導入効果を得ることや効果の定量的な把握が困難であること	10.7%
関連部門の理解を得ることが困難であること	6.6%
経営層の理解を得ることが困難であること	6.2%
持続的なビジネスモデルの構築	5.9%
組織の整備が困難であること	5.5%
特に課題はない	1.1%
その他	0.0%

■Q27　Q10またはQ11で【最も重視する新しいテクノロジー（Q13）】について「全社的に活用している」または「部署によっては活用している」を選択した方にお尋ねします。あなたのお勤め先が【最も重視する新しいテクノロジー】を活用し始めた時期はいつ頃でしょうか。（年と月でお答えください。）

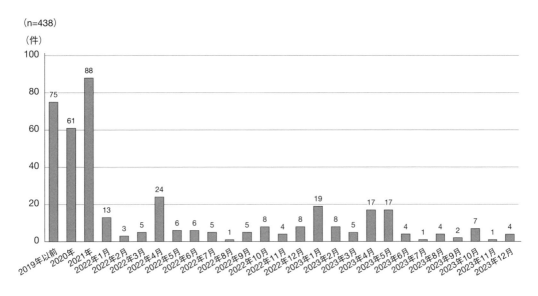

(n=438)
(件)

■Q28　Q10またはQ11で【最も重視する新しいテクノロジー（Q13）】について「全社的に活用している」または「部署によっては活用している」を選択した方にお尋ねします。あなたのお勤め先が【最も重視する新しいテクノロジー】を活用する目的として該当するものを全て選択してください。

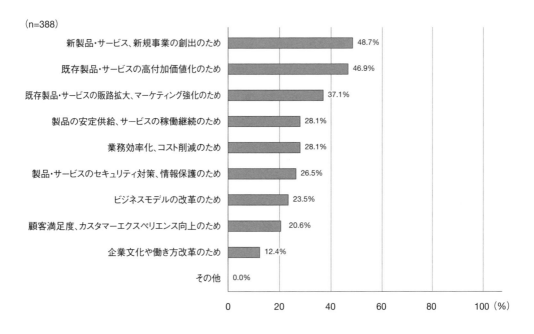

(n=388)

新製品・サービス、新規事業の創出のため	48.7%
既存製品・サービスの高付加価値化のため	46.9%
既存製品・サービスの販路拡大、マーケティング強化のため	37.1%
製品の安定供給、サービスの稼働継続のため	28.1%
業務効率化、コスト削減のため	28.1%
製品・サービスのセキュリティ対策、情報保護のため	26.5%
ビジネスモデルの改革のため	23.5%
顧客満足度、カスタマーエクスペリエンス向上のため	20.6%
企業文化や働き方改革のため	12.4%
その他	0.0%

▌Q29　Q10またはQ11で【最も重視する新しいテクノロジー (Q13)】について「全社的に活用している」または「部署によっては活用している」を選択した方にお尋ねします。あなたのお勤め先で【最も重視する新しいテクノロジー】の活用に際して、社内推進を担っている部門として該当するものを全て選択してください。

（n=388）

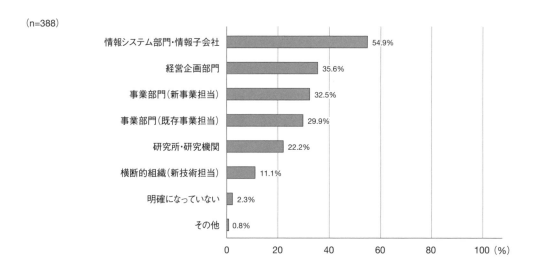

▌Q30　Q10またはQ11で【最も重視する新しいテクノロジー (Q13)】について「全社的に活用している」または「部署によっては活用している」を選択した方にお尋ねします。あなたのお勤め先が【最も重視する新しいテクノロジー】を活用する際の社外連携先として該当するものを全て選択してください。

（n=388）

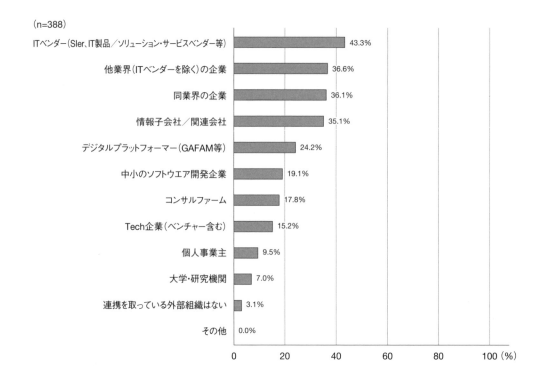

▌Q31　Q30で「ITベンダー」を選択した方にお尋ねします。あなたのお勤め先で【最も重視する新しいテクノロジー】を活用する際のITベンダーの役割として該当するものを全て選択してください。

（n=168）

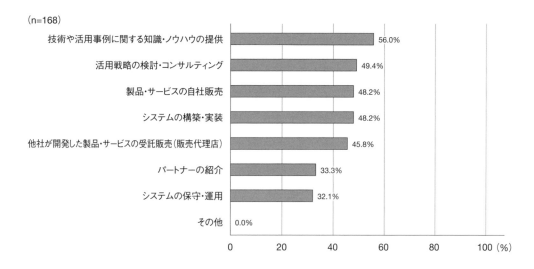

技術や活用事例に関する知識・ノウハウの提供	56.0%
活用戦略の検討・コンサルティング	49.4%
製品・サービスの自社販売	48.2%
システムの構築・実装	48.2%
他社が開発した製品・サービスの受託販売（販売代理店）	45.8%
パートナーの紹介	33.3%
システムの保守・運用	32.1%
その他	0.0%

▌Q32　Q10またはQ11で【最も重視する新しいテクノロジー（Q13）】について「全社的に活用している」または「部署によっては活用している」を選択した方にお尋ねします。あなたのお勤め先の【最も重視する新しいテクノロジー】の活用に関するあなたの評価として該当するものを一つ選択してください。

(n=388)

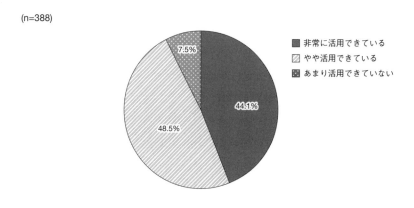

■ 非常に活用できている
▨ やや活用できている
▨ あまり活用できていない

44.1%
48.5%
7.5%

第1章　情報システム化の現状と将来動向の調査（ユーザー企業アンケート調査）

▌Q33　Q10またはQ11で【最も重視する新しいテクノロジー（Q13）】について「全社的に活用している」または「部署によっては活用している」を選択した方にお尋ねします。あなたのお勤め先の【最も重視する新しいテクノロジー】の活用に関する今後の見通しとして該当するものを全て選択してください。

(n=388)

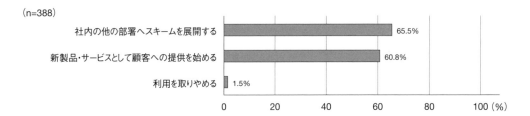

▌Q34　Q10またはQ11で【最も重視する新しいテクノロジー（Q13）】について「全社的に活用している」または「部署によっては活用している」を選択した方にお尋ねします。あなたのお勤め先で【最も重視する新しいテクノロジー】を活用するに際して、活用目的を達成するために残された課題として該当するものを全て選択してください。また、そのうち、社外連携による解決を期待する課題を全て選択してください。

(n=388)

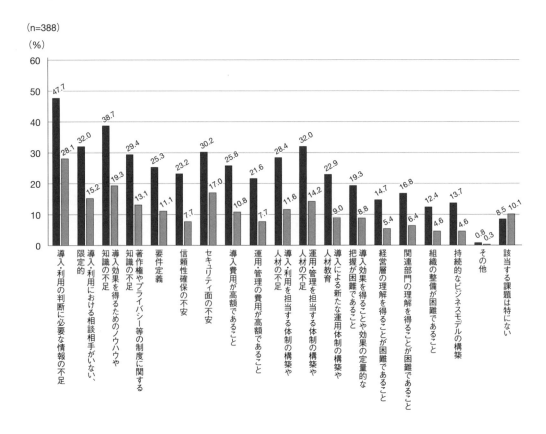

┃Q35　Q10またはQ11で【最も重視する新しいテクノロジー（Q13)】について「全社で今後の活用を検討している」または「部署によっては今後の活用を検討している」を選択した方にお尋ねします。あなたのお勤め先で【最も重視する新しいテクノロジー】の活用を検討する目的として該当するものを全て選択してください。

※複数の部署で活用を検討している場合は、最も先行している部署についてお答えください。

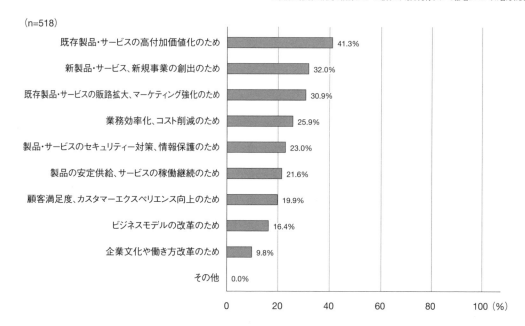

（n=518）

項目	割合
既存製品・サービスの高付加価値化のため	41.3%
新製品・サービス、新規事業の創出のため	32.0%
既存製品・サービスの販路拡大、マーケティング強化のため	30.9%
業務効率化、コスト削減のため	25.9%
製品・サービスのセキュリティー対策、情報保護のため	23.0%
製品の安定供給、サービスの稼働継続のため	21.6%
顧客満足度、カスタマーエクスペリエンス向上のため	19.9%
ビジネスモデルの改革のため	16.4%
企業文化や働き方改革のため	9.8%
その他	0.0%

┃Q36　Q10またはQ11で【最も重視する新しいテクノロジー（Q13)】について「全社で今後の活用を検討している」または「部署によっては今後の活用を検討している」を選択した方にお尋ねします。あなたのお勤め先で【最も重視する新しいテクノロジー】の活用を検討するに際して、社外との相談状況として該当するものを一つ選択してください。

※複数の部署で活用を検討している場合は、最も先行している部署についてお答えください。

(n=518)

- 社外と相談している — 9.5%
- 今後社外と相談する予定だが、相談先の目途は立っていない — 51.4%
- 相談先の目途は立っているが、まだ相談していない — 16.0%
- 社内のみで検討しており、今後社外と相談する予定はない — 23.2%

第1章　情報システム化の現状と将来動向の調査（ユーザー企業アンケート調査）

▌Q37　Q36で「相談先の目途は立っているが、まだ相談していない」または「社外と相談している」を選択した方にお尋ねします。あなたのお勤め先で【最も重視する新しいテクノロジー】の活用を検討するに際して、社外で相談する相手として該当するものを全て選択してください。

※複数の部署で活用を検討している場合は、最も先行している部署についてお答えください。

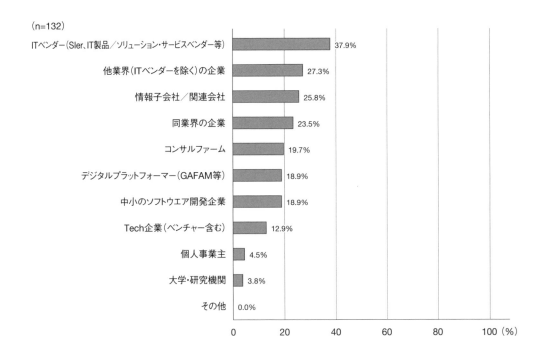

(n=132)

項目	割合
ITベンダー（SIer、IT製品／ソリューション・サービスベンダー等）	37.9%
他業界（ITベンダーを除く）の企業	27.3%
情報子会社／関連会社	25.8%
同業界の企業	23.5%
コンサルファーム	19.7%
デジタルプラットフォーマー（GAFAM等）	18.9%
中小のソフトウエア開発企業	18.9%
Tech企業（ベンチャー含む）	12.9%
個人事業主	4.5%
大学・研究機関	3.8%
その他	0.0%

▌Q38　Q10またはQ11で【最も重視する新しいテクノロジー（Q13）】について「全社で今後の活用を検討している」または「部署によっては今後の活用を検討している」を選択した方にお尋ねします。あなたのお勤め先で【最も重視する新しいテクノロジー】を活用する見通しとして該当するものを一つ選択してください。

※複数の部署で活用を検討している場合は、最も先行している部署についてお答えください。

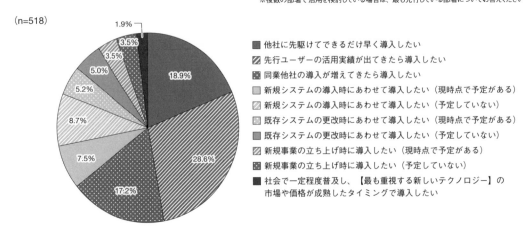

(n=518)

凡例：
- 他社に先駆けてできるだけ早く導入したい
- 先行ユーザーの活用実績が出てきたら導入したい
- 同業他社の導入が増えてきたら導入したい
- 新規システムの導入時にあわせて導入したい（現時点で予定がある）
- 新規システムの導入時にあわせて導入したい（予定していない）
- 既存システムの更改時にあわせて導入したい（現時点で予定がある）
- 既存システムの更改時にあわせて導入したい（予定していない）
- 新規事業の立ち上げ時に導入したい（現時点で予定がある）
- 新規事業の立ち上げ時に導入したい（予定していない）
- 社会で一定程度普及し、【最も重視する新しいテクノロジー】の市場や価格が成熟したタイミングで導入したい

▮Q39　Q10またはQ11で【最も重視する新しいテクノロジー（Q13）】について「全社で今後の活用を検討している」または「部署によっては今後の活用を検討している」を選択した方にお尋ねします。あなたのお勤め先で【最も重視する新しいテクノロジー】を導入・活用する際の課題として該当するものを全て選択してください。

※複数の部署で活用を検討している場合は、最も先行している部署についてお答えください。

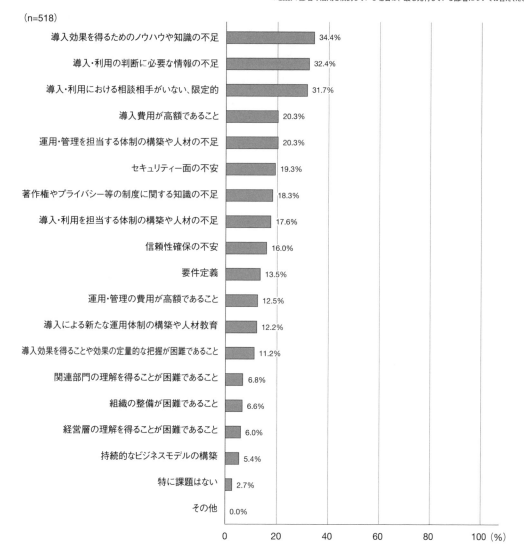

（n=518）

課題	%
導入効果を得るためのノウハウや知識の不足	34.4%
導入・利用の判断に必要な情報の不足	32.4%
導入・利用における相談相手がいない、限定的	31.7%
導入費用が高額であること	20.3%
運用・管理を担当する体制の構築や人材の不足	20.3%
セキュリティー面の不安	19.3%
著作権やプライバシー等の制度に関する知識の不足	18.3%
導入・利用を担当する体制の構築や人材の不足	17.6%
信頼性確保の不安	16.0%
要件定義	13.5%
運用・管理の費用が高額であること	12.5%
導入による新たな運用体制の構築や人材教育	12.2%
導入効果を得ることや効果の定量的な把握が困難であること	11.2%
関連部門の理解を得ることが困難であること	6.8%
組織の整備が困難であること	6.6%
経営層の理解を得ることが困難であること	6.0%
持続的なビジネスモデルの構築	5.4%
特に課題はない	2.7%
その他	0.0%

第2章
情報サービス産業動向調査
（会員アンケート調査）

※四捨五入のため、合計が100.0%にならない箇所があります。

Q1　貴社の直近年度の「売上高」「経常利益」「正規従業員数」をご回答ください。

※連結ではなく、貴社単体としてご回答ください。

（n=146）

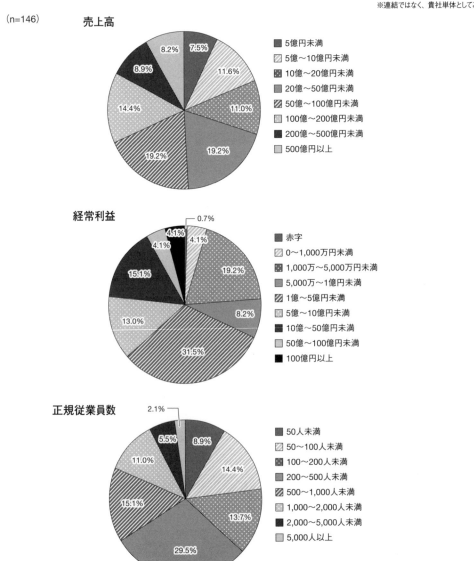

売上高

- 5億円未満
- 5億〜10億円未満
- 10億〜20億円未満
- 20億〜50億円未満
- 50億〜100億円未満
- 100億〜200億円未満
- 200億〜500億円未満
- 500億円以上

経常利益

- 赤字
- 0〜1,000万円未満
- 1,000万〜5,000万円未満
- 5,000万〜1億円未満
- 1億〜5億円未満
- 5億〜10億円未満
- 10億〜50億円未満
- 50億〜100億円未満
- 100億円以上

正規従業員数

- 50人未満
- 50〜100人未満
- 100〜200人未満
- 200〜500人未満
- 500〜1,000人未満
- 1,000〜2,000人未満
- 2,000〜5,000人未満
- 5,000人以上

┃Q2　貴社の主要顧客の業種として当てはまる項目を全て選択してください。

(n=146)

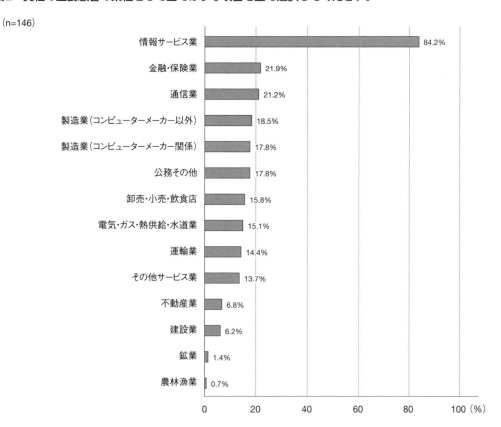

┃Q3　貴社の事業のうち、最も割合の高い開発形態は何ですか。最も近い項目を1つ選択してください。

(n=145)

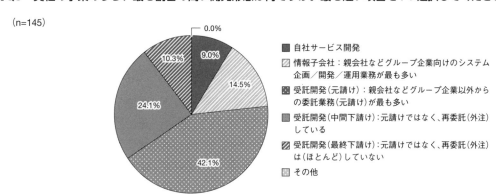

■ 自社サービス開発
▨ 情報子会社：親会社などグループ企業向けのシステム
　企画／開発／運用業務が最も多い
▥ 受託開発（元請け）：親会社などグループ企業以外から
　の委託業務（元請け）が最も多い
■ 受託開発（中間下請け）：元請けではなく、再委託（外注）
　している
▨ 受託開発（最終下請け）：元請けではなく、再委託（外注）
　は（ほとんど）していない
▨ その他

▌Q4　貴社の主要顧客 (売り上げベース) の規模として最もよく当てはまる項目を選択してください。

(n=146)

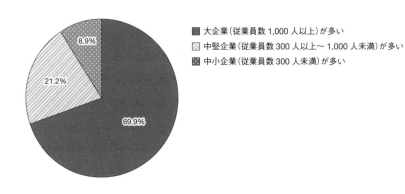

■ 大企業(従業員数1,000人以上)が多い
▨ 中堅企業(従業員数300人以上〜1,000人未満)が多い
▨ 中小企業(従業員数300人未満)が多い

▌Q5　貴社では、昨年度 (2022年度) と比べた今年度 (2023年度) の業況をどのように見通していますか。貴社の見解として該当するものをそれぞれ選択してください。

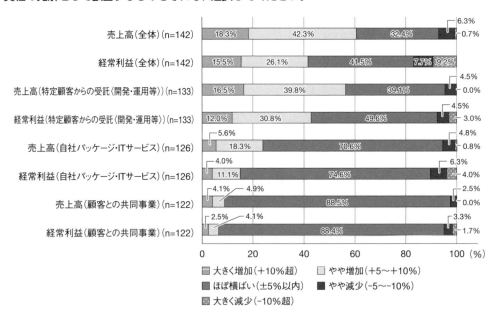

Q6　貴社では、昨年度（2022年度）と比べた来年度（2024年度）の業況をどのように見通していますか。貴社の見解として該当するものをそれぞれ選択してください。

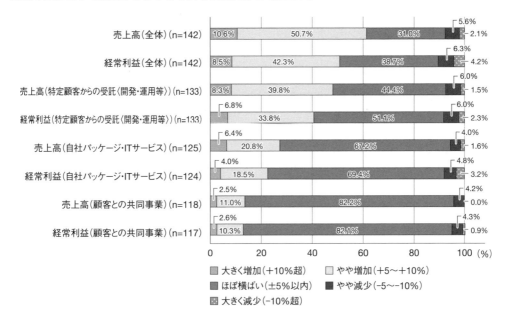

Q7　貴社では、昨年度（2022年度）と比べた今年度（2023年度）の自社への投資をどのように計画していますか。該当するものをそれぞれ選択してください。

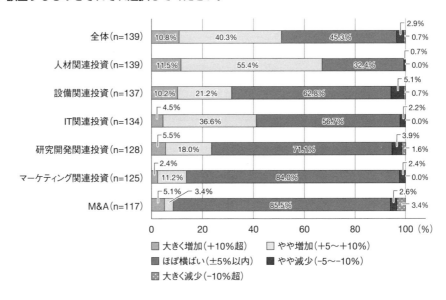

▌Q8　直近3年程度における貴社の課題認識として該当するものを選択してください。

（n=145、複数回答）

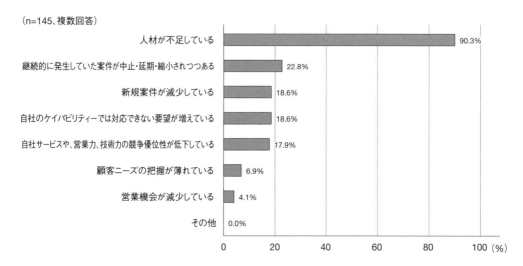

▌Q9　以下の各領域について、今後の見通しをどのようにお考えですか。該当するものをそれぞれ選択してください。

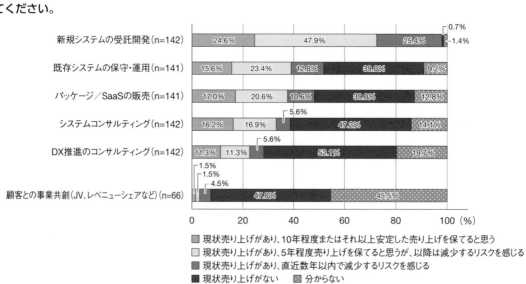

Q10　Q9の現状売り上げがある領域について、現在の売り上げで最も割合の大きい領域と、今後事業を拡大しようと計画している領域について、それぞれ該当するものをそれぞれ選択してください。

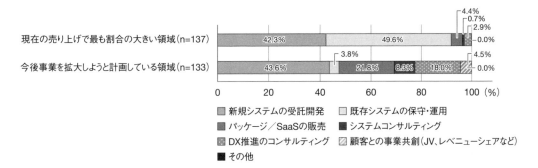

■Q11　以下に挙げる項目のうち、デジタル化の進展が強い影響を与えたと思われる対象について、該当するものを全て選択してください。また、選択したもののうち、最も強い影響を与えたと思われるものを1つ選択してください。

（n=142）

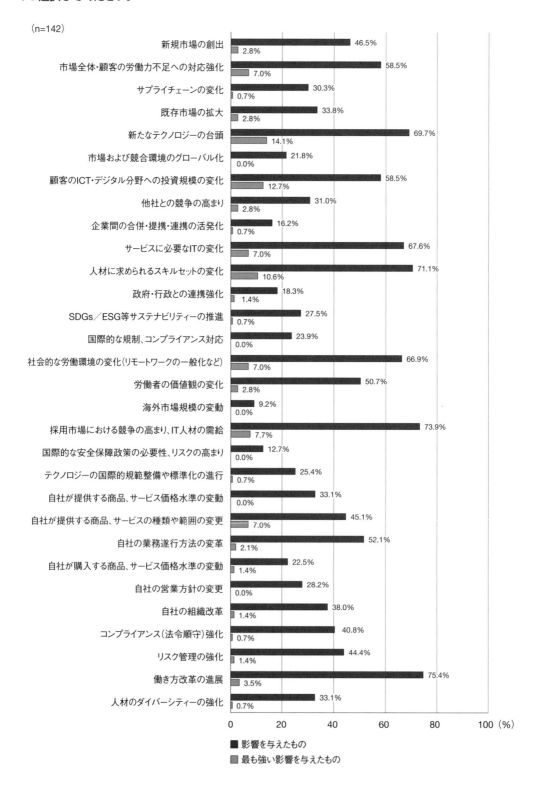

項目	影響を与えたもの	最も強い影響を与えたもの
新規市場の創出	46.5%	2.8%
市場全体・顧客の労働力不足への対応強化	58.5%	7.0%
サプライチェーンの変化	30.3%	0.7%
既存市場の拡大	33.8%	2.8%
新たなテクノロジーの台頭	69.7%	14.1%
市場および競合環境のグローバル化	21.8%	0.0%
顧客のICT・デジタル分野への投資規模の変化	58.5%	12.7%
他社との競争の高まり	31.0%	2.8%
企業間の合併・提携・連携の活発化	16.2%	0.7%
サービスに必要なITの変化	67.6%	7.0%
人材に求められるスキルセットの変化	71.1%	10.6%
政府・行政との連携強化	18.3%	1.4%
SDGs／ESG等サステナビリティーの推進	27.5%	0.7%
国際的な規制、コンプライアンス対応	23.9%	0.0%
社会的な労働環境の変化（リモートワークの一般化など）	66.9%	7.0%
労働者の価値観の変化	50.7%	2.8%
海外市場規模の変動	9.2%	0.0%
採用市場における競争の高まり、IT人材の需給	73.9%	7.7%
国際的な安全保障政策の必要性、リスクの高まり	12.7%	0.0%
テクノロジーの国際的規範整備や標準化の進行	25.4%	0.7%
自社が提供する商品、サービス価格水準の変動	33.1%	0.0%
自社が提供する商品、サービスの種類や範囲の変更	45.1%	7.0%
自社の業務遂行方法の変革	52.1%	2.1%
自社が購入する商品、サービス価格水準の変動	22.5%	1.4%
自社の営業方針の変更	28.2%	0.0%
自社の組織改革	38.0%	1.4%
コンプライアンス（法令順守）強化	40.8%	0.7%
リスク管理の強化	44.4%	1.4%
働き方改革の進展	75.4%	3.5%
人材のダイバーシティーの強化	33.1%	0.7%

■ 影響を与えたもの
■ 最も強い影響を与えたもの

Q12　貴社では、Q11で選択した状況の変化を受けて、今後どのような経営の方向性を目指す必要があるとお考えですか。該当するものを全て選択してください。また、選択したもののうち、特に重視するものを1つ選択してください。

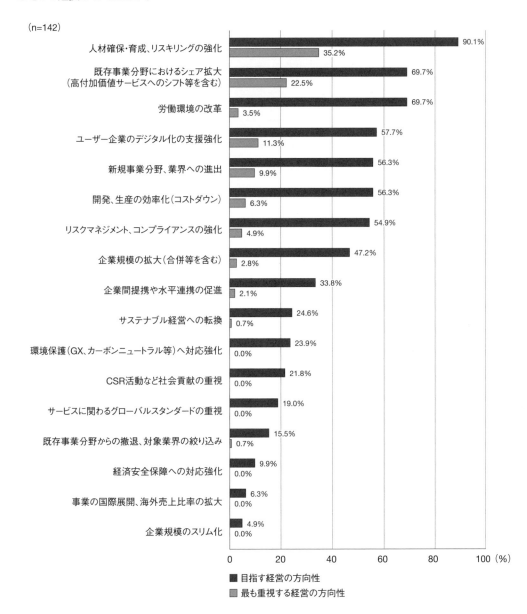

（n=142）

経営の方向性	目指す経営の方向性	最も重視する経営の方向性
人材確保・育成、リスキリングの強化	90.1%	35.2%
既存事業分野におけるシェア拡大（高付加価値サービスへのシフト等を含む）	69.7%	22.5%
労働環境の改革	69.7%	3.5%
ユーザー企業のデジタル化の支援強化	57.7%	11.3%
新規事業分野、業界への進出	56.3%	9.9%
開発、生産の効率化（コストダウン）	56.3%	6.3%
リスクマネジメント、コンプライアンスの強化	54.9%	4.9%
企業規模の拡大（合併等を含む）	47.2%	2.8%
企業間提携や水平連携の促進	33.8%	2.1%
サステナブル経営への転換	24.6%	0.7%
環境保護（GX、カーボンニュートラル等）へ対応強化	23.9%	0.0%
CSR活動など社会貢献の重視	21.8%	0.0%
サービスに関わるグローバルスタンダードの重視	19.0%	0.0%
既存事業分野からの撤退、対象業界の絞り込み	15.5%	0.7%
経済安全保障への対応強化	9.9%	0.0%
事業の国際展開、海外売上比率の拡大	6.3%	0.0%
企業規模のスリム化	4.9%	0.0%

■目指す経営の方向性
■最も重視する経営の方向性

Q13　貴社では、貴社の主要な顧客はどの領域においてデジタル化のニーズがあると考えていますか。特に当てはまるものを3つまで選択してください。また、そのニーズに対して貴社はどの程度対応できていると考えますか。該当するものを選択してください。

a. デジタル化のニーズ
（n=142）

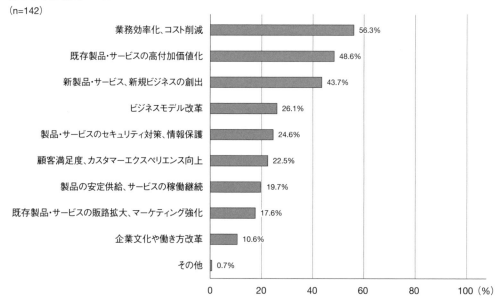

b. 顧客ニーズへの対応状況
（n=141）

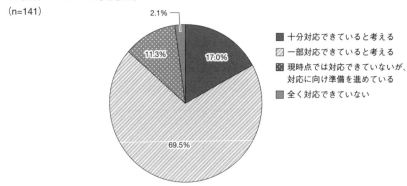

凡例:
- ■ 十分対応できていると考える
- ▨ 一部対応できていると考える
- ▩ 現時点では対応できていないが、対応に向け準備を進めている
- ■ 全く対応できていない

▌Q14　新しいテクノロジーについて、あなたご自身の認知度、関心の度合いとしてそれぞれ該当するもの
を選択してください。

（n=138）

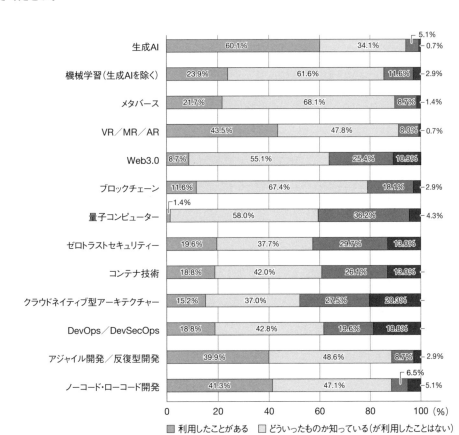

▌Q15　新しいテクノロジーについて、【社内業務への適用】における貴社の全社的な活用状況の度合いとして該当するものを選択してください。

（n=138）

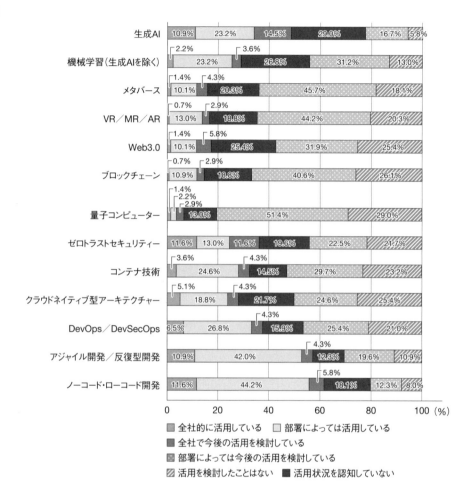

■ 全社的に活用している　　□ 部署によっては活用している
■ 全社で今後の活用を検討している
▨ 部署によっては今後の活用を検討している
▨ 活用を検討したことはない　　■ 活用状況を認知していない

■Q16　新しいテクノロジーについて、【自社サービス（顧客向けサービス）への適用】における貴社の全社的な活用状況の度合いとして該当するものを選択してください。

（n=138）

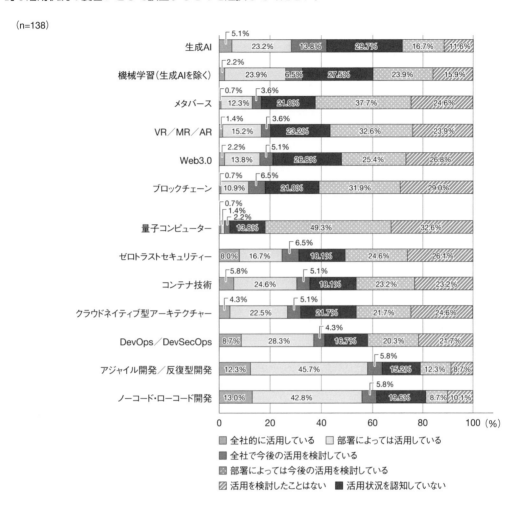

凡例：
- ■ 全社的に活用している　□ 部署によっては活用している
- ■ 全社で今後の活用を検討している
- ▨ 部署によっては今後の活用を検討している
- ▨ 活用を検討したことはない　■ 活用状況を認知していない

各テクノロジーの数値：

- 生成AI：5.1%、23.2%、13.8%、29.7%、16.7%、11.6%
- 機械学習（生成AIを除く）：2.2%、23.9%、6.5%、27.5%、23.9%、15.9%
- メタバース：0.7%、3.6%、12.3%、21.0%、37.7%、24.6%
- VR／MR／AR：1.4%、3.6%、15.2%、23.2%、32.6%、23.9%
- Web3.0：2.2%、5.1%、13.8%、26.8%、25.4%、26.8%
- ブロックチェーン：0.7%、6.5%、10.9%、21.0%、31.9%、29.0%
- 量子コンピューター：0.7%、1.4%、2.2%、13.8%、49.3%、32.6%
- ゼロトラストセキュリティー：8.0%、16.7%、6.5%、18.1%、24.6%、26.1%
- コンテナ技術：5.8%、24.6%、5.1%、18.1%、23.2%、23.2%
- クラウドネイティブ型アーキテクチャー：4.3%、22.5%、5.1%、21.7%、21.7%、24.6%
- DevOps／DevSecOps：8.7%、28.3%、4.3%、16.7%、20.3%、21.7%
- アジャイル開発／反復型開発：12.3%、45.7%、5.8%、15.2%、12.3%、8.7%
- ノーコード・ローコード開発：13.0%、42.8%、5.8%、19.6%、8.7%、10.1%

第2章　情報サービス産業動向調査（会員アンケート調査）

Q17　新しいテクノロジーの登場が貴社に与える影響についてどのように認識していますか。

(n=138)

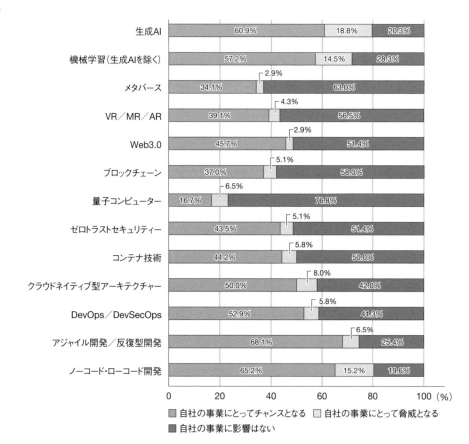

　　　　　　　　　　■ 自社の事業にとってチャンスとなる　　□ 自社の事業にとって脅威となる
　　　　　　　　　　■ 自社の事業に影響はない

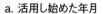

▌Q18　Q15またはQ16で生成AIを「全社的に活用している」または「部署によっては活用している」を選択した方にお尋ねします。生成AIの活用方法について、以下をそれぞれ回答してください。

a. 活用し始めた年月

（n=47）

（件）

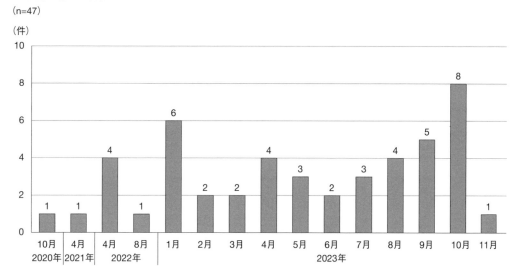

b. 活用の目的

（n=49、複数回答）

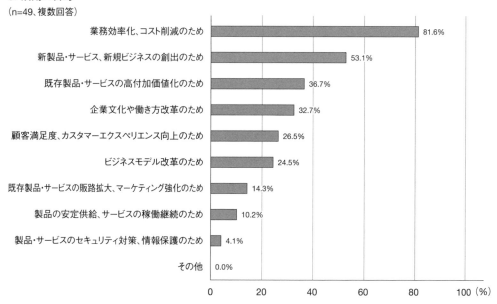

第2章　情報サービス産業動向調査（会員アンケート調査）

c. 具体的なユースケース（自由記述）

・文書作成
・EXCELのマクロ生成、添削　新規ニーズの創出
・社内システム構築
・プログラム作成の支援 ・メール等の文章の作成の支援
・システム開発の成果物の自動生成やレビュー ・対話型社内FAQ
・データ分析に利用
・社内版ChatGTPの提供（文章の要約・翻訳、メール文面の作成、文章やプログラムの添削、情報収集・リサーチ等）
・プログラミングや文章添削、顧客サポートデスク等
・当初は長い文書の要点をまとめるため抽象型要約手法として使用　その後、レポート生成のため、軸を設定した要約やキーワード作成、画像生成手法を活用
・新サービス「AI　コンシェルジュ」の展開 ・社内での生産性向上のための利用
・社内一般業務での文書作成、情報収集　開発・運用業務における効率化・品質向上
・プレス等の文章作成

d. 活用に当たっての社内推進体制（関与がある部門全て）

（n=46）

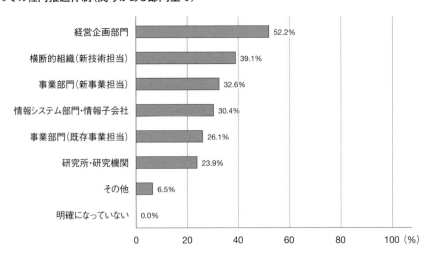

経営企画部門　52.2%
横断的組織（新技術担当）　39.1%
事業部門（新事業担当）　32.6%
情報システム部門・情報子会社　30.4%
事業部門（既存事業担当）　26.1%
研究所・研究機関　23.9%
その他　6.5%
明確になっていない　0.0%

e. 社外連携先の存在（関与がある連携先全て）

(n=33)

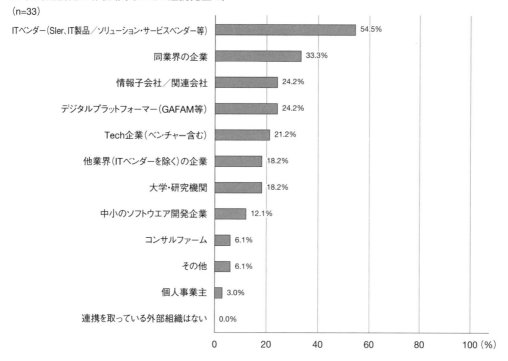

ITベンダー（SIer、IT製品／ソリューション・サービスベンダー等）	54.5%
同業界の企業	33.3%
情報子会社／関連会社	24.2%
デジタルプラットフォーマー（GAFAM等）	24.2%
Tech企業（ベンチャー含む）	21.2%
他業界（ITベンダーを除く）の企業	18.2%
大学・研究機関	18.2%
中小のソフトウエア開発企業	12.1%
コンサルファーム	6.1%
その他	6.1%
個人事業主	3.0%
連携を取っている外部組織はない	0.0%

f. 検討時点から見た、現在の活用状況に対する評価

(n=49)

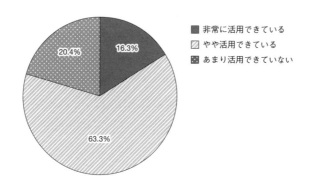

凡例：
- 非常に活用できている　16.3%
- やや活用できている　63.3%
- あまり活用できていない　20.4%

g. その活用方法の今後の見通し

(n=46)

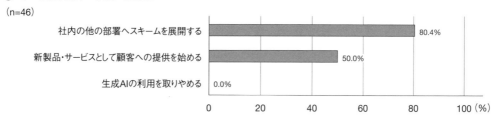

社内の他の部署へスキームを展開する	80.4%
新製品・サービスとして顧客への提供を始める	50.0%
生成AIの利用を取りやめる	0.0%

Q19　Q15またはQ16で生成AIを「全社で今後の活用を検討している」または「部署によっては今後の活用を検討している」を選択した方にお尋ねします。生成AIの活用の検討状況について、以下をそれぞれ回答してください。

a. 検討している活用の目的
（n=65、複数回答）

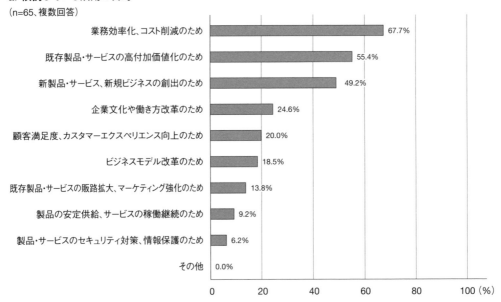

目的	%
業務効率化、コスト削減のため	67.7%
既存製品・サービスの高付加価値化のため	55.4%
新製品・サービス、新規ビジネスの創出のため	49.2%
企業文化や働き方改革のため	24.6%
顧客満足度、カスタマーエクスペリエンス向上のため	20.0%
ビジネスモデル改革のため	18.5%
既存製品・サービスの販路拡大、マーケティング強化のため	13.8%
製品の安定供給、サービスの稼働継続のため	9.2%
製品・サービスのセキュリティ対策、情報保護のため	6.2%
その他	0.0%

b. 検討している具体的なユースケース（自由記述）

・社内文書の検索 ・Q&A対応
・文書の作成、添削など
・会議録の作成、プログラムコード作成の補助ツール
・各種文章作成、ファイル作成
・プログラムソース自動生成
・間接業務や開発作業の効率化・標準化
・社内データ学習とチャットによる回答
・システム問い合わせの自動化
・社内一般業務における文書作成、情報収集
・議事録の自動化

c. 今後活用する可能性、時期の見通し

（n=64）

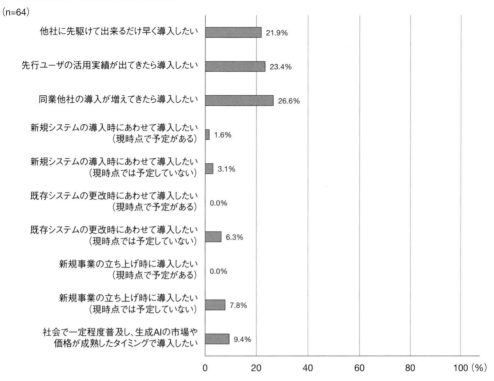

他社に先駆けて出来るだけ早く導入したい 21.9%

先行ユーザの活用実績が出てきたら導入したい 23.4%

同業他社の導入が増えてきたら導入したい 26.6%

新規システムの導入時にあわせて導入したい
（現時点で予定がある） 1.6%

新規システムの導入時にあわせて導入したい
（現時点では予定していない） 3.1%

既存システムの更改時にあわせて導入したい
（現時点で予定がある） 0.0%

既存システムの更改時にあわせて導入したい
（現時点では予定していない） 6.3%

新規事業の立ち上げ時に導入したい
（現時点で予定がある） 0.0%

新規事業の立ち上げ時に導入したい
（現時点では予定していない） 7.8%

社会で一定程度普及し、生成AIの市場や
価格が成熟したタイミングで導入したい 9.4%

d. 導入・利用に当たり課題となっている点

（n=64、複数回答）

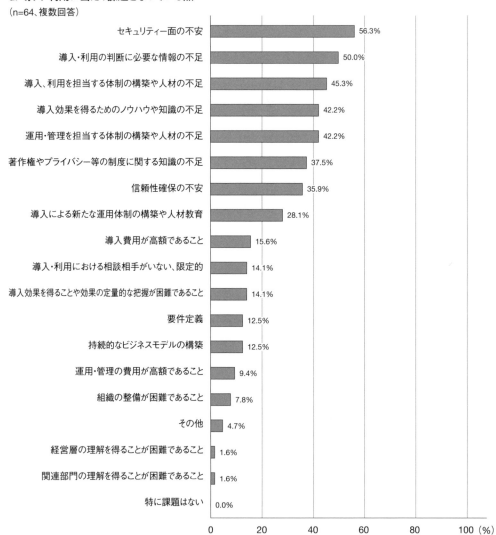

項目	割合
セキュリティー面の不安	56.3%
導入・利用の判断に必要な情報の不足	50.0%
導入、利用を担当する体制の構築や人材の不足	45.3%
導入効果を得るためのノウハウや知識の不足	42.2%
運用・管理を担当する体制の構築や人材の不足	42.2%
著作権やプライバシー等の制度に関する知識の不足	37.5%
信頼性確保の不安	35.9%
導入による新たな運用体制の構築や人材教育	28.1%
導入費用が高額であること	15.6%
導入・利用における相談相手がいない、限定的	14.1%
導入効果を得ることや効果の定量的な把握が困難であること	14.1%
要件定義	12.5%
持続的なビジネスモデルの構築	12.5%
運用・管理の費用が高額であること	9.4%
組織の整備が困難であること	7.8%
その他	4.7%
経営層の理解を得ることが困難であること	1.6%
関連部門の理解を得ることが困難であること	1.6%
特に課題はない	0.0%

▌Q20 新しいテクノロジーのうち、生成AI以外の技術で、貴社の事業にとって代表的または最も重要とする技術として該当するものを1つ選択してください。

（n=121）

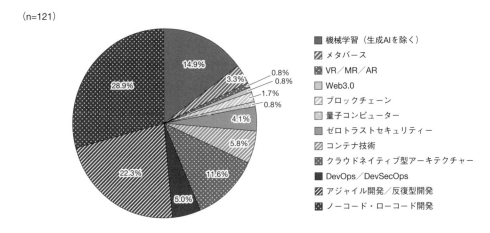

凡例:
- ■ 機械学習（生成AIを除く）
- ▨ メタバース
- ▨ VR／MR／AR
- □ Web3.0
- ▨ ブロックチェーン
- ▨ 量子コンピューター
- ■ ゼロトラストセキュリティー
- ▨ コンテナ技術
- ▨ クラウドネイティブ型アーキテクチャー
- ■ DevOps／DevSecOps
- ▨ アジャイル開発／反復型開発
- ▨ ノーコード・ローコード開発

▌Q21 【Q20で選択されたテクノロジー】について、Q15またはQ16で「全社的に活用している」または「部署によっては活用している」を選択した方にお尋ねします。【Q20で選択されたテクノロジー】の活用方法について、以下をそれぞれ回答してください。

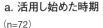

a. 活用し始めた時期

（n=72）

（件）

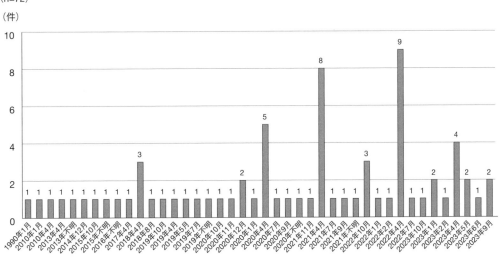

b. 活用の目的
（n=77、複数回答）

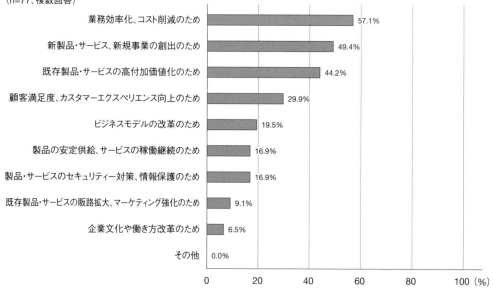

項目	割合
業務効率化、コスト削減のため	57.1%
新製品・サービス、新規事業の創出のため	49.4%
既存製品・サービスの高付加価値化のため	44.2%
顧客満足度、カスタマーエクスペリエンス向上のため	29.9%
ビジネスモデルの改革のため	19.5%
製品の安定供給、サービスの稼働継続のため	16.9%
製品・サービスのセキュリティー対策、情報保護のため	16.9%
既存製品・サービスの販路拡大、マーケティング強化のため	9.1%
企業文化や働き方改革のため	6.5%
その他	0.0%

c. 検討している具体的なユースケース（自由記述）

・アンチマネーロンダリング製品への機械学習アルゴリズム組み込み ・AIモデル構築サービスでの機械学習アルゴリズムの利用 ・AutoML製品の活用
・マーケティング高度化、与信審査支援、HR領域への応用など
・メタバース上でシステム運用管理を行うプラットフォームの開発を進めている
・現場3Dデータを取得してバーチャルな現場を再現することにより、現場調査の回数や人数を大幅に削減する
・個々の顧客のセキュリティー要素や費用感に合わせたゼロトラスト・ソリューションメニューを提供し、導入から運用までを総合的に支援
・社内支給PCで利用
・比較的規模が小さいプロジェクトで、効率的に遂行するため
・もともと、開発・運用が一体となってシステム運用を見据えてシステム開発を行っているため、新しい技術とは捉えていません
・ソフトウエア開発
・社内業務の効率化を図り、実際にアプリを作成して自動化を行っている
・顧客システム開発の内製化支援ビジネスの開始
・全社共通業務の統合、ペーパーレス化
・web-UIとしての活用

d. 活用に当たっての社内推進体制（関与がある部門全て）

（n=75）

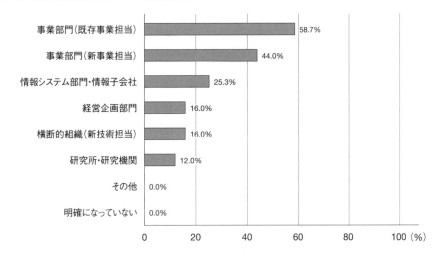

事業部門（既存事業担当）	58.7%
事業部門（新事業担当）	44.0%
情報システム部門・情報子会社	25.3%
経営企画部門	16.0%
横断的組織（新技術担当）	16.0%
研究所・研究機関	12.0%
その他	0.0%
明確になっていない	0.0%

e. 社外連携先の存在（関与がある連携先すべて）

（n=59）

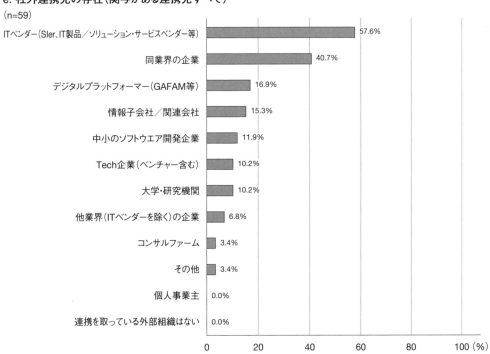

ITベンダー（SIer、IT製品／ソリューション・サービスベンダー等）	57.6%
同業界の企業	40.7%
デジタルプラットフォーマー（GAFAM等）	16.9%
情報子会社／関連会社	15.3%
中小のソフトウエア開発企業	11.9%
Tech企業（ベンチャー含む）	10.2%
大学・研究機関	10.2%
他業界（ITベンダーを除く）の企業	6.8%
コンサルファーム	3.4%
その他	3.4%
個人事業主	0.0%
連携を取っている外部組織はない	0.0%

f. 検討時点から見た、現在の活用状況に対する評価
（n=76）

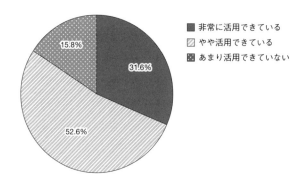

- ■ 非常に活用できている
- ▨ やや活用できている
- ▨ あまり活用できていない

g. その活用方法の今後の見通し
（n=70）

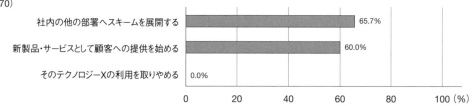

社内の他の部署へスキームを展開する	65.7%
新製品・サービスとして顧客への提供を始める	60.0%
そのテクノロジーXの利用を取りやめる	0.0%

▌Q22 【Q20で選択されたテクノロジー】について、Q15またはQ16で「全社で今後の活用を検討している」または「部署によっては今後の活用を検討している」を選択した方にお尋ねします。【Q20で選択されたテクノロジー】の活用の検討状況について、以下をそれぞれ回答してください。

a. 検討している活用の目的
（n=34、複数回答）

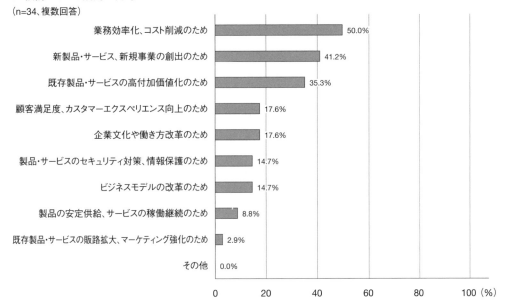

b. 検討している具体的なユースケース（自由記述）

・自社開発を進めているサービスの社内利用 ・開発プロジェクトやテレワーク時のコミュニケーションツールとして活用を検討
・社内事務処理の効率化

c. 今後活用する可能性、時期の見通し

（n=34）

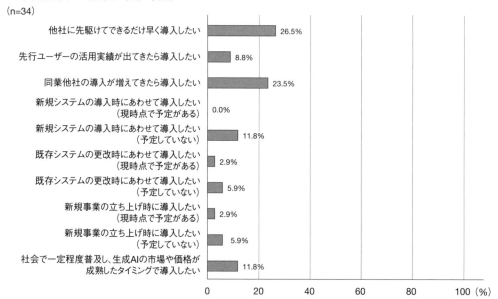

d. 導入・利用に当たり課題となっている点

（n=31、複数回答）

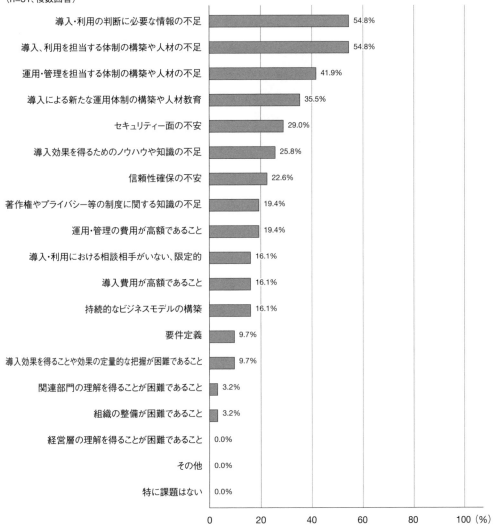

第2章　情報サービス産業動向調査（会員アンケート調査）

┃Q23　新しいテクノロジー（生成AIを含む）について、2023年に入り、顧客から相談を受けたことはありますか。

（n=136）

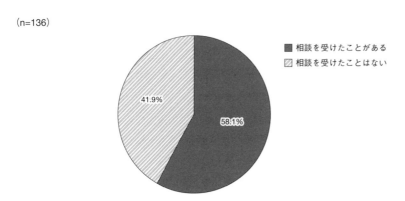

- ■ 相談を受けたことがある
- ▨ 相談を受けたことはない

41.9%
58.1%

┃Q24　貴社では、顧客のDXの取り組み状況についてどのように認識していますか。

（n=135）

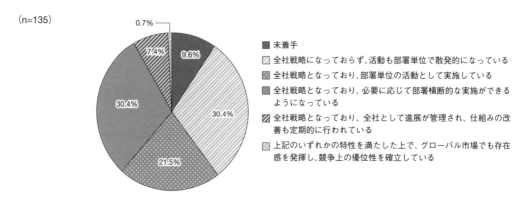

- ■ 未着手
- ▨ 全社戦略になっておらず、活動も部署単位で散発的になっている
- ▨ 全社戦略となっており、部署単位の活動として実施している
- ■ 全社戦略となっており、必要に応じて部署横断的な実施ができるようになっている
- ▨ 全社戦略となっており、全社として進展が管理され、仕組みの改善も定期的に行われている
- ▨ 上記のいずれかの特性を満たした上で、グローバル市場でも存在感を発揮し、競争上の優位性を確立している

0.7%
9.6%
7.4%
30.4%
30.4%
21.5%

┃Q25　貴社の顧客別売上高（単体）の海外比率について当てはまるものを選択してください。

（n=135）

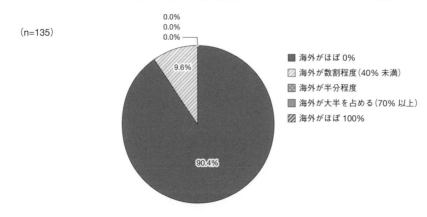

- ■ 海外がほぼ 0%
- ▨ 海外が数割程度（40% 未満）
- ▨ 海外が半分程度
- ■ 海外が大半を占める（70% 以上）
- ▨ 海外がほぼ 100%

0.0%
0.0%
0.0%
9.6%
90.4%

本書のご感想をぜひお寄せください

https://book.impress.co.jp/books/1124101013

読者登録サービス CLUB IMPRESS　アンケート回答者の中から、抽選で図書カード**(1,000円分)**などを毎月プレゼント。
当選者の発表は賞品の発送をもって代えさせていただきます。
※プレゼントの賞品は変更になる場合があります。

■ 商品に関する問い合わせ先

このたびは弊社商品をご購入いただきありがとうございます。本書の内容などに関するお問い合わせは、下記の URL または QR コードにある問い合わせフォームからお送りください。

https://book.impress.co.jp/info/

上記フォームがご利用頂けない場合のメールでの問い合わせ先

info@impress.co.jp

※ お問い合わせの際は、書名、ISBN、お名前、お電話番号、メールアドレス に加えて、「該当するページ」と「具体的なご質問内容」「お使いの動作環境」を必ずご明記ください。なお、本書の範囲を超えるご質問にはお答えできないのでご了承ください。

- 電話や FAX でのご質問には対応しておりません。また、封書でのお問い合わせは回答までに日数をいただく場合があります。あらかじめご了承ください。
- インプレスブックスの本書情報ページ https://book.impress.co.jp/ books/1124101013 では、本書のサポート情報や正誤表・訂正情報などを提供しています。あわせてご確認ください。
- 本書の奥付に記載されている初版発行日から 3 年が経過した場合、もしくは本書で紹介している製品やサービスについて提供会社によるサポートが終了した場合はご質問にお答えできない場合があります。

■ 落丁・乱丁本などの問い合わせ先

FAX 03-6837-5023

service@impress.co.jp

※古書店で購入された商品はお取り替えできません。

デジタル化による社会変化と新しいテクノロジーの活用
情報サービス産業白書 2024

2024年7月1日　初版発行

編　集　一般社団法人情報サービス産業協会
　　　　〒101-0047　東京都千代田区内神田2-3-4　S-GATE大手町北6F
　　　　TEL (03) 5289-7651　FAX (03) 5289-7653　URL　https://www.jisa.or.jp/

発行人　高橋 隆志
編集人　中村 照明
発行所　株式会社インプレス
　　　　〒101-0051　東京都千代田区神田神保町一丁目105番地
　　　　ホームページ https://book.impress.co.jp/

印刷所　日経印刷株式会社

ISBN978-4-295-01910-7 C3055

Printed in Japan

アイネス

「安心」と「革新」を創造するIT企業

カミジョウミカ
「新しいミライの街へ行こう」

Paralym Art®

私たちは障がい者アートを応援しています。

東京都中央区日本橋蛎殻町1-38-11　https://www.ines.co.jp/

あるぞ、
ITの可能性。
SCSK

ＳＣＳＫグループは、経営理念「夢ある未来を、共に創る」の下、
成長戦略としてサステナビリティ経営を推進しています。

50年以上にわたり、ビジネスに必要なITサービスからBPOに至るまで、
フルラインアップで提供し、8,000社以上のお客様のさまざまな課題を解決してきました。

ITを軸としたお客様やパートナー、社会との共創による、
さまざまな業種・業界や社会の課題解決に向けた新たな挑戦に取り組み、
「2030年　共創ITカンパニー」を目指します。

SCSK
夢ある未来を、共に創る。

ＳＣＳＫ株式会社
(本社)〒135-8110 東京都江東区豊洲3-2-20 豊洲フロント
TEL: 03-5166-1150(広報部)
URL:https://www.scsk.jp/index.html
拠点:国内48拠点　海外8拠点

ITの最適解、JECCに最善策。

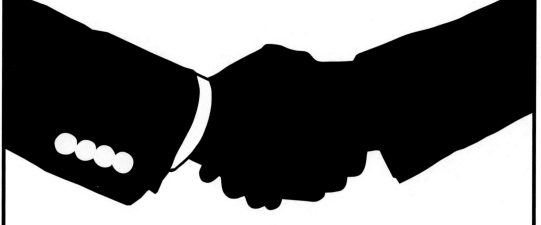

ITとファイナンスを、プロデュース。

JECC

NRI
Envision the value,
Empower the change
私たち NRI グループは、ありたい未来をかなえるため、
お客さまの社会への想いとともに。
不確実性を極めた時代に、誰も見えなかった新たな
豊かさを、鮮明に描く。
変革への道筋を見いだし、緻密に大胆に実現する。
創造は挑戦で、挑戦は成長で、成長は可能性だ。
私たち一人ひとりが、未来を動かす力になる。
Envision the value, Empower the change
まだ見ぬ価値をともに描き、変革にさらなる力を。
野村総合研究所グループ

Frontier Spirit

共に、未だ見ぬ世界へ

デジタルの力で社会をつなぐ

価値共創パートナー
共に、次のステージへ。
LINCREA

株式会社リンクレア

[本社・品川オフィス] 〒108-0075 東京都港区港南2丁目16番3号 品川グランドセントラルタワー
TEL：03-6821-5111（代）　URL：https://www.lincrea.co.jp/
[拠点] 名古屋オフィス・関西オフィス・九州オフィス・表参道 Base